知識ゼロからの珍獣学

今泉忠明
哺乳動物学者
佐藤晴美 画

●*Mandrillus sphinx*

●*Okapia johnstoni*

●*Babyrousa babyrussa*

●*Cryptoprocta ferox*

●*Ornithorhynchus anatinus*

●*Condylura cristata*

●*Eschrichtius robustus*

幻冬舎

知識ゼロからの
珍《ちん》獣《じゅう》学《がく》

「珍獣学《ちんじゅうがく》」の時代《じだい》がやってきた

「世界《せかい》の三大珍獣《さんだいちんじゅう》」という言葉《ことば》を聞《き》いたことがある人《ひと》もいるだろう。ジャイアントパンダ、コビトカバ（リベリアカバ）、オカピの3種《しゅ》だ。四大珍獣《よんだいちんじゅう》になると、ボンゴという蹄《ひづめ》のある動物《どうぶつ》が加《くわ》わる。

じつはこれ、国際的《こくさいてき》なものではない。日本独自《にほんどくじ》のものなのだ。事《こと》の発端《ほったん》は1955（昭和《しょうわ》30）年頃《ねんごろ》、動物好《どうぶつず》きな動物園人《どうぶつえんじん》、動物学者《どうぶつがくしゃ》らが集《あつ》まっては楽《たの》しんでいた動物談義《どうぶつだんぎ》。当時《とうじ》の上野動物園園長《うえのどうぶつえんえんちょう》の古賀忠道氏《こがただみちし》はじめ、同園《どうえん》の福田三郎氏《ふくださぶろうし》、山階鳥類研究所《やましなちょうるいけんきゅうじょ》に所属《しょぞく》した動物学者《どうぶつがくしゃ》・高島春雄氏《たかしまはるおし》らである。彼《かれ》らの雑談《ざつだん》のなかで「世界《せかい》の三大珍獣《さんだいちんじゅう》は何《なに》か」という話題《わだい》が生《う》まれた。

元上野動物園園長《もとうえのどうぶつえんえんちょう》（10代《だい》）の齋藤勝氏《さいとうまさるし》から聞《き》いたところによると、彼《かれ》らは「世界《せかい》の七不思議《ななふしぎ》」にならい「第《だい》1に数《かず》が非常《ひじょう》に少《すく》ないこと。第《だい》2に棲《す》んでいる地域《ちいき》

が極《きわ》めて狭《せま》いこと。第《だい》3に大昔《おおむかし》からほとんど姿《すがた》が変《か》わらず、生《い》きた化石《かせき》と呼《よ》ばれること。そしてつけ加《くわ》えるなら、発見《はっけん》にドラマチックなエピソードがあったこと」これをもとに、世界《せかい》の三大珍獣《さんだいちんじゅう》・3種《しゅ》の動物《どうぶつ》を挙《あ》げてみようということになったそうだ。

戦後《せんご》、動物園《どうぶつえん》には有名動物《ゆうめいどうぶつ》はほとんどいなかった。

1955年前後《ねんぜんご》には、日本《にほん》に珍《めずら》しい動物《どうぶつ》がやってくると、わざわざ見《み》に行《い》ったものである。サーカス団《だん》がアフリカゾウを連《つ》れてきたときには、私《わたし》も父《ちち》に連《つ》れられて東京《とうきょう》・後楽園《こうらくえん》まで見《み》に行《い》った。ディズニーの自然《しぜん》ドキュメンタリー映画《えいが》『砂漠《さばく》は生《い》きている』(1955年公開《ねんこうかい》)や『沈黙《ちんもく》の世界《せかい》』(1956年公開《ねんこうかい》)の映画《えいが》は多《おお》くの子《こ》どもたちが衝撃《しょうげき》を受《う》けた。戦後初《せんごはつ》の動物《どうぶつ》・自然《しぜん》ブームが巻《ま》き起《お》こっていたのだ。

1958(昭和《しょうわ》33)年《ねん》、高島氏《たかしまし》が著《あらわ》した『珍《めずら》しい動物《どうぶつ》たち──わたしの空想動物《くうそうどうぶつ》園《えん》──』(社会思想研究会出版部《しゃかいしそうけんきゅうかいしゅっぱんぶ》)の冒頭《ぼうとう》に「世界《せかい》の三大珍獣《さんだいちんじゅう》」なる章《しょう》がある。

「哺乳類《ほにゅうるい》でありながら卵生《らんせい》のカモノハシなども屈指《くっし》の珍獣《ちんじゅう》には違《ちが》いないが、私《わたし》は世界《せかい》の三大珍獣《さんだいちんじゅう》としていつもこのジャイアントパンダ、リベリアカバ、オカピ

を挙《あ》げることにしている」と述《の》べている。大珍獣《だいちんじゅう》カモノハシがなぜ外《はず》されたのかはわからない。続《つづ》けて「近年《きんねん》はこれらの珍獣《ちんじゅう》も外国《がいこく》の動物園《どうぶつえん》に飼《か》われるようになり、後《あと》の二者《にしゃ》は動物園《どうぶつえん》で繁殖《はんしょく》もした。しかし三者《さんしゃ》とも日本《にほん》に渡来《とらい》したことがなく標本《ひょうほん》も全《まった》くないのは共通《きょうつう》である。私《わたし》は三種類《さんしゅるい》とも写真《しゃしん》でしか見《み》ていないが、待《ま》てば海路《かいろ》の日和《ひより》というたとえもあるからそのうちひょっこりやって来《く》るかもしれない」。

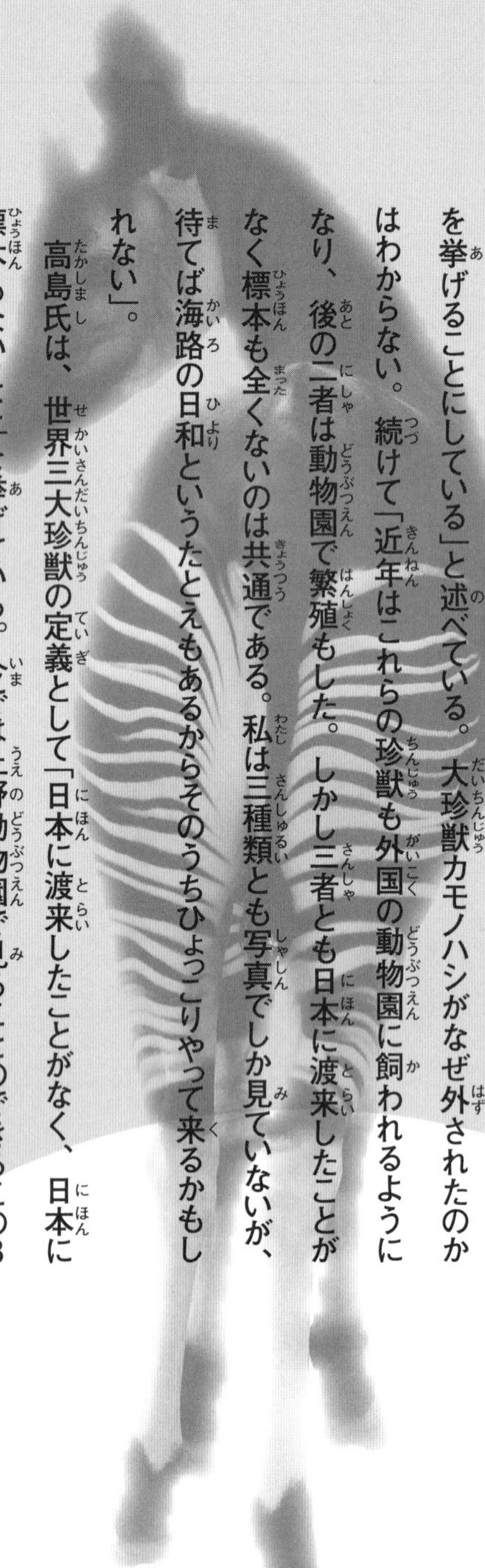

高島氏《たかしまし》は、世界三大珍獣《せかいさんだいちんじゅう》の定義《ていぎ》として「日本《にほん》に渡来《とらい》したことがなく、日本《にほん》に標本《ひょうほん》もないこと」を挙《あ》げている。今《いま》では上野動物園《うえのどうぶつえん》で見《み》ることのできるこの3種《しゅ》は、このときまだ日本《にほん》のどこの動物園《どうぶつえん》にもいない、珍《めずら》しい種《しゅ》だったのだ。

珍獣《ちんじゅう》とは訳《やく》せば「珍《めずら》しい哺乳類《ほにゅうるい》」となる。人々《ひとびと》の脳《のう》には「哺乳類《ほにゅうるい》とはこういう動物《どうぶつ》」というスタンダードがあり、そこから外《はず》れたら「珍《ちん》」となる。見《み》る人《ひと》の経《けい》験《けん》や知識《ちしき》の量《りょう》で珍《めずら》しさは変《か》わる。これをよしとして楽《たの》しんでいるのが、現在《げんざい》の「キモかわいい」ブームだ。

しかし、それでは飽《あ》きたらない。珍獣《ちんじゅう》には、珍獣《ちんじゅう》と呼《よ》ぶだけの定義《ていぎ》が必要《ひつよう》だ。私《わたし》は、次《つぎ》の5つを定義《ていぎ》として挙《あ》げたい。

❶見《み》た目《め》が変《か》わっている➡容姿《ようし》・行動《こうどう》が哺乳類《ほにゅうるい》の基準《きじゅん》から外《はず》れている

❷進化《しんか》の袋小路《ふくろこうじ》に入《はい》った種《しゅ》である➡環境《かんきょう》に適応《てきおう》して
とてもユニークな進化《しんか》を遂《と》げた

❸僻地《へきち》に隔離《かくり》されている➡厳《きび》しい環境《かんきょう》で生《い》き残《のこ》った

❹生《い》きた化石《かせき》である➡化石《かせき》でしか見《み》られなかった種《しゅ》が、再発見《さいはっけん》された

❺ミッシングリンクである➡過去《かこ》の動物《どうぶつ》と今《いま》生《い》きている動物《どうぶつ》の進化《しんか》の系統《けいとう》を
つなぐ失《うしな》われた環《わ》の役割《やくわり》を果《は》たす

そしてここに、珍獣発見時《ちんじゅうはっけんじ》のドラマチックなエピソードが加《くわ》われば最高《さいこう》だろう。キモかわいいで終《お》わらせない、「珍獣学《ちんじゅうがく》」を定着《ていちゃく》させる時代《じだい》に差《さ》しかかっている。本書《ほんしょ》では、この定義《ていぎ》とともに、ここに該当《がいとう》し、今《いま》なお生《い》きている世界《せかい》中《じゅう》の珍獣《ちんじゅう》たちを紹介《しょうかい》していく。

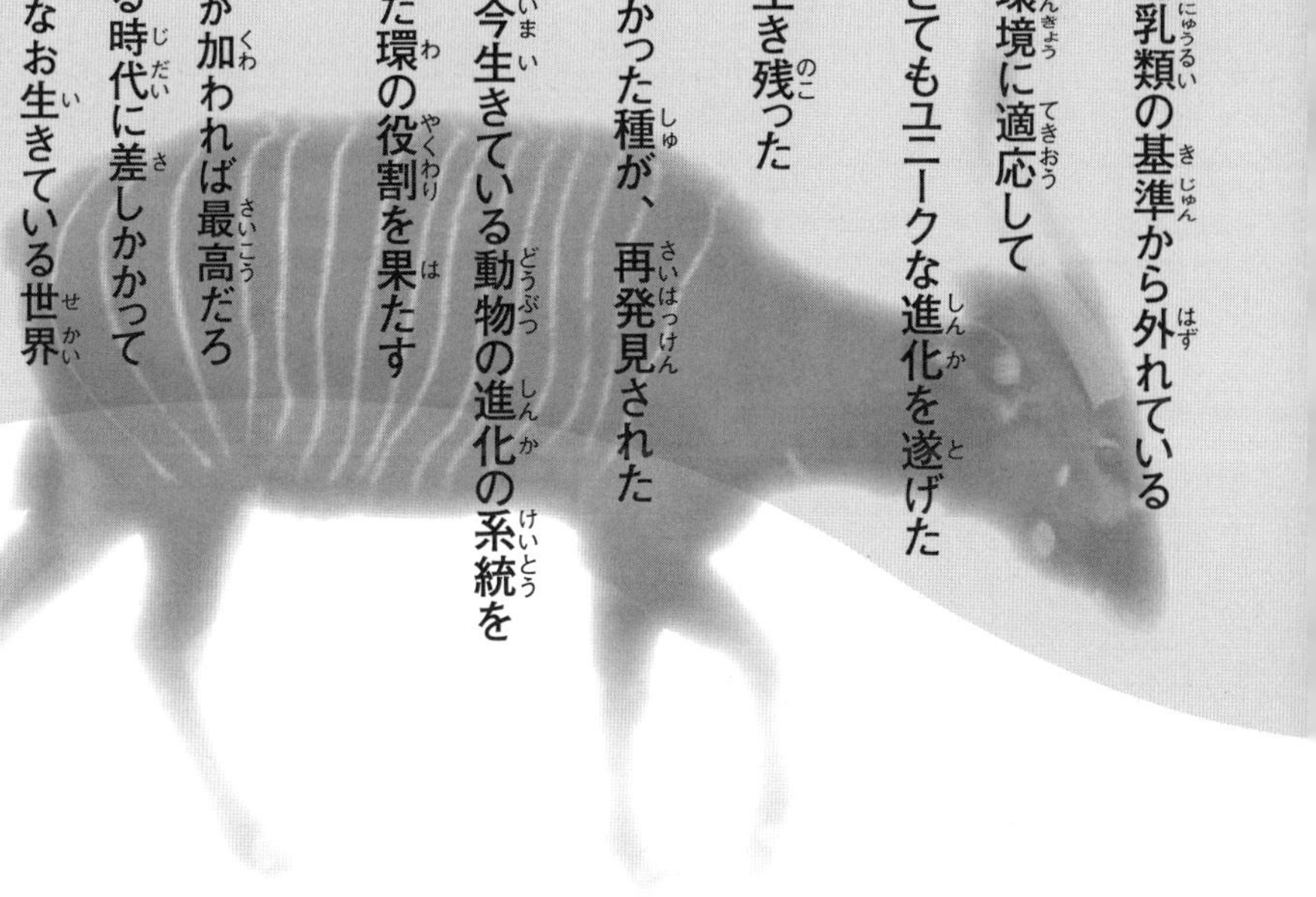

PART 2 容姿《ようし》、行動《こうどう》、すべてへんてこりん 29

PART 3

個性的《こせいてき》すぎて仲間《なかま》がいない 65

PART 4 僻《へき》地《ち》に棲《す》む進《しん》化《か》の忘《わす》れもの 97

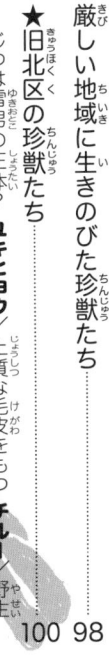

PART 5
進化《しんか》と絶滅《ぜつめつ》のカギをにぎる生《い》きた化石《かせき》 123

珍獣《ちんじゅう》データの見《み》かた

本書《ほんしょ》で扱《あつか》う珍獣《ちんじゅう》のデータから、その動物《どうぶつ》の正式名《せいしきめい》や、どんなグループに属《ぞく》し、どのくらいの大《おお》きさでどこに棲《す》んでいるかなどがわかる。

【ユキヒョウ】

学名	*Panthera uncia*
英名	Snow leopard
分類	食肉目《しょくにくもく》(ネコ目《もく》) ネコ科《か》
大きさ	体長100〜130cm、 尾長80〜100cm、 肩高約60cm、体重25〜75kg
分布	ヒマラヤ、チベットから中央《ちゅうおう》アジア

●学名《がくめい》

ふだん呼《よ》んでいる名前《なまえ》は「和名《わめい》」。学《がく》名《めい》とは、全世界共通《ぜんせかいきょうつう》の姓名《せいめい》のようなもの。ラテン語《ご》で二名法《にめいほう》(属《ぞく》+種《しゅ》)を用《もち》いてつけられている。

●英名《えいめい》

英語圏《えいごけん》での通称《つうしょう》。

●分類《ぶんるい》

動物《どうぶつ》の仲間《なかま》分《わ》け。目《もく》はグループ名《めい》。科《か》はグループのなかでさらに似《に》た特徴《とくちょう》をもつ仲間《なかま》(類《るい》)。カッコ内《ない》は、文部科《もんぶか》学省《がくしょう》などによる最近《さいきん》の分類名《ぶんるいめい》。

●大《おお》きさ

基本的《きほんてき》におとなの平《へい》均的《きんてき》なサイズを示《しめ》す。

●分布《ぶんぷ》

その種《しゅ》の棲息《せいそく》している地域《ちいき》を示《しめ》す。

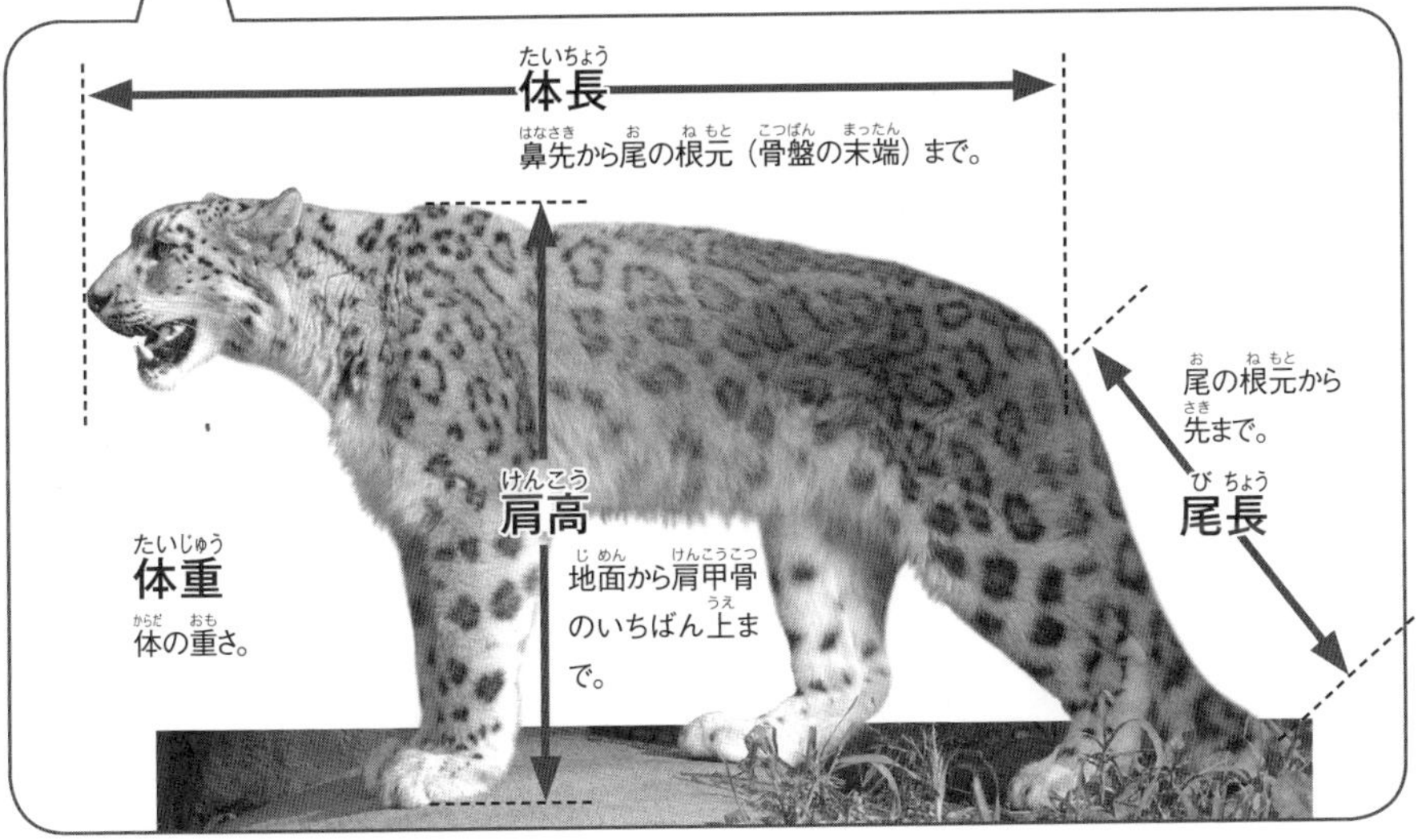
体長《たいちょう》
鼻先《はなさき》から尾《お》の根元《ねもと》(骨盤《こつばん》の末端《まったん》)まで。
尾《お》の根元《ねもと》から先《さき》まで。
尾長《びちょう》
肩高《けんこう》
地面《じめん》から肩甲骨《けんこうこつ》のいちばん上《うえ》まで。
体重《たいじゅう》
体《からだ》の重《おも》さ。

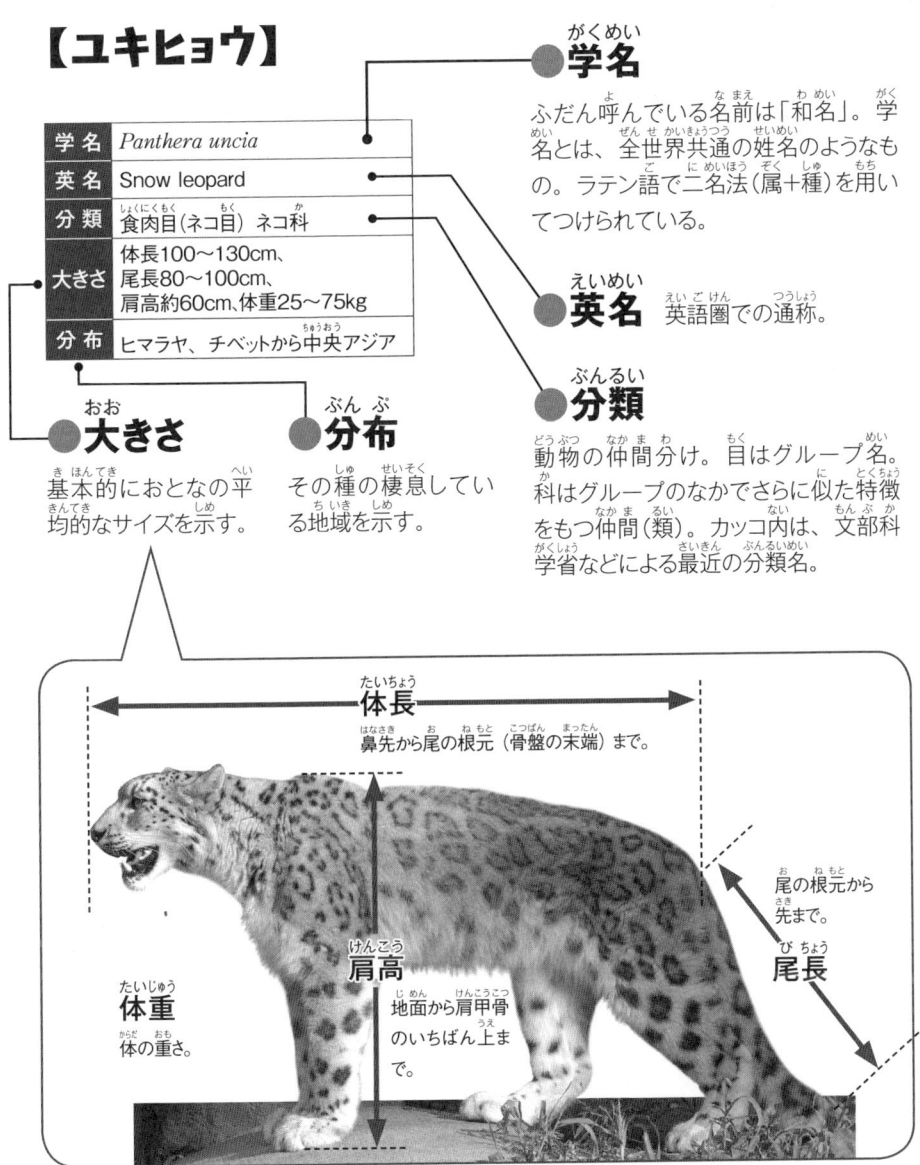

絶滅危惧動物《ぜつめつきぐどうぶつ》マークの見《み》かた

その動物《どうぶつ》が、どのくらい絶滅《ぜつめつ》の危機《きき》に瀕《ひん》しているか、IUCN（国際自然保護連合《こくさいしぜんほごれんごう》）が各分野《かくぶんや》の研究者《けんきゅうしゃ》グループの調査結果《ちょうさけっか》をもとに、ほぼ毎年《まいとし》レッドリスト（絶滅危機動物《ぜつめつききどうぶつ》の現状《げんじょう》をまとめたリスト）を公開《こうかい》している（http://www.iucnredlist.org/）。本書《ほんしょ》ではそのランクをマークで表示《ひょうじ》している（日本産《にほんさん》の動物《どうぶつ》は環境省《かんきょうしょう》のレッドリストによる）。

 絶滅《ぜつめつ》のおそれのある動物《どうぶつ》	CR (Critically Endangered)……近絶滅種《きんぜつめつしゅ》 EN (Endangered)……………………絶滅危惧種《ぜつめつきぐしゅ》 VU (Vulnerable)…………………危急種《ききゅうしゅ》
 次《つぎ》に絶滅《ぜつめつ》が危《あや》ぶまれる動物《どうぶつ》	NT (Near Threatened)…………近危急種《きんききゅうしゅ》
 今《いま》は大丈夫《だいじょうぶ》だが、今後心配《こんごしんぱい》な動物《どうぶつ》	LC (Least Concern)……………低危険種《ていきけんしゅ》
 情報不足《じょうほうぶそく》で判断《はんだん》がつかない動物《どうぶつ》	DD (Data Deficient)……………情報不足種《じょうほうぶそくしゅ》

*本書《ほんしょ》のデータは2015年《ねん》2月現在《がつげんざい》のもの。日本語訳《にほんごやく》はWWFジャパン（世界自然保護基金《せかいしぜんほごききん》）による。

地質年代《ちしつねんだい》の区分《くぶん》

人類《じんるい》による文字《もじ》の記録以前《きろくいぜん》の地球《ちきゅう》の歴史区分《れきしくぶん》。中生代《ちゅうせいだい》は恐竜《きょうりゅう》が活躍《かつやく》した時代《じだい》。本《ほん》書《しょ》に登場《とうじょう》する哺乳類《ほにゅうるい》の多《おお》くは新第三紀《しんだいさんき》の中新世《ちゅうしんせい》の時代《じだい》に急激《きゅうげき》に発展《はってん》する。人類《じんるい》が登場《とうじょう》するのは第四紀《だいよんき》から。

人類《じんるい》の登場《とうじょう》

中生代《ちゅうせいだい》			新生代《しんせいだい》						
三畳紀《さんじょうき》	ジュラ紀《き》	白亜紀《はくあき》	古第三紀《こだいさんき》			新第三紀《しんだいさんき》		第四紀《だいよんき》	
			暁新世《ぎょうしんせい》	始新世《ししんせい》	漸新世《ぜんしんせい》	中新世《ちゅうしんせい》	鮮新世《せんしんせい》	更新世《こうしんせい》	完新世《かんしんせい》
約《やく》2億《おく》5217万《まん》年前《ねんまえ》～	約《やく》2億《おく》130万《まん》年前《ねんまえ》～	約《やく》1億《おく》4500万《まん》年前《ねんまえ》～	約《やく》6600万《まん》年前《ねんまえ》～	約《やく》5600万《まん》年前《ねんまえ》～	約《やく》3390万《まん》年前《ねんまえ》～	約《やく》2303万《まん》年前《ねんまえ》～	約《やく》533万《まん》3000年前《ねんまえ》～	約《やく》258万《まん》年前《ねんまえ》～	約《やく》1万《まん》1700年前《ねんまえ》～

*本書《ほんしょ》の区分《くぶん》は国際年代層序表《こくさいねんだいそうじょひょう》（国際層序委員会《こくさいそうじょいいんかい》）2015年《ねん》1月版《がつばん》による。

PART 1

三大珍獣《さんだいちんじゅう》はもう古《ふる》い！
新《しん》・世界五大珍獣《せかいごだいちんじゅう》

珍獣《ちんじゅう》と呼《よ》ぶための定義《ていぎ》と、そのすべてに当《あ》てはまる、

学術上注目《がくじゅつじょうちゅうもく》すべき世界《せかい》の五大珍獣《ごだいちんじゅう》

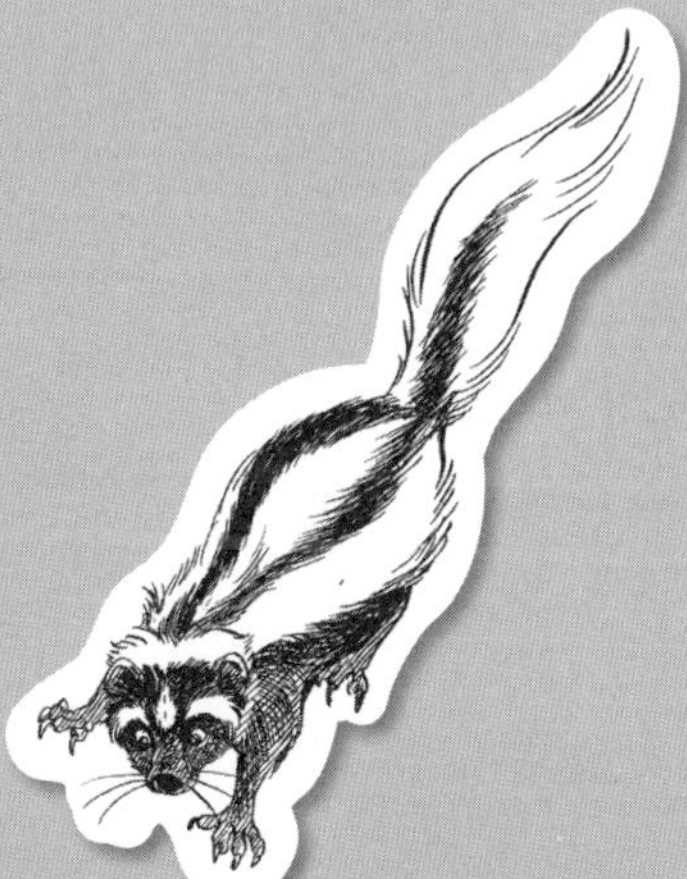

「珍獣《ちんじゅう》」と呼《よ》ぶための5つの定義《ていぎ》

珍獣《ちんじゅう》の定義《ていぎ》1
見《み》た目《め》が変《か》わっている

もっとも素朴《そぼく》な珍獣《ちんじゅう》たち。人間《にんげん》は自分《じぶん》が知《し》っているものを基準《きじゅん》に、それとは違《ちが》うものを「変《か》わっている」と感《かん》じる。子《こ》どもの頃《ころ》には珍《ちん》だと思《おも》っていても、歳《とし》をとり知識《ちしき》が増《ふ》えてくると珍《ちん》でなくなっていく。哺乳類《ほにゅうるい》（獣《けもの》）に抱《いだ》くイメージとかけ離《はな》れた珍獣《ちんじゅう》たちを挙《あ》げる。

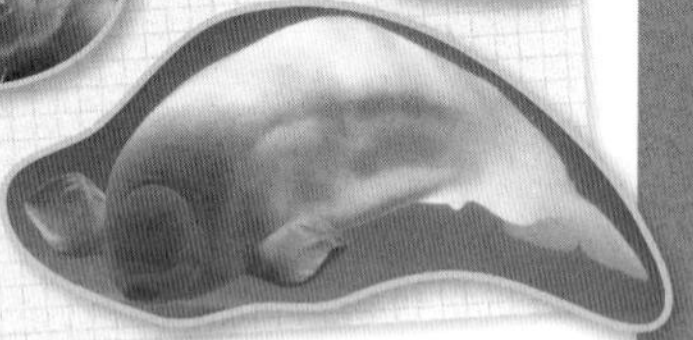

➔PART2（P29～）
容姿《ようし》、行動《こうどう》、
すべてへんてこりん

世《よ》の中《なか》には、さまざまな珍獣《ちんじゅう》がいる。ただ珍獣《ちんじゅう》といっても、単《たん》に顔《かお》かたちが奇妙《きみょう》なものから学術上《がくじゅつじょう》貴重《きちょう》なものまでいろいろある。珍獣《ちんじゅう》にもレベルがあるというわけだ。

キリンを見《み》たことがない人《ひと》にとって、キリンは珍獣《ちんじゅう》だろう。でも幼《おさな》い頃《ころ》から動物園《どうぶつえん》やメディアで目《め》にしていれば、珍《めずら》しいとは感《かん》じない。「珍獣《ちんじゅう》」という言葉《ことば》は、それほど主《しゅ》観的《かんてき》な使《つか》われ方《かた》をしている。

ここで私《わたし》は「珍獣《ちんじゅう》」という称号《しょうごう》を与《あた》えるための5つの定義《ていぎ》を設《もう》ける。

ひとつめは、いわゆる「キモかわ

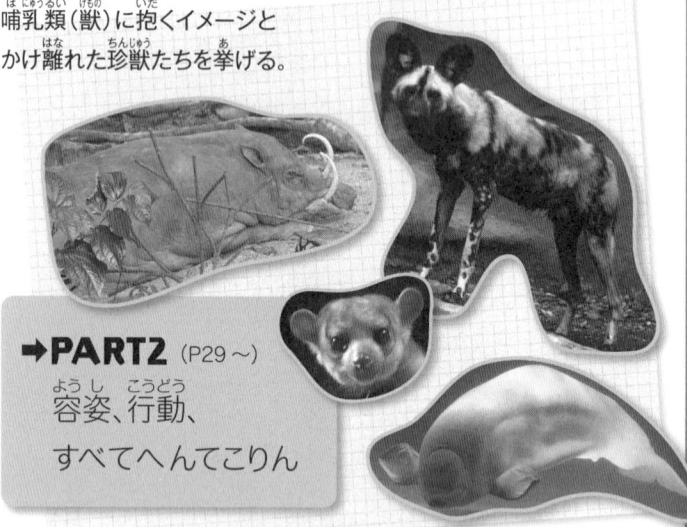

珍獣《ちんじゅう》の定義《ていぎ》2

進化《しんか》の袋小路《ふくろこうじ》に入《はい》った種《しゅ》である

種《しゅ》は、つねに元《もと》の種《しゅ》から枝分《えだわ》かれして進化《しんか》していく。分岐《ぶんき》したとき、たまたまその環境《かんきょう》に適応《てきおう》していたものが生《い》き残《のこ》る。それがあとから見《み》れば「進化《しんか》」につながっていた、ということだ。

環境《かんきょう》に適応《てきおう》していたものは、さらに適応度合《てきおうどあ》いを高《たか》めていく。この結果《けっか》、いつしか種《しゅ》は進化《しんか》の袋小路《ふくろこうじ》に入《はい》り込《こ》み、仲間《なかま》がいない孤立《こりつ》した種《しゅ》となる。

➡PART3（P65～）

個性的《こせいてき》すぎて仲間《なかま》がいない

いい」を含《ふく》む「見《み》た目《め》が変《か》わっている」珍獣《ちんじゅう》たち。見《み》る人《ひと》の動物《どうぶつ》に対《たい》する常《じょう》識次第《しきしだい》で珍獣《ちんじゅう》のレベルは変《か》わる。

ふたつめは「進化《しんか》の袋小路《ふくろこうじ》に入《はい》った種《しゅ》」にあたる珍獣《ちんじゅう》たち。

彼《かれ》らは、その環境《かんきょう》で食《た》べて生《い》き抜《ぬ》いてきたが、よく見《み》ると独特《どくとく》の進化《しんか》を遂《と》げている。唯一無二《ゆいいつむに》の不思議《ふしぎ》な特徴《とくちょう》を備《そな》えた珍獣《ちんじゅう》たちだ。

3つめは「僻地《へきち》に隔離《かくり》されている」珍獣《ちんじゅう》たち。生《い》き物《もの》の大原則《だいげんそく》として、ひとつの場所《ばしょ》に同《おな》じような生活《せいかつ》をする生《い》き物《もの》は1種《しゅ》しかいられない。2種《しゅ》が競合《きょうごう》したとき、より古《ふる》い種《しゅ》が厳《きび》しい環境《かんきょう》で生《い》きるしかなく、隔離《かくり》されて生《い》き残《のこ》ることもあり、僻地《へきち》の動《どう》物《ぶつ》は珍獣《ちんじゅう》である率《りつ》が高《たか》い。

そして4つめ、5つめが珍獣《ちんじゅう》の最《さい》重要定義《じゅうようていぎ》である。

珍獣《ちんじゅう》の定義《ていぎ》3

僻地《へきち》に隔離《かくり》されている

環境《かんきょう》に適応《てきおう》したものは栄《さか》え、世界《せかい》の隅々《すみずみ》まで分布《ぶんぷ》するようになる。ところが気温《きおん》や地殻《ちかく》、気候《きこう》などの変動《へんどう》が起《お》こると、新《あら》たな環境《かんきょう》に突然変異《とつぜんへんい》によって生《う》まれた新《あたら》しい種《しゅ》が生《い》き残《のこ》るチャンスができる。

新《あたら》しい種《しゅ》は、生活《せいかつ》が似《に》ている古《ふる》い種《しゅ》と競合《きょうごう》。古《ふる》い種《しゅ》は非効率《ひこうりつ》なところがあるため、駆逐《くちく》され絶滅《ぜつめつ》していく。これがくり返《かえ》されると、新《あたら》しく、かつ強《つよ》い種《しゅ》が誕生《たんじょう》する。

彼《かれ》らは狭《せま》い島《しま》、高山《こうざん》、砂漠《さばく》などの厳《きび》しい環境《かんきょう》には進出《しんしゅつ》しない。よい土地《とち》を占有《せんゆう》し無理《むり》することなく暮《く》らし、そこが満杯《まんぱい》になるまではわるい土地《とち》には行《い》かないのだ。僻地《へきち》には古《ふる》い種《しゅ》が残《のこ》ることになる。島《しま》に隔離《かくり》された場合《ばあい》も、物理的《ぶつりてき》に新《あたら》しい種《しゅ》は侵入《しんにゅう》できないため、古《ふる》い種《しゅ》が残《のこ》る。

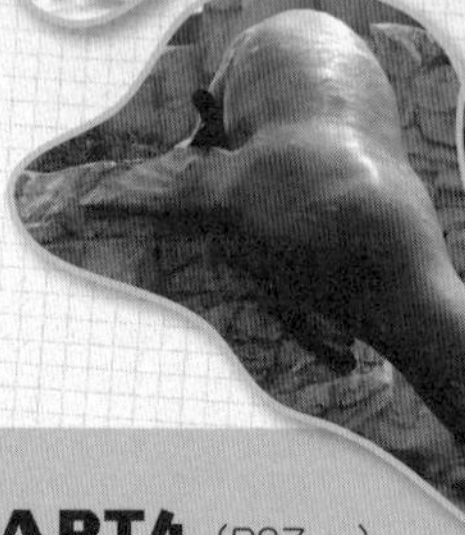

→PART4 （P97～）
僻地《へきち》に棲《す》む進化《しんか》の忘《わす》れもの

まず「生《い》きた化石《かせき》である」こと。そして「ミッシングリンクである」ことだ。

「生《い》きた化石《かせき》」とは、古《ふる》くからの生《い》き残《のこ》りであり、「ミッシングリンク」とは、動物《どうぶつ》と動物《どうぶつ》の進化《しんか》をつなぐ、〝失《うしな》われた環《わ》〟だということだ。過《か》去《こ》に存在《そんざい》した動物《どうぶつ》と、今《いま》生《い》きている現生《げんせい》の動物《どうぶつ》とをつなぐ、古《ふる》い種《しゅ》だ。

最後《さいご》のふたつの定義《ていぎ》を満《み》たすものは、進化《しんか》のカギをにぎる生《い》き証人《しょうにん》であり、とくに学術上《がくじゅつじょう》で重要《じゅうよう》な珍獣《ちんじゅう》たちなのである。

かつて「世界三大珍獣《せかいさんだいちんじゅう》」が動物業界人《どうぶつぎょうかいじん》によって掲《かか》げられた。私《わたし》はここで、これら5つの定義《ていぎ》にすべて当《あ》てはまる、珍獣中《ちんじゅうちゅう》の珍獣《ちんじゅう》5種《しゅ》を、新《あら》たに「世界五大珍獣《せかいごだいちんじゅう》」として紹介《しょうかい》する（P18～27）。

珍獣《ちんじゅう》の定義《ていぎ》4

生《い》きた化石《かせき》である

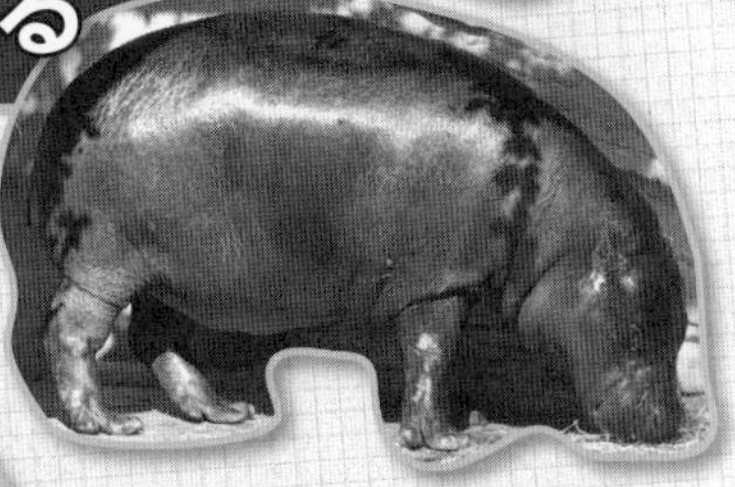

かつて繁栄《はんえい》したものの絶滅《ぜつめつ》し、最近《さいきん》まで化石《かせき》でしか知《し》られていなかった動物《どうぶつ》が発見《はっけん》されることがある。これを「生《い》きた化《か》石《せき》」と呼《よ》ぶ。

最近《さいきん》では、2005年《ねん》にラオスの市場《いちば》で発見《はっけん》され、新種《しんしゅ》として報告《ほうこく》されたカニョウ（ラオスイワネズミ　P150下《した》）。このネズミは、およそ1100万年前《まんねんまえ》に絶滅《ぜつめつ》した化石種《かせきしゅ》ディアトミスに近縁《きんえん》な種《しゅ》で、太古《たいこ》の生《い》き残《のこ》りだということがわかった。

➔**PART5**（P123～）
進化《しんか》と絶滅《ぜつめつ》のカギをにぎる
生《い》きた化石《かせき》

珍獣《ちんじゅう》の定義《ていぎ》5

ミッシングリンクである

「生《い》きた化石《かせき》」のなかでも、もっとも重要《じゅうよう》なのが「ミッシングリンク（失《うしな》われた環《わ》）」だ。現生《げんせい》の動物《どうぶつ》には必《かなら》ず祖先《そせん》がいる。だが多《おお》くは化石《かせき》でしか知《し》られていない。過去《かこ》から現代《げんだい》に至《いた》るまで、祖先種《そせんしゅ》は植物《しょくぶつ》のように分枝《ぶんし》をくり返《かえ》してきたが、その枝分《えだわ》かれの部分《ぶぶん》は、化石《かせき》がなければ推定《すいてい》するしかない。

進化《しんか》の系統《けいとう》を1本《ぽん》の鎖《くさり》にたとえると、枝分《えだわ》かれ部分《ぶぶん》は「推定《すいてい》」という「失《うしな》われた環《わ》」でつながっている。その失《うしな》われた環《わ》にあたる動物《どうぶつ》が奇跡的《きせきてき》に現代《げんだい》に生《い》きている。進化学上《しんかがくじょう》、極《きわ》めて価値《かち》が高《たか》い珍獣《ちんじゅう》たちだ。

No.1 珍獣《ちんじゅう》

卵《たまご》を産《う》む、哺乳類《ほにゅうるい》の始《はじ》まり

カモノハシ

LC

学名	*Ornithorhynchus anatinus*
英名	Platypus
分類	単孔目《たんこうもく》(カモノハシ目《もく》) カモノハシ科《か》
大きさ	体長40.3〜54.9cm、尾長14〜15cm、肩高15cm、体重0.7〜2.2kg
分布	オーストラリア東部《とうぶ》

カワウソの胴体《どうたい》にカモの嘴《くちばし》をつけたような体《からだ》。オーストラリアに棲息《せいそく》する、**卵《たまご》を産《う》み、乳《ちち》で子《こ》を育《そだ》てる哺乳類《ほにゅうるい》**・カモノハシだ。

　発見《はっけん》は、オーストラリアに白人《はくじん》社会《しゃかい》が建設《けんせつ》されつつあった1799年《ねん》。大英博物館《だいえいはくぶつかん》のジョージ・ショウ博士《はかせ》に奇妙《きみょう》な毛皮《けがわ》が送《おく》られた。彼《かれ》はまがい物《もの》だと思《おも》った。当時《とうじ》、サルの上半身《じょうはんしん》に魚《さかな》の尾《お》をつけ「東洋《とうよう》の人魚《にんぎょ》」、ガンギエイの干物《ひもの》で「伝説《でんせつ》の怪獣《かいじゅう》」などが流行《りゅうこう》していたためだ。

　博士《はかせ》は嘴《くちばし》を外《はず》そうと毛皮《けがわ》を切《き》り始《はじ》め、途中《とちゅう》で本物《ほんもの》だと気《き》づく。切《き》り込《こ》み入《い》りの毛皮《けがわ》は記念碑的標本《きねんひてきひょうほん》として大英博物館《だいえいはくぶつかん》に保管《ほかん》されている。

　最初《さいしょ》の毛皮《けがわ》はオスのものだったが、3年後《ねんご》にメスの標本《ひょうほん》が届《とど》けられる。調《しら》べると、乳《ちち》を分泌《ぶんぴつ》する乳頭《にゅうとう》がない。現地《げんち》から卵《たまご》で子《こ》を産《う》むという情報《じょうほう》も入《はい》り、動物学会《どうぶつがっかい》は混乱《こんらん》に陥《おちい》った。

　フランスの進化論者《しんかろんしゃ》ジャン・バティスト・ラマルクは、**嘴《くちばし》はあるが翼《つばさ》がなく、乳《ちち》は出《で》るが乳頭《にゅうとう》がなく、鱗《うろこ》ではなく毛《け》が生《は》えている**から「爬虫類《はちゅうるい》と哺乳類《ほにゅうるい》の中間的動物《ちゅうかんてきどうぶつ》」だと判断《はんだん》。

　しかし「哺乳類《ほにゅうるい》の祖先《そせん》が鳥類《ちょうるい》、鳥類《ちょうるい》の祖先《そせん》が爬虫類《はちゅうるい》」と信《しん》じられてい

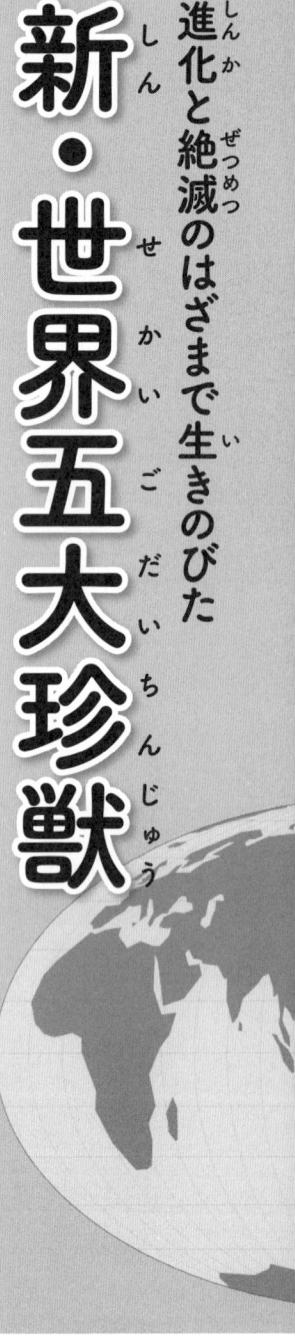

珍メモ：カモノハシの嘴《くちばし》の電気《でんき》センサーの発見《はっけん》は、1986年《ねん》、ドイツの研究者《けんきゅうしゃ》が飼育中《しいくちゅう》のカモノハシの水槽《すいそう》に乾電池《かんでんち》を落《お》としたのがきっかけ。カモノハシは眼《め》を閉《と》じたまま、乾電池《かんでんち》を嘴《くちばし》でつついた。研究者《けんきゅうしゃ》は嘴《くちばし》に何《なに》かある、と直感《ちょっかん》したのだ。

生殖《せいしょく》の孔《あな》と排泄《はいせつ》の孔《あな》が分《わ》かれていない単《たん》孔類《こうるい》というグループを築《きず》く。卵《たまご》も排泄物《はいせつぶつ》も同《おな》じ孔《あな》から出《で》てくる。
オスの後《うし》ろ足《あし》には蹴爪《けづめ》があり、毒腺《どくせん》につながっている。イヌ程《てい》度《ど》なら殺《ころ》せる。同《おな》じ単孔類《たんこうるい》でもハリモグラ（P124）の蹴爪《けづめ》からは毒《どく》は出《で》ない。
嘴《くちばし》の左側《ひだりがわ》にだけ電気《でんき》センサーがあり、電気《でんき》を感《かん》じる神経細胞《しんけいさいぼう》が並《なら》ぶ。エビや昆虫《こんちゅう》の幼虫《ようちゅう》が活動《かつどう》するときの、生体電流《せいたいでんりゅう》を感知《かんち》できる。水底《みなそこ》の泥《どろ》に潜《もぐ》っている獲物《えもの》も簡《かん》単《たん》に見《み》つけられる。

た時代《じだい》、この説《せつ》は認《みと》められなかった。

カモノハシの正体《しょうたい》がはっきりしたのは1884年《ねん》。イギリスの動物学《どうぶつがく》者《しゃ》W・コードウェルは、オーストラリアで卵《たまご》を産《う》んだばかりのメスを撃《う》ち、解剖《かいぼう》し、大急《おおいそ》ぎでカナダで開催《かいさい》中《ちゅう》の大英学術協会《だいえいがくじゅつきょうかい》の会合《かいごう》に、当時《とうじ》開通《かいつう》したばかりの海底《かいてい》ケーブルを使《つか》い、高価《こうか》な電報《でんぽう》を打《う》った。「**単孔類《たんこうるい》、卵生《らんせい》、卵《たまご》・部分割《ぶぶんかつ》**」。カモノハシを含《ふく》む単孔類《たんこうるい》のグループは卵《たまご》を産《う》み、卵《たまご》は爬虫類的《はちゅうるいてき》だということだ。

現在《げんざい》カモノハシは、**もっとも爬《は》虫《ちゅう》類《るい》に近《ちか》い哺乳類《ほにゅうるい》**だと考《かんが》えられている。約《やく》2億年前《おくねんまえ》の三畳紀《さんじょうき》末《まつ》、哺乳類《ほにゅうるい》は爬虫類《はちゅうるい》から分《わ》かれ進化《しんか》した。**哺《ほ》乳《にゅう》類《るい》の主流《しゅりゅう》を外《はず》れ、水中生活《すいちゅうせいかつ》に適応《てきおう》した生《い》きた化石《かせき》**だった。ラマルクの説《せつ》は正《ただ》しかったのである。

真猿類《しんえんるい》、人類《じんるい》の祖先《そせん》

NT

No.2 珍獣《ちんじゅう》

フィリピンメガネザル

学名	*Tarsius syrichta*
英名	Philippine tarsier
分類	霊長目《れいちょうもく》（サル目《もく》） メガネザル科《か》
大きさ	体長11.8～14cm、尾長23.2cm、 体重オスは約134g、メスは約117g
分布	東南《とうなん》アジアのフィリピン諸島南部《しょとうなんぶ》

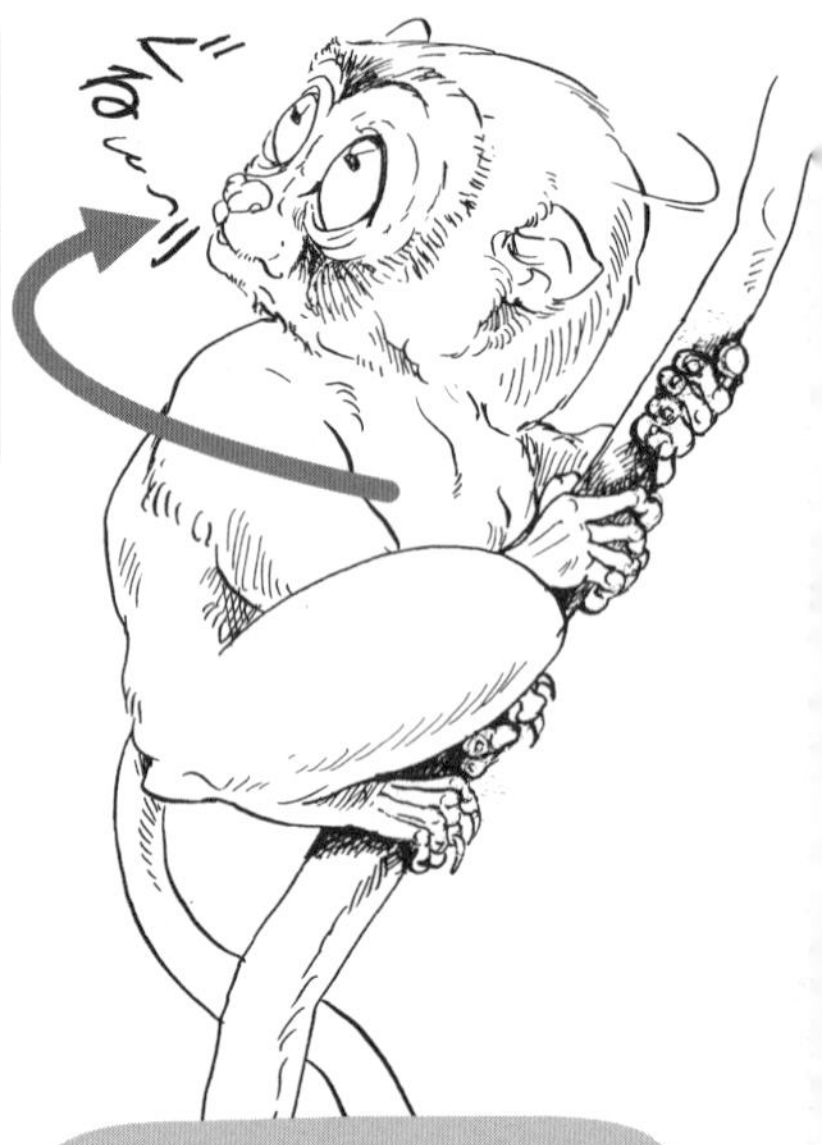

眼《め》はほぼ動《うご》かないが、頸《くび》はフクロウのように180度《ど》もまわる。

メガネザルはサルらしくないサルだ。サルと聞《き》いて思《おも》い出《だ》すのは、ニホンザルやチンパンジーだろう。こちらは真猿類《しんえんるい》と呼《よ》ばれ、より進化《しんか》したサル類《るい》だ。昼《ひる》に活動《かつどう》する昼行性《ちゅうこうせい》のものが多《おお》く、ヒトもここに含《ふく》まれる。

一方《いっぽう》、夜行性《やこうせい》のメガネザル、キツネザルやロリスなどは原猿類《げんえんるい》と呼《よ》ばれる、より原始的《げんしてき》なサルだ。

ただ、メガネザルは**原猿類《げんえんるい》とされるが、とくに珍《ちん》で、真猿類《しんえんるい》の特徴《とくちょう》をもつ**。それで今《いま》では直鼻猿《ちょくびえん》と呼《よ》ばれ、区別《くべつ》されている。

彼《かれ》らは鼻《はな》づらが出《で》ていない。眼《め》が異様《いよう》に大《おお》きい。**眼球《がんきゅう》1個《こ》と脳《のう》の容量《ようりょう》が3gと、ほぼ同《おな》じ**なのだ。

巨大《きょだい》な眼球《がんきゅう》は、頭骨《とうこつ》の眼窩《がんか》というくぼみに収《おさ》まっている。原猿類《げんえんるい》の眼窩《がんか》はくぼみではなく、底抜《そこぬ》けトンネル状《じょう》になっている。メガネザルの眼窩《がんか》は底《そこ》があり、ヒトの眼窩《がんか》と同様《どうよう》、眼球《がんきゅう》がすっぽり収《おさ》まるのである。

眼窩《がんか》に収《おさ》まった眼《め》は、正面《しょうめん》を向《む》い

メガネザル

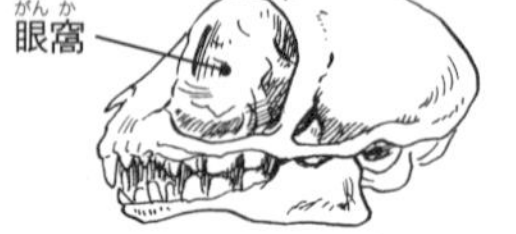

インドリ

原猿類《げんえんるい》（インドリ・P70）の眼窩《がんか》はイヌやネコと同《おな》じくトンネル状《じょう》。メガネザルの眼窩《がんか》には底《そこ》がありくぼみができていて、眼球《がんきゅう》が収《おさ》まる。

珍メモ：メガネザルは一年中出産《いちねんじゅうしゅっさん》する。妊娠期間《にんしんきかん》は180日《にち》と長《なが》く、子《こ》は1頭《とう》。体長《たいちょう》66～72mm、尾長《びちょう》114～117mm、体重《たいじゅう》25～27gもある。霊長類中《れいちょうるいちゅう》おとなとの比率《ひりつ》がもっとも大《おお》きい。誕生時《たんじょうじ》に毛《け》が生《は》えていて、すぐ枝《えだ》にしがみつく。

脳《のう》は比《ひ》較《かく》的《てき》大《おお》きく、視覚《しかく》をつかさどる大脳皮質《だいのうひしつ》が拡大《かくだい》している。しかし左右《さゆう》の大脳半球《だいのうはんきゅう》をつなぐ脳梁《のうりょう》はほとんど発達《はったつ》していない。このあたりは原始的《げんしてき》である。
夜行性《やこうせい》で夜《よる》は眼《め》がきく。昼間《ひるま》は眼《め》がよく見《み》えない。
樹上《じゅじょう》に適応《てきおう》。後肢《こうし》の長《なが》い足首《あしくび》を利用《りよう》して2m近《ちか》くジャンプする。
雑食《ざっしょく》でバッタ、トカゲ、クモ、小鳥《ことり》をよく食《た》べる。地上《ちじょう》にいるものをとっても、幹《みき》に戻《もど》ってから食《た》べる。

たままほとんど動《うご》かない。不便《ふべん》なように思《おも》えるが、彼《かれ》らは**眼《め》のかわりに、頸《くび》を180度《ど》も回転《かいてん》させる**ことができる。

夜間《やかん》、頸《くび》をくるくるまわしては獲《え》物《もの》の音《おと》を聞《き》き、木々《きぎ》を2m近《ちか》くジャンプし、樹上《じゅじょう》の昆虫《こんちゅう》やトカゲ、小《こ》鳥《とり》、コウモリなどをとって食《た》べる。

5000万年《まんねん》ほど前《まえ》の始新世《ししんせい》の時代《じだい》、彼《かれ》らの祖先《そせん》は北《きた》アメリカからヨーロッパの森林《しんりん》にかけて繁栄《はんえい》していた。そのなかで夜行性《やこうせい》に適応《てきおう》したものが、現在《げんざい》のメガネザル類《るい》になった。そしてそのうちの一部《いちぶ》が、ヒトを含《ふく》む真猿類《しんえんるい》へと進化《しんか》していった。

今《いま》は東南《とうなん》アジアの島々《しまじま》にだけ生《い》きる**奇妙《きみょう》な目玉《めだま》のサルが、サル類《るい》、ヒトへとつながる「ミッシングリンク」**なのである。

海《うみ》から川《かわ》に逃《に》げ込《こ》んだ原始《げんし》イルカ

EN

No.3 珍獣《ちんじゅう》

ガンジスカワイルカ

学名	*Platanista gangetica*
英名	Ganges river dolphin
分類	鯨目《くじらもく》（鯨《くじら》・偶蹄目《ぐうていもく》）ガンジスカワイルカ科《か》
大きさ	全長210～260cm、体重80～90kg
分布	南《みなみ》アジアのインド西部《せいぶ》・ガンジス、ブラマプトラ、インダスの諸河川《しょかせん》の平野部《へいやぶ》

イルカは海《うみ》に棲《す》む動物《どうぶつ》だが、カワイルカは他《た》のイルカ類《るい》との競合《きょうごう》に敗《やぶ》れて、**淡水《たんすい》の川《かわ》に逃《に》げ込《こ》み、生《い》きのびたイルカ**たちである。

カワイルカは、アマゾン川《がわ》やラプラタ川《がわ》、インダス川《がわ》、そしてガンジス川《がわ》に棲息《せいそく》する。揚子江《ようすこう》にいたものは、残念《ざんねん》ながらほぼ絶滅《ぜつめつ》と考《かんが》えられている。

どの川《かわ》も、透明度《とうめいど》がわずか数《すう》センチ。ほぼ**暗闇《くらやみ》に近《ちか》い水《みず》の中《なか》で生活《せいかつ》**をする。そのため濁《にご》った川仕様《かわしよう》に体《からだ》や行動《こうどう》の特殊化《とくしゅか》が進《すす》んでいる。

彼《かれ》らは眼《め》が大変小《たいへんち》さい。なかでもガンジスカワイルカは、光《ひかり》をとり入《い》れる眼裂《がんれつ》が5㎜で、眼球《がんきゅう》はエンドウ豆大《まめだい》。水晶体《すいしょうたい》も退化《たいか》し、**ほぼ盲目《もうもく》**である。明暗《めいあん》は感《かん》じるだろうが、**視力《しりょく》はモグラ程度《ていど》**だ。

しかしそれを押《お》して余《あま》りあるほど触覚《しょっかく》と嗅覚《きゅうかく》が優《すぐ》れている。彼《かれ》らは川《かわ》底《ぞこ》のナマズやエビ、貝《かい》などを食《た》べて暮《く》らす。獲物《えもの》を探《さが》すときには、下《した》の嘴《くちばし》の下面《しためん》の感覚毛《かんかくもう》を使《つか》う。**獲物《えもの》のわずかな動《うご》きに、感覚毛《かんかくもう》が反応《はんのう》**するのだ。さらに**超音波《ちょうおんぱ》を使《つか》ってエコーロケーション**を行《おこな》い、獲物《えもの》の位置《いち》を正確《せいかく》に知《し》ることができる。

このふたつの感覚器《かんかくき》を武器《ぶき》に生《い》きるカワイルカだが、体《からだ》のしくみをよく見《み》ると、海《うみ》に適応《てきおう》した他《た》の鯨類《げいるい》（イルカ、クジラ）には見《み》られない、古《ふる》い特徴《とくちょう》を残《のこ》している。

そのひとつが頸《くび》だ。哺乳類《ほにゅうるい》の頸椎《けいつい》は通常《つうじょう》7個《こ》ある。陸生《りくせい》のものはひとつずつが離《はな》れていて、頸《くび》を動《うご》かすことができる。しかし海《うみ》に進出《しんしゅつ》した鯨類《げいるい》は、7つの頸椎《けいつい》がほぼくっついて、

珍メモ：ガンジスカワイルカは初夏《しょか》の雨期《うき》に出産《しゅっさん》する。超音波《ちょうおんぱ》を使《つか》うので親子《おやこ》が濁《にご》りきった水《みず》の中《なか》でも離《はな》れることはない。地元《じもと》の漁師《りょうし》の話《はなし》では、母子《ははこ》が網《あみ》にかかったときも、超音波《ちょうおんぱ》で鳴《な》き交《か》わしながら、上流《じょうりゅう》へ向《む》かっていくという。

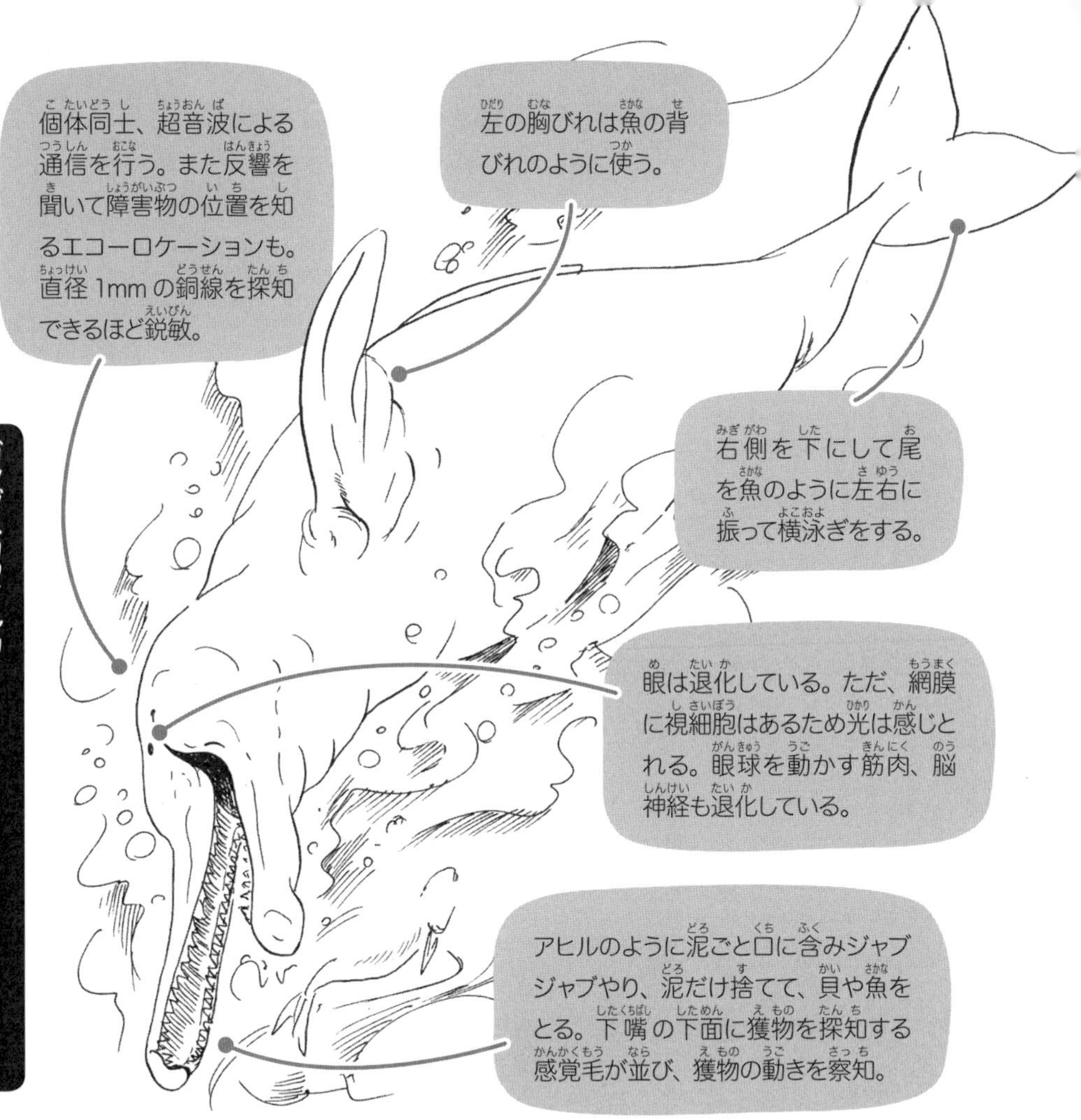
個体同士《こたいどうし》、超音波《ちょうおんぱ》による通信《つうしん》を行《おこな》う。また反響《はんきょう》を聞《き》いて障害物《しょうがいぶつ》の位置《いち》を知《し》るエコーロケーションも。直径《ちょっけい》1mmの銅線《どうせん》を探知《たんち》できるほど鋭敏《えいびん》。

左《ひだり》の胸《むな》びれは魚《さかな》の背《せ》びれのように使《つか》う。

右側《みぎがわ》を下《した》にして尾《お》を魚《さかな》のように左右《さゆう》に振《ふ》って横泳《よこおよ》ぎをする。

眼《め》は退化《たいか》している。ただ、網膜《もうまく》に視細胞《しさいぼう》はあるため光《ひかり》は感《かん》じとれる。眼球《がんきゅう》を動《うご》かす筋肉《きんにく》、脳《のう》神経《しんけい》も退化《たいか》している。

アヒルのように泥《どろ》ごと口《くち》に含《ふく》みジャブジャブやり、泥《どろ》だけ捨《す》てて、貝《かい》や魚《さかな》をとる。下嘴《したくちばし》の下面《したぬん》に獲物《えもの》を探知《たんち》する感覚毛《かんかくもう》が並《なら》び、獲物《えもの》の動《うご》きを察知《さっち》。


背骨《せぼね》につながっている。頭《くび》を曲《ま》げるより、固定《こてい》してはやく泳《およ》ぐことに適《てき》応《おう》したためだ。

ところがカワイルカの**頸椎《けいつい》は離《はな》れている**。真《ま》っ暗《くら》で障害物《しょうがいぶつ》が多《おお》い川《かわ》を泳《およ》ぐためには、はやさより、頭《あたま》を自《じ》在《ざい》に動《うご》かしエコーロケーションする必要《ひつよう》があったのだろう。原始的《げんしてき》な特《とく》徴《ちょう》をそのまま残《のこ》しているのである。

鯨類《げいるい》の祖先《そせん》は、陸生《りくせい》の偶蹄類《ぐうているい》ではないかと推測《すいそく》されている。約《やく》5600万《まん》〜5000万年前《まんねんまえ》の始《し》新世前期《しんせいぜんき》より昔《むかし》に、海《うみ》に入《はい》っていたと考《かんが》えられている。カワイルカは1000万年以上前《まんねんいじょうまえ》の中新世《ちゅうしんせい》の鯨類《げいるい》の特徴《とくちょう》が残《のこ》る。最初《さいしょ》のクジラから考《かんが》えると新《あたら》しい種《しゅ》だが、それ以前《いぜん》の鯨《げい》類《るい》はすべて絶滅《ぜつめつ》したため、現在《げんざい》では**もっとも原始的《げんしてき》な鯨類《げいるい》**なのだ。

ジョンストンが胸躍《むねおど》らせたキリンの祖先《そせん》

オカピ

EN

No.4 珍獣《ちんじゅう》

学名	*Okapia johnstoni*
英名	Okapi
分類	偶蹄目《ぐうていもく》（鯨《くじら》・偶蹄目《ぐうていもく》） キリン科《か》
大きさ	体長190～200cm、尾長30～42cm、肩高150～170cm、体重210～250kg
分布	コンゴ北部《ほくぶ》および北東部《ほくとうぶ》

キリンの肩高《けんこう》は最大《さいだい》で370cm。オカピの2倍《ばい》。原始的《げんしてき》なものは小形《こがた》で森林《しんりん》にひっそりと棲息《せいそく》し、進化《しんか》したものは大形《おおがた》で草原《そうげん》で繁栄《はんえい》する進化《しんか》の好例《こうれい》。

オカピは20世紀《せいき》の大珍獣《だいちんじゅう》だ。発《はっ》見《けん》したのは動物学者《どうぶつがくしゃ》ではない。少年時代《しょうねんじだい》から**未知《みち》の動物《どうぶつ》が大好《だいす》きだったハリー・ジョンストン**。当《とう》時《じ》イギリス領《りょう》だったウガンダに赴任《ふにん》した総督《そうとく》だ。

彼《かれ》は、長年《ながねん》**アフリカの森《もり》に棲《す》む一《いっ》角獣《かくじゅう》と噂《うわさ》される動物《どうぶつ》**を見《み》つけたいと思《おも》っていた。

1900年《ねん》、彼《かれ》はある事件《じけん》をきっかけにイトゥリの森《もり》に住《す》むピグミー族《ぞく》と知《し》り合《あ》う。ピグミー族《ぞく》は噂《うわさ》の動物《どうぶつ》を「オアピ」「オアチ」と呼《よ》び、彼《かれ》にたくさんのことを教《おし》えてくれた。彼《かれ》は話《はなし》の特徴《とくちょう》から、オカピをまず絶滅種《ぜつめつしゅ》である3本指《ぼんゆび》のウマ（奇蹄《きてい》類《るい》）、ヒポヒップスの生《い》き残《のこ》りではないかと考《かんが》え、胸躍《むねおど》らせた。

そして、ジョンストンはピグミー族《ぞく》のガイドらとオカピ探《さが》しに森《もり》に出《で》かけ、足跡《あしあと》を見《み》つける。

2個《こ》の蹄《ひづめ》。ウマではなく、ウシと同《おな》じ偶蹄類《ぐうているい》のものだった。さらにその旅《たび》の途中《とちゅう》、ある村《むら》にとどまり、見《み》たことのない毛皮《けがわ》の衣服《いふく》の飾《かざ》りに出《で》会《あ》う。同行《どうこう》したピグミー族《ぞく》は「オカピの毛皮《けがわ》だ」と教《おし》えてくれた。

彼《かれ》は毛皮《けがわ》でできた紐《ひも》を手《て》に入《い》れ、後日《ごじつ》「オカピは**奇蹄類《きているい》ではなく偶蹄《ぐうてい》類《るい》**だろう」と書《か》き添《そ》え、ロンドンの動《どう》物学会《ぶつがっかい》のフィリップ・スクレーターに送《おく》った。ところがスクレーターはメモを無視《むし》して、ウマの一種《いっしゅ》「Equus《ジョンス》 johnstoni《トンのウマ》」として発表《はっぴょう》してしまう。

翌年《よくねん》、ジョンストンは、知人《ちじん》からオカピの皮《かわ》と頭骨《とうこつ》を受《う》け取《と》る。蹄《ひづめ》はやはり偶蹄類《ぐうているい》のもので、キリンに似《に》ていた。彼《かれ》は生《い》きている状態《じょうたい》を想像《そうぞう》

珍メモ：キリンは森林《しんりん》から草原《そうげん》に進出《しんしゅつ》することで、走《はし》ることに適応《てきおう》した。四肢《しし》が長《なが》くなり、肩《かた》が高《たか》くなるにつれて頸《くび》もまた長《なが》くなった。キリンの頸《くび》が長《なが》いのは、地上《ちじょう》の水《みず》を飲《の》むことができたものだけが生《い》き残《のこ》った結果《けっか》である。

し詳細《しょうさい》な水彩画《すいさいが》を描《えが》いた。

そして、冗談半分《じょうだんはんぶん》に700万年《まんねん》前《まえ》に存在《そんざい》した角《つの》のないキリンの仲間《なかま》「ヘラドテリウム」とメモ書《が》きを添《そ》え、今度《こんど》は別《べつ》の学者《がくしゃ》、大英博物館《だいえいはくぶつかん》のランケスターのもとに送《おく》ったのだった。

1901年《ねん》、この標本《ひょうほん》は**「Okapia《ジョンストン》 johnstoni《のオカピ》」と名《な》づけられ発表《はっぴょう》**され、後日《ごじつ》、正式《せいしき》にキリンの仲間《なかま》として分《ぶん》類《るい》された。さらに研究《けんきゅう》が進《すす》み、オカピが、2300万年前《まんねんまえ》の中新世《ちゅうしんせい》に登《とう》場《じょう》した**キリンの祖先《そせん》「パレオトラグス」にそっくり**だということがわかった。現在《げんざい》のキリンはパレオトラグスの一部《いちぶ》が、鮮新世《せんしんせい》（約《やく》520万《まん》～260万年前《まんねんまえ》）に草原《そうげん》へと進出《しんしゅつ》したものだ。

一方《いっぽう》オカピは、森林《しんりん》にとどまったパレオトラグスの生《い》き残《のこ》りだと考《かんが》えられる。

ジョンストンの見立《みた》ては合《あ》っていたのだ。専門家《せんもんか》ではない彼《かれ》が、当時《とうじ》キリンの化石種《かせきしゅ》を理解《りかい》し、直感的《ちょっかんてき》にオカピをキリンの祖先形《そせんけい》だと見抜《みぬ》いていたことは、驚嘆《きょうたん》せざるを得《え》ない。

オスは約《やく》2歳《さい》で皮《ひ》膚《ふ》におおわれた短《みじか》い角《つの》が1対《つい》生《は》える。
後頭部《こうとうぶ》には「ワンダー・ネット」という特殊《とくしゅ》な毛細血管網《もうさいけっかんもう》がある。水《みず》を飲《の》むのに頭《あたま》を下《さ》げたとき、急激《きゅうげき》に血《ち》が脳《のう》に流《なが》れ込《こ》むのを防《ふせ》ぐ。キリンにも同《おな》じものが備《そな》わっていて、彼《かれ》らはこのおかげで大形化《おおがたか》できた。
オカピは蹄《ひづめ》がふたつで、体《からだ》の重心《じゅうしん》が中指《なかゆび》と薬指《くすりゆび》にかかる偶蹄類《ぐうているい》。一方《いっぽう》ウマ類《るい》は、蹄《ひづめ》が奇数《きすう》で、重心《じゅうしん》が中指《なかゆび》にかかる奇蹄類《きているい》。

全《ぜん》ネコ類《るい》の古《ふる》い親戚《しんせき》

No.5 珍獣《ちんじゅう》

フォッサ

VU

学名	*Cryptoprocta ferox*
英名	Fossa
分類	食肉目《しょくにくもく》(ネコ目《もく》) マダガスカルマングース科《か》
大きさ	体長約70cm、尾長約65cm、体重9.5〜20kg
分布	マダガスカルの多雨林《たうりん》

マングース類《るい》は指先《ゆびさき》だけで歩《ある》くのが一般的《いっぱんてき》だが、フォッサはクマ類《るい》のように足裏《あしうら》をつけて歩《ある》く。

東《ひがし》アフリカのインド洋《よう》に浮《う》かぶマダガスカルはキツネザルの王国《おうこく》として有名《ゆうめい》な島《しま》だ。ここには3種類《しゅるい》のマングースがいる。マダガスカルマングース、ファラヌーク（コバマングース）、そしてフォッサ。

フォッサは**島唯一《しまゆいいつ》の大形肉食獣《おおがたにくしょくじゅう》**で、キツネザルやホロホロチョウ、テンレック（P132）などを食《た》べる生《せい》態系《たいけい》の頂点《ちょうてん》に立《た》つ。

ネコ科《か》に分類《ぶんるい》されていたこともあるほど、ネコによく似《に》ている。

ドイツの博物学者《はくぶつがくしゃ》ヴェントがフォッサの容姿《ようし》を「**子《こ》どもがネコをつくろうとして失敗《しっぱい》した粘土細工《ねんどざいく》**のよう」と言《い》ったが、確《たし》かにネコにしてはバランスがわるく、尾《お》は長《なが》すぎ、頭《あたま》は小《ちい》さすぎ、四肢《しし》が短《みじか》すぎだ。

鋭《するど》い爪《つめ》はネコ類《るい》のように引《ひ》っ込《こ》めることができるが鞘《さや》はない。狩《か》りをするときは獲物《えもの》を前足《まえあし》の鉤爪《かぎづめ》でとらえ、ひと咬《か》みで殺《ころ》す。気性《きしょう》が荒《あら》く、自分《じぶん》より大《おお》きな家畜《かちく》にも襲《おそ》いかかることがある。

また、夜行性《やこうせい》で、光《ひかり》の量《りょう》に応《おう》じて瞳孔《どうこう》が縦《たて》に縮《ちぢ》まる。**眩《まぶ》しい場所《ばしょ》では、瞳《ひとみ》が消《き》えるほど細《ほそ》くなる**ため、水晶《すいしょう》体《たい》が白《しろ》く濁《にご》った白内障《はくないしょう》のように見《み》えるほどだ。

マダガスカルではフォッサにまつ

珍メモ：マダガスカルでは、外《そと》で寝《ね》ているとフォッサが顔《かお》をなめて失神《しっしん》させ、内臓《ないぞう》を食《く》いちぎるから、野外《やがい》では寝《ね》ないように、と伝《つた》えられている。わるい伝説《でんせつ》が多《おお》いが、現地《げんち》の人《ひと》はヤブイノシシを狩《か》るときにフォッサを飼《か》いならし使《つか》うことがあるといわれている。

ほとんど樹上《じゅじょう》で過《す》ごす。長《なが》い尾《お》は
バランスをとるのに役《やく》に立《た》つ。
オスのペニスは異様《いよう》に長《なが》く、勃起時《ぼっきじ》は前足《まえあし》の先《さき》に達《たっ》するほど。先端《せんたん》にネコのペニスような棘《とげ》がある。メスにも1～2歳《さい》になると偽《にせ》のペニスができるが、おとなになると小《ちい》さくなる。これは、若年《じゃくねん》のメスがオスに襲《おそ》われないようにする意味《いみ》があるようだ。
舌《した》の中央《ちゅうおう》にはネコのような棘《とげ》があり、肉《にく》をこそげるのに役立《やくだ》つ。
曲《ま》がった鉤爪《かぎづめ》は、ネコのような鞘《さや》はないが引《ひ》っ込《こ》めることができ、音《おと》を立《た》てずに歩《ある》ける。泳《およ》ぎが得意《とくい》で、指《ゆび》の間《あいだ》にある水《みず》かきが発達《はったつ》。

わるさまざまな伝説《でんせつ》があるが、生態《せいたい》はあまりよくわかっていない。

おそらくフォッサは、**ネコ類《るい》とマングース類《るい》の共通《きょうつう》の祖先《そせん》から進化《しんか》**した動物《どうぶつ》なのだろう。マダガスカル島《とう》が約《やく》8800万年前《まんねんまえ》の白亜紀《はくあき》に大陸《たいりく》から切《き》り離《はな》された後《のち》、この地《ち》へ漂着《ひょうちゃく》し独自《どくじ》の進化《しんか》を遂《と》げてきたとされる。

暁新世《ぎょうしんせい》は、恐竜絶滅後《きょうりゅうぜつめつご》、原始的《げんしてき》な哺乳類《ほにゅうるい》が次々《つぎつぎ》に登場《とうじょう》した時代《じだい》で、イヌ、ネコ、クマなど全食肉類《ぜんしょくにくるい》の祖先《そせん》であるミアキスという小獣《しょうじゅう》が登場《とうじょう》した頃《ころ》でもある。マダガスカル島成立《とうせいりつ》の古《ふる》さと、フォッサに残《のこ》るネコ類《るい》の特徴《とくちょう》を合《あ》わせて考《かんが》えると、**フォッサはネコ科動物全体《かどうぶつぜんたい》の祖先《そせん》かも**しれない、という説《せつ》も出《で》ている。

原始的《げんしてき》で謎《なぞ》に満《み》ちた、マダガスカルにしかいない獣《けもの》なのである。

珍獣《ちんじゅう》Q&A

Q. 世界《せかい》にどのくらいの動物《どうぶつ》がいるの?

哺乳類《ほにゅうるい》は6000、動物全体《どうぶつぜんたい》では175万種《まんしゅ》

地球上《ちきゅうじょう》に生《い》きている動物《どうぶつ》の数《かず》は「種《しゅ》」という単位《たんい》で数《かぞ》える。ただし、種《しゅ》はどのようなものなのか「定義《ていぎ》」はまだ決《き》まっていない。だから学者《がくしゃ》によって数《かず》が違《ちが》うのだ。独立《どくりつ》したひとつの種《しゅ》にするか、棲《す》んでいる地域的《ちいきてき》な違《ちが》いの亜種《あしゅ》にするか、で数《かぞ》えかたが変《か》わる。アフリカの密林《みつりん》にいるマルミミゾウを、サバンナに棲《す》むアフリカゾウの亜種《あしゅ》とする学者《がくしゃ》もいれば、独立種《どくりつしゅ》と考《かんが》える学者《がくしゃ》もいる。

これを考《かんが》えに入《い》れると、哺乳類《ほにゅうるい》は4200～6000種《しゅ》、鳥類《ちょうるい》は9000～1万《まん》500種《しゅ》、爬虫類《はちゅうるい》は6500～8800種《しゅ》、両生類《りょうせいるい》は6000～7000種《しゅ》、魚類《ぎょるい》は3万《まん》～3万《まん》5000種《しゅ》。動物全体《どうぶつぜんたい》では105万《まん》～175万種《まんしゅ》とされている。

動物《どうぶつ》が誕生《たんじょう》した6億《おく》5000万年前《まんねんまえ》から数《かぞ》えたら、絶滅種《ぜつめつしゅ》を含《ふく》めると、この数値《すうち》の数十倍《すうじゅうばい》となることは間違《まちが》いない。

Q. 哺乳類《ほにゅうるい》ってどんな生《い》き物《もの》?

乳《ちち》を飲《の》んで育《そだ》ちます

現生《げんせい》の哺乳類《ほにゅうるい》だけ、それも骨格以外《こっかくいがい》のおもな特徴《とくちょう》は、子《こ》どもは赤《あか》ちゃんの状態《じょうたい》で生《う》まれ(カモノハシなどの単孔類《たんこうるい》は例外《れいがい》)、乳《ちち》を飲《の》んで育《そだ》つ。子《こ》どもは母親《ははおや》に守《まも》られて成長《せいちょう》する。体《からだ》の割《わり》に脳《のう》が大《おお》きく、知能《ちのう》が発達《はったつ》している。体《からだ》は毛《け》でおおわれ、心臓《しんぞう》は4つの部屋《へや》に分《わ》かれ、体温《たいおん》が高《たか》くておよそ37℃前後《ぜんご》あり、激《はげ》しい呼吸《こきゅう》を助《たす》ける横隔膜《おうかくまく》がある。四肢《しし》はまっすぐのびて地面《じめん》につき、爬虫類《はちゅうるい》のようにはいまわる姿勢《しせい》をとらない。

ただ、哺乳類《ほにゅうるい》は爬虫類《はちゅうるい》から進化《しんか》してきた動物《どうぶつ》。爬虫類《はちゅうるい》とそっくりな特徴《とくちょう》もあり、その境目《さかいめ》はかなりあいまいだ。

PART 2

容姿《ようし》、行動《こうどう》、すべてへんてこりん

哺《ほ》乳類《にゅうるい》（獣《けもの》）のイメージとかけ離《はな》れた奇妙《きみょう》な容姿《ようし》の珍獣《ちんじゅう》、

ユニークな行動《こうどう》をとる珍獣《ちんじゅう》たち

謎《なぞ》の第六感《だいろっかん》が隠《かく》されたビラビラ鼻《ばな》

ホシバナモグラ

鼻《はな》が珍

STAR-NOSED MOLE

LC

星《ほし》のような鼻《はな》の珍獣《ちんじゅう》、ホシバナモグラ。英名《えいめい》でもスターノーズ。特徴《とくちょう》は鼻先《はなさき》と尾《お》にある。

鼻先《はなさき》には**肉質《にくしつ》の左右《さゆう》11対《つい》の突起《とっき》**がある。「この器官《きかん》は、名前《なまえ》は知《し》らないが、ある花《はな》に似《に》ていてひくひく動《うご》く。これらを使《つか》い、モグラが方向《ほうこう》を知《し》ったり、感触《かんしょく》を得《え》たり、道《みち》を探《さが》したりするとは考《かんが》えにくい。我々《われわれ》には謎《なぞ》の第六感《だいろっかん》がそこにあるのだろう」とは、古《ふる》い書物《しょもつ》の言葉《ことば》。現在《げんざい》では解明《かいめい》が進《すす》み、**星鼻《ほしばな》はアイマー器官《きかん》という突起《とっき》がびっしりついた触角《しょっかく》で、情報《じょうほう》を脳《のう》に伝《つた》えている**ことがわかっている。

長《なが》い尾《お》は初冬《しょとう》になると直径《ちょっけい》約《やく》14mmまでふくらむ。
ペタペタ鼻《はな》を泥《どろ》につけて獲物《えもの》を探《さが》す。

学名	*Condylura cristata*
英名	Star-nosed mole
分類	食虫目《しょくちゅうもく》(トガリネズミ目《もく》) モグラ科《か》
大きさ	体長10～12.7cm、 尾長5.6～8.4cm、 体重40～85g
分布	北《きた》アメリカ東部《とうぶ》の湿地《しっち》

彼《かれ》らは沼地《ぬまち》や湿地《しっち》に点在《てんざい》する草原《そうげん》や森林《しんりん》に棲《す》む。**モグラなのにトンネルを掘《ほ》るのがへただ**。トンネルを掘《ほ》っても、湿地《しっち》では水浸《みずびた》しになる。湿地《しっち》を掘《ほ》り進《すす》み、水中《すいちゅう》に泳《およ》ぎに出《で》ることもある。星鼻《ほしばな》はこうした泥《どろ》の中《なか》や川底《かわぞこ》で役《やく》に立《た》つ。ひげは泥《どろ》では曲《ま》がってしまうが、星鼻《ほしばな》の突起《とっき》なら問題《もんだい》ない。鼻《はな》を突《つ》っ込《こ》み、獲物《えもの》の動《うご》きを探《さぐ》る。獲物《えもの》は、昆虫類《こんちゅうるい》やミミズ類《るい》が多《おお》く、ときに小魚《こざかな》を食《た》べることもある。

もうひとつの特徴《とくちょう》はモグラにしては長《なが》い尾《お》だ。地中《ちちゅう》で暮《く》らすと尾《お》はじゃまになり短《みじか》くなる。しかし彼《かれ》ら

珍メモ：日本《にほん》でも見《み》られるヒミズは、体長《たいちょう》8.0～10.1cm程度《ていど》の小《ちい》さいモグラで、ホシバナモグラのルーツでもある。原始的《げんしてき》な種《しゅ》で、地中生活《ちちゅうせいかつ》には適応《てきおう》していない。落《お》ち葉《ば》に隠《かく》れながら活動《かつどう》する。

11対《つい》、合計《ごうけい》22対《つい》の肉《にく》質《しつ》突起《とっき》。中央《ちゅうおう》に鼻《はな》の孔《あな》がふたつ開《ひら》く。突起《とっき》に獲物《えもの》が触《ふ》れると食《く》らいつく。突起《とっき》は赤《あか》ちゃんにも目立《めだ》つ。それほど重要《じゅうよう》な器官《きかん》なのだ。
体《からだ》が小《ちい》さく、つねにぬれて冷《ひ》える。1日《にち》に体重《たいじゅう》の 25%ほどの食《た》べものをとらないと体温《たいおん》を維持《いじ》できない。

の尾《お》は、長《なが》いままである。泳《およ》ぐときに利用《りよう》するのだ。**尾《お》は栄養貯蔵場所《えいようちょぞうばしょ》**でもある。冬《ふゆ》の交尾期《こうびき》の前《まえ》になると、尾《お》は平《ひら》たいバット状《じょう》にふくらむ。夏《なつ》は逆《ぎゃく》に冬《ふゆ》の半分《はんぶん》の太《ふと》さになる。交尾《こうび》という繁殖《はんしょく》の時期《じき》、動物《どうぶつ》は一般的《いっぱんてき》にあまり食《た》べなくなる。冬《ふゆ》は獲物《えもの》も少《すく》なくなる。尾《お》はこの時期《じき》の栄養補給《えいようほきゅう》に役立《やくだ》つのではないかと考《かんが》えられている。

北《きた》アメリカのモグラ類《るい》は氷河期《ひょうがき》に大陸同士《たいりくどうし》が陸橋《りくばし》でつながっていたとき、**アジアのヒミズ類《るい》が新天地《しんてんち》に渡《わた》って進化《しんか》した**ものだ。ホシバナモグラの祖先《そせん》は、湿地《しっち》で生《い》きのび、星鼻《ほしばな》を獲得《かくとく》した。ヒミズは、日本《にほん》でもおなじみの小《ちい》さなモグラだが、それとルーツを同《おな》じくするモグラが星鼻《ほしばな》の珍獣《ちんじゅう》になったと考《かんが》えると、感慨深《かんがいぶか》い。

アフリカの歌舞伎《かぶき》系《けい》化粧《けしょう》顔《がお》

マンドリル

顔《かお》が珍

MANDRILL

VU

サルのなかでもっともド派手《はで》な顔《かお》をもつのがマンドリルのオスだ。鼻筋《はなすじ》は長《なが》く、丸《まる》く広《ひろ》がった**鼻先《はなさき》から眼《め》の周囲《しゅうい》にかけては鮮《あざ》やかな紅色《べにいろ》で、鼻筋《はなすじ》の両側《りょうがわ》には青色《あおいろ》の隆《りゅう》起《き》**が走《はし》っている。体毛《たいもう》はすすけた茶《ちゃ》色《いろ》、頬《ほお》ひげは白《しろ》、顎《あご》ひげは黄色《きいろ》。尻《しり》には青《あお》から紫色《むらさきいろ》の斑紋《はんもん》があり、尻《しり》だこの両側《りょうがわ》はピンク色《いろ》ときている。

派手《はで》な色彩《しきさい》には意味《いみ》がある。彼《かれ》らは昼間《ひるま》でも暗《くら》く、見通《みとお》しのきかない樹高《じゅこう》10～40mの木々《きぎ》がしげる熱帯雨《ねったいう》林《りん》に棲《す》んでいる。ここで仲間《なかま》を見分《みわ》けるには、このぐらい派手《はで》でないとダメなのだ。

とくに**暗《くら》い森《もり》でも輝《かがや》く色彩《しきさい》のオスの尻《しり》は「光《ひか》る標識《ひょうしき》」**。群《む》れの仲間《なかま》は尻《しり》を目印《めじるし》に、密生《みっせい》した下生《したば》えの中《なか》を一団《いちだん》となって通《とお》り抜《ぬ》ける。

マンドリルは動物園《どうぶつえん》ではおなじみの動物《どうぶつ》だが、野生《やせい》では絶滅《ぜつめつ》が心配《しんぱい》されるほど数《かず》が少《すく》ない。深《ふか》い森《もり》の奥《おく》に棲《す》み、生態《せいたい》もよくわからない。

とても慎重《しんちょう》で、**ヒトやイヌが接近《せっきん》すると、一目散《いちもくさん》に走《はし》り去《さ》ってしまう**。現地《げんち》で、彼《かれ》らに傷《きず》つけられたものはいないというから、おだやかな性格《せいかく》なのだろう。

マンドリルと科《か》を同《おな》じくするマントヒヒなどのヒヒ類《るい》は、開《ひら》けた荒《あ》れ地《ち》に進出《しんしゅつ》し、高度《こうど》な群《む》れ社会《しゃかい》を築《きず》く。森林《しんりん》に棲《す》むマンドリルは、より原始《げんし》的《てき》であり、**ヒヒの初期的《しょきてき》な社会《しゃかい》をもっている**のではないか、と想像《そうぞう》することができる。

秘境《ひきょう》に暮《く》らしているためにベールにおおわれてきたマンドリル。しかし、森林《しんりん》の伐採《ばっさい》、開発《かいはつ》の影響《えいきょう》によって、ヒトが出会《であ》う率《りつ》も高《たか》まっている。彼《かれ》らの社会性《しゃかいせい》が明《あか》るみになるのは、言《い》いかえれば彼《かれ》らが絶滅《ぜつめつ》の危機《きき》に瀕《ひん》しているということでもあるのだ。

珍メモ：おとなになるにつれてオスとメスで形態《けいたい》に違《ちが》いが出《で》る現象《げんしょう》を「性的二型《せいてきにけい》」という。マンドリルは色覚《しきかく》が発達《はったつ》しているため、オスが派手《はで》な色合《いろあ》いになる。

オスの顔色《かおいろ》・尻色《しりいろ》は、生殖《せいしょく》腺《せん》ホルモンによるもの。子《こ》どもには見《み》られない。顔色《かおいろ》はメスを奪《うば》い合《あ》うときにも役立《やくだ》ち、顔《かお》を見《み》ただけで勝敗《しょうはい》がつく。

メスや子《こ》どもは地味《じみ》。メスはオスよりひとまわり以上《いじょう》小《ちい》さい。

派手《はで》な尻《しり》は群《む》れで移動《いどう》するときの標識《ひょうしき》。サル類《るい》は色《いろ》を見分《みわ》ける目《め》をもつ。においや鳴《な》き声《ごえ》でなく、色《いろ》を使《つか》ってサインとすることが多い。

しげみを好《この》み、移動《いどう》するときは木《き》の上《うえ》でなく地上《ちじょう》を利用《りよう》する。イヌに追《お》われて樹上《じゅじょう》まで行《い》っても、しがみつくのがやっと。木登《きのぼ》りは苦手《にがて》である。

学名	*Mandrillus sphinx*
英名	Mandrill
分類	霊長目《れいちょうもく》（サル目《もく》） オナガザル科《か》
大きさ	オス体長約70cm、尾長約8cm、体重約25kg、メスは小さい
分布	中央《ちゅうおう》アフリカ中部《ちゅうぶ》

はちきれそうな鼻《はな》ちょうちん

ズキンアザラシ

鼻《はな》が珍

HOODED SEAL

VU

ズキンアザラシの頭巾《ずきん》たる名前《なまえ》のゆえんはオスのもつ鼻《はな》だ。アザラシ類《るい》にはおよそ20種《しゅ》があるが、彼《かれ》らのようなものはいない。ズキンアザラシのオスは、体《からだ》のある部分《ぶぶん》をふくらませて、音《おと》もなく**黒《くろ》い頭巾《ずきん》と赤《あか》い頭巾《ずきん》をかぶる。**

ある部分《ぶぶん》とは、皮膚《ひふ》の裸出《らしゅつ》した黒《くろ》い鼻《はな》づら、そして鼻腔《びくう》の粘膜《ねんまく》の2か所《しょ》だ。黒《くろ》い鼻《はな》づらはそのままふくらむので黒《くろ》い頭巾《ずきん》。一方《いっぽう》、鼻《はな》の粘膜《ねんまく》は、**鼻《はな》の孔《あな》から粘膜《ねんまく》を露出《ろしゅつ》させ、チューインガムのようにふくらませる。**こちらは赤《あか》い頭巾《ずきん》だ。大《おお》きさは、長《なが》さ

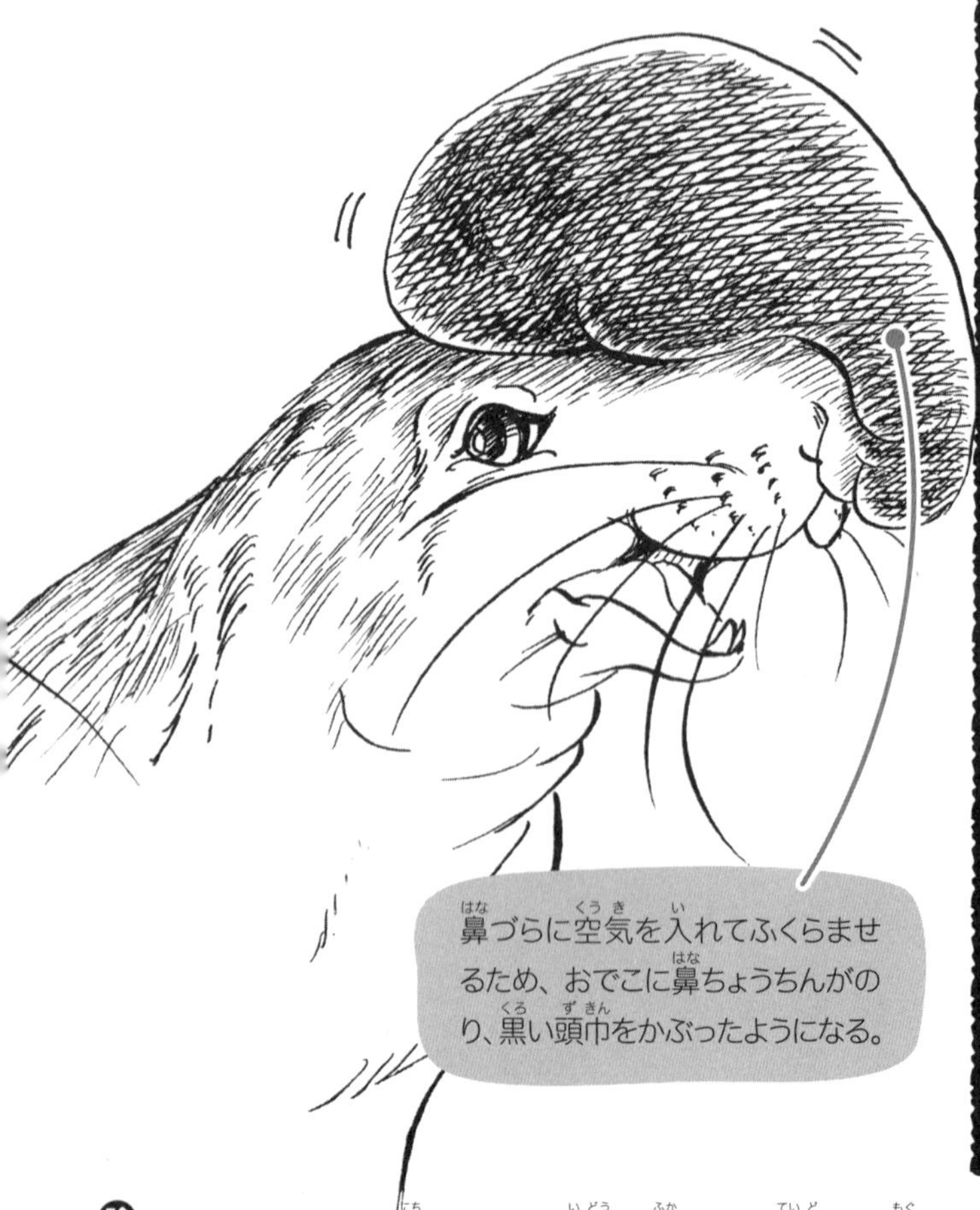
鼻《はな》づらに空気《くうき》を入《い》れてふくらませるため、おでこに鼻《はな》ちょうちんがのり、黒《くろ》い頭巾《ずきん》をかぶったようになる。

珍メモ：ズキンアザラシは1日《にち》に80kmほど移動《いどう》し、深《ふか》さ900m程度《ていど》までは潜《もぐ》ることができる。巡航《じゅんこう》モードになると6時間《じかん》のうち水面《すいめん》で過《す》ごすのは、わずか15～20分程度《ぶんていど》。

20cm内外《ないがい》、直径《ちょっけい》17～18cm。

ブワ～ッと空気《くうき》を送《おく》り込《こ》み、風船《ふうせん》をふくらますのは、オスがメスにアピールするときのディスプレイ行動《こうどう》だ。3月《がつ》の繁殖期《はんしょくき》になると、**オス同士《どうし》が鼻《はな》ちょうちんで牽制《けんせい》**し合《あ》い、メスに自分《じぶん》をアピールする。

ズキンアザラシが他《た》のアザラシと大《おお》きく違《ちが》うのは鼻《はな》だけではない。子《こ》どもの毛《け》の色《いろ》だ。他《た》のアザラシ類《るい》の子《こ》の場合《ばあい》、氷《こおり》の上《うえ》で生《う》まれるものは白《しろ》い毛《け》、岩礁《がんしょう》や砂浜《すなはま》などで生《う》まれるものは褐色《かっしょく》と、保護色《ほごしょく》で生《う》まれてくる。ところがズキンアザラシの**子《こ》どもは、氷上《ひょうじょう》にもかかわらず青灰色《せいかいしょく》**なのだ。

さらに不思議《ふしぎ》なのは、**生《う》まれる直前《ちょくぜん》までは、真《ま》っ白《しろ》な毛《け》**だったということだ。白《しろ》い毛《け》は、皮膚《ひふ》ごと母親《ははおや》の胎内《たいない》で脱落《だつらく》する。

アザラシ類《るい》は、陸上《りくじょう》で毛《け》が生《は》えかわる（換毛《かんもう》）ときにも、ほかの動物《どうぶつ》とは違《ちが》い、皮膚《ひふ》ごと毛《け》が落《お》ちる。お腹《なか》の子《こ》も同《おな》じ方法《ほうほう》で白《しろ》い毛《け》が落《お》ちてしまうと考《かんが》えられる。

わざわざ白《しろ》い毛《け》を脱《ぬ》いで青灰色《せいかいしょく》で生《う》まれるより、氷《こおり》の上《うえ》なら白《しろ》いままのほうが、よほど安全《あんぜん》だろうに。なぜ目立《めだ》つ色《いろ》で生《う》まれてくるのか、今《いま》も謎《なぞ》のままなのである。

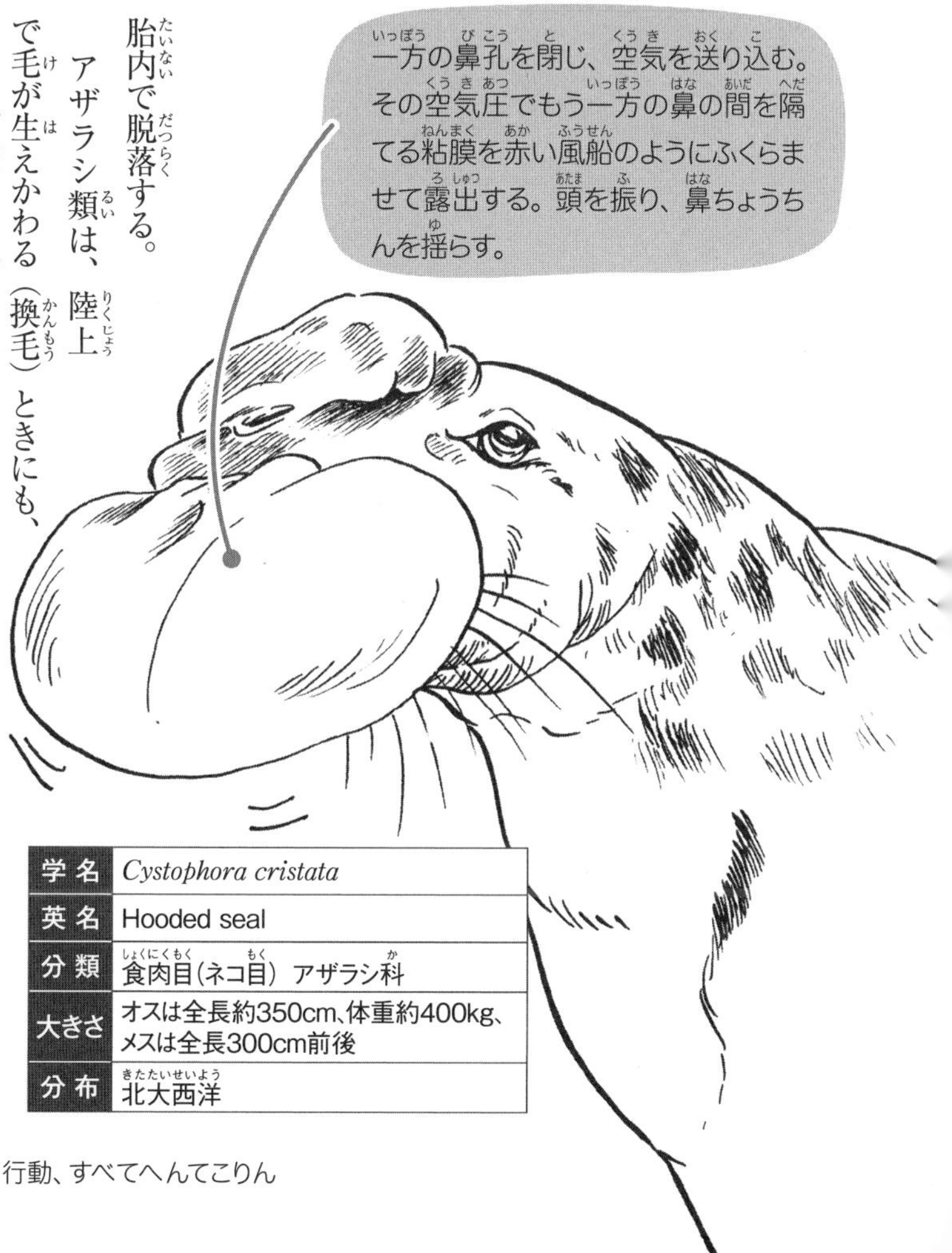
一方《いっぽう》の鼻孔《びこう》を閉《と》じ、空気《くうき》を送《おく》り込《こ》む。その空気圧《くうきあつ》でもう一方《いっぽう》の鼻《はな》の間《あいだ》を隔《へだ》てる粘膜《ねんまく》を赤《あか》い風船《ふうせん》のようにふくらませて露出《ろしゅつ》する。頭《あたま》を振《ふ》り、鼻《はな》ちょうちんを揺《ゆ》らす。

学名	*Cystophora cristata*
英名	Hooded seal
分類	食肉目《しょくにくもく》（ネコ目《もく》） アザラシ科《か》
大きさ	オスは全長約350cm、体重約400kg、メスは全長300cm前後
分布	北大西洋《きたたいせいよう》

デカすぎる鼻《はな》づら
サイガ

鼻《はな》が珍

CR

SAIGA

腫《は》れあがったような鼻《はな》づらと巨《きょ》大《だい》な鼻《はな》の孔《あな》をもつヤギのようなサイガ。ラッパが鳴《な》り出《だ》しそうな鼻《はな》だが、残念《ざんねん》ながら音《おと》は出《で》ない。

この鼻《はな》は加湿器《かしつき》なのだ。サイガは中央《ちゅうおう》アジアの冷涼《れいりょう》な半砂漠《はんさばく》から草《そう》原《げん》に暮《く》らす。その**冷《つめ》たい空気《くうき》を肺《はい》にとり込《こ》む前《まえ》に、鼻《はな》でほこりをとって、あたため、加湿《かしつ》**するのである。

見《み》た目《め》が不思議《ふしぎ》なサイガだが、じつはアフリカの美《うつく》しい草食獣《そうしょくじゅう》ガゼルなどと同《おな》じアンテロープ（レイヨウ）だ。スマートなガゼルとは似《に》ても似《に》つかないが、**ウシとヤギとの中間的《ちゅうかんてき》な存在《そんざい》**だ。基本的《きほんてき》に群《む》れで遊牧生活《ゆうぼくせいかつ》を送《おく》る。冬《ふゆ》の寒《さむ》さや旱魃《かんばつ》を避《さ》けて、主食《しゅしょく》であるニガヨモギなどの草《くさ》を求《もと》めて移動《いどう》する（モンゴルでは定住《ていじゅう》する群《む》れもある）。

200万年以上前《まんねんいじょうまえ》には、ヨーロッパから北《きた》アメリカのアラスカまで、おそらくは1億頭以上《おくとういじょう》も分布《ぶんぷ》していたと思《おも》われる。**北《きた》アメリカ唯一《ゆいいつ》のアンテロープ類《るい》がサイガ**だった。

それが20世紀初頭《せいきしょとう》に絶滅寸前《ぜつめつすんぜん》まで減少《げんしょう》し、幻《まぼろし》の獣《けもの》とまでいわれるようになった。皮《かわ》や肉《にく》、漢方薬《かんぽうやく》に使《つか》われる角《つの》を利用《りよう》するための狩猟《しゅりょう》と、旱魃《かんばつ》

移動時《いどうじ》は大群《たいぐん》をなす。かつては320km²の地域《ちいき》に10万頭《まんとう》が見《み》られたという。

学名	*Saiga tatarica*
英名	Saiga
分類	偶蹄目《ぐうていもく》(鯨《くじら》・偶蹄目《ぐうていもく》) ウシ科《か》
大きさ	体長108～146cm、 尾長8～13cm、 肩高57～79cm、 体重21～51kg
分布	中央《ちゅうおう》アジア

珍メモ：2015年《ねん》5月中旬以降《がつちゅうじゅんいこう》、中央《ちゅうおう》アジアのカザフスタンで、全個体数《ぜんこたいすう》の2分《ぶん》の1以上《いじょう》を占《し》める14万頭以上《とういじょう》のサイガが死亡《しぼう》。細菌感染《さいきんかんせん》が確認《かくにん》されている。降雨量《こううりょう》や食《た》べものなどの環境問題《かんきょうもんだい》も関係《かんけい》しているのではないかと考《かんが》えられている。

角《つの》は薬効《やっこう》があると信《しん》じられ、漢方薬《かんぽうやく》として高値《たかね》取引《とりひき》されるため、密猟《みつりょう》が絶《た》えない。
好物《こうぶつ》はニガヨモギ。ニガヨモギを求《もと》めて移動《いどう》する。
移動中《いどうちゅう》は時速《じそく》4.8 ～ 19.2km、驚《おどろ》いたりすると時速《じそく》90km で頭《あたま》を突《つ》き出《だ》し突進《とっしん》。ときどきジャンプしてあたりを見まわす。加湿機能《かしつきのう》のある鼻《はな》が、呼吸器《こきゅうき》への負担《ふたん》を軽《かる》くする。
ブフォッ

が続《つづ》いたためらしい。

1990年代前半《ねんだいぜんはん》に、サイガの数《かず》は100万頭《まんとう》まで回復《かいふく》した。旧《きゅう》ソ連《れん》による狩猟《しゅりょう》を制限《せいげん》する保護策《ほごさく》の徹底《てってい》、そしてサイガの天敵《てんてき》であるオオカミの減少《げんしょう》である。

これでサイガは絶滅《ぜつめつ》を免《まぬが》れたかと思《おも》われたのだが、事態《じたい》は甘《あま》くなかった。IUCN（国際自然保護連合《こくさいしぜんほごれんごう》）のレッドリストでは再《ふたた》び絶滅危惧種《ぜつめつきぐしゅ》（CR）と判定《はんてい》されている。

2000年以降《ねんいこう》、2～3万頭《まんとう》まで落《お》ち込《こ》んだ。**旧《きゅう》ソ連《れん》の崩壊《ほうかい》で、またもやハンターによる大量乱獲《たいりょうらんかく》**が生《しょう》じたためだ。その後《ご》、保護計画《ほごけいかく》が成功《せいこう》し、25万頭以上《まんとういじょう》まで回復《かいふく》。ところが2015年《ねん》、14万頭以上《まんとういじょう》が突然《とつぜん》の大量死《たいりょうし》（P36下《した》）。またもや絶滅《ぜつめつ》の危機《きき》に瀕《ひん》しているのである。

闘《たたか》うデカ鼻《ばな》海獣《かいじゅう》

ミナミゾウアザラシ

キモ珍かわいい

SOUTHERN ELEPHANT SEAL

LC

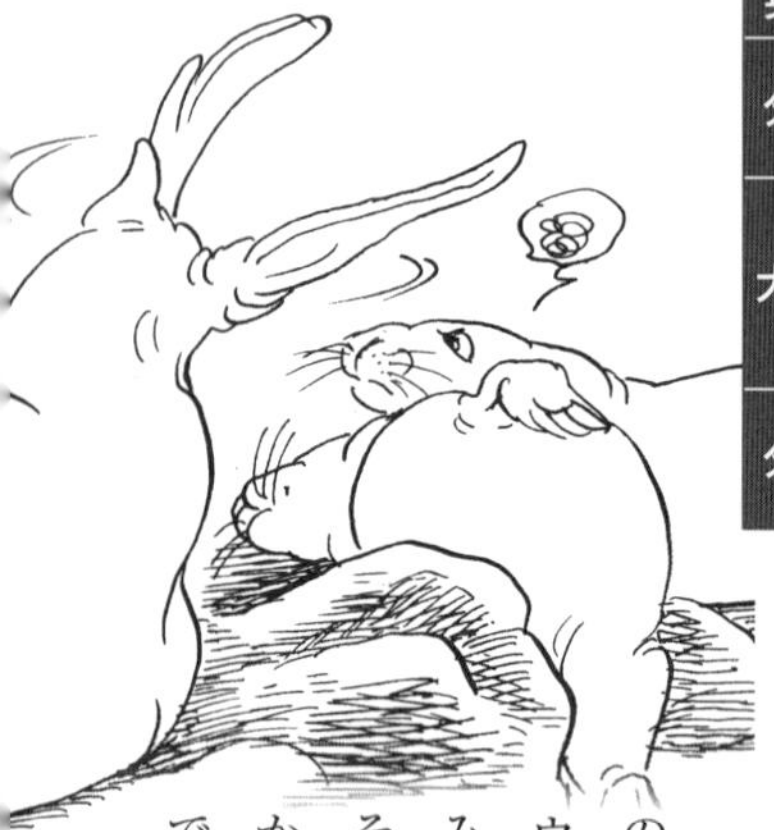

学名	*Mirounga leonina*
英名	Southern elephant seal
分類	食肉目《しょくにくもく》(ネコ目《もく》) アザラシ科《か》
大きさ	オス全長450〜600cm、体重約3700kg、メス全長約200〜300cm、体重約400〜600kg
分布	南半球《みなみはんきゅう》、南極周辺《なんきょくしゅうへん》の孤島《ことう》で繁殖《はんしょく》

ゾウアザラシはその名《な》の通《とお》り、ゾウのように大《おお》きく、特徴的《とくちょうてき》な鼻《はな》をもつ。ミナミゾウアザラシのオスは、**最大全長《さいだいぜんちょう》6m、体重《たいじゅう》4トン**に達《たっ》するほど大《おお》きい。オスの鼻《はな》は鼻《はな》と上唇《うわくちびる》がいっしょになって筒状《つつじょう》にのびた構造《こうぞう》がゾウとよく似《に》ている。

この鼻《はな》を何《なに》に使《つか》うのか。学者《がくしゃ》たちの間《あいだ》で議論《ぎろん》がくり返《かえ》されてきた。ゾウアザラシは鼻腔《びこう》に空気《くうき》を送《おく》り込《こ》み、鼻《はな》を空気枕《くうきまくら》のようにふくらます。それで昔《むかし》の学者《がくしゃ》は、オス同士《どうし》のけんかのときに、鼻《はな》づらを保護《ほご》するためではないかと考《かんが》えた。

しかしよく調《しら》べてみると、彼《かれ》らの繁殖期《はんしょくき》のけんかは、空気枕《くうきまくら》で保護《ほご》できるほど生《なま》ぬるいものではなかった。**牙《きば》で相手《あいて》の頸《くび》に咬《か》みつき、頭《あたま》を横《よこ》に振《ふ》って肉《にく》を食《く》いちぎろうとする。**分《ぶ》厚《あつ》い皮膚《ひふ》でも流血《りゅうけつ》は免《まぬが》れない。もちろん空気枕《くうきまくら》では対抗《たいこう》できないのだ。

繁殖期《はんしょくき》には**強《つよ》いオスが、複数《ふくすう》のメスに囲《かこ》まれてハーレムをつくる。**そのまわりを赤《あか》ちゃん、さらにそのまわりを、けんかに負《ま》けたたくさんのオスがぐるりととり囲《かこ》む。

弱《よわ》いオスは、隙《すき》あらばメスを奪《うば》おうとする。それを強《つよ》いオスが怒《おこ》って

珍メモ：複数《ふくすう》のメスを従《したが》えるハーレムは繁殖期《はんしょくき》にのみ見《み》られる。メスが60頭《とう》もいる大《おお》きな群《む》れでは、中心《ちゅうしん》にオスが4〜5頭《とう》、互《たが》いに離《はな》れている。外側《そとがわ》には弱《よわ》いオスが20頭《とう》くらい並《なら》ぶ。

ガラガラガラ
弱《よわ》いオスは強《つよ》いオスの声《こえ》を聞《き》いただけで退散《たいさん》。体《からだ》を上下《じょうげ》に揺《ゆ》らし、バックで後《あと》ずさりする。
上半身《じょうはんしん》を高《たか》くして、長《なが》い鼻《はな》を曲《ま》げ、鼻先《はなさき》を口《くち》に差《さ》し込《こ》み、勢《いきお》いよく空気《くうき》を吹《ふ》き出《だ》すと、威嚇音《いかくおん》が出《で》る。
メスはオスの3分《ぶん》の1程度《ていど》のサイズで、鼻《はな》もほかのアザラシ類《るい》のように小《ちい》さい。

追《お》い払《はら》う。このとき、**強《つよ》いオスはガラガラといううがいのような奇妙《きみょう》な声《こえ》を出《だ》す**。これは成熟《せいじゅく》したオスにしか出《だ》せず、大《おお》きく強《つよ》い個体《こたい》ほど響《ひび》かせることができる。うがい音《おん》を聞《き》いた弱《よわ》いオスはおそれおののいて身《み》を引《ひ》く。こうして血《ち》を流《なが》さず、ハーレムを守《まも》ることができる。

うがい音《おん》の出《で》どころは声帯《せいたい》ではない。例《れい》の鼻《はな》で、鼻《はな》から息《いき》を吹《ふ》き出《だ》すときに出《で》る音《おと》だ。つまり**鼻《はな》は威嚇用《いかくよう》のラッパ**だったのである。

おそらく最初《さいしょ》から鼻《はな》を鳴《な》らしていたわけではないだろう。昔《むかし》の学者《がくしゃ》が考《かんが》えた空気枕《くうきまくら》のように、闘《たたか》いのときに**ふくらましていた鼻《はな》から、偶然音《ぐうぜんおと》が出《で》て、けんか相手《あいて》がひるんだ**のかもしれない。そう考《かんが》えると、空気枕《くうきまくら》説《せつ》もばかにはできない。

怒《おこ》ると赤鬼《あかおに》に変身《へんしん》
ハゲウアカリ

キモ珍かわいい

VU

BALD-HEADED UACARI

頭《あたま》がはげあがった奇妙《きみょう》な容姿《ようし》のハゲウアカリ。ハゲウアカリには、アカ、シロ、ノバエス、ウカヤリなど6つの亜種《あしゅ》がいる（独立種《どくりつしゅ》とすることもある）。**酔《よ》っぱらいおじさん**のような外見《がいけん》で、**怒《おこ》ると顔《かお》を真《ま》っ赤《か》にして赤鬼《あかおに》**のようになる。

　これは**顔《かお》に脂肪《しぼう》がほとんどついていない**ためだ。人間《にんげん》は脂肪《しぼう》がたっぷりついている。進化《しんか》の過程《かてい》で一時的《いちじてき》だが寒《さむ》い土地《とち》で生《い》き抜《ぬ》いた経緯《けいい》があるためだ。ハゲウアカリの棲《す》む熱帯《ねったい》雨林《うりん》は、いつも暑《あつ》く湿《しめ》っているため、脂肪《しぼう》を失《うしな》ったのだろう。

　赤《あか》は血《ち》の色《いろ》だ。怒《おこ》ると顔《かお》に血《ち》が上《のぼ》るので赤《あか》くなる。陽《ひ》の光《ひかり》を浴《あ》びて体《からだ》があたたまったときも赤《あか》い。逆《ぎゃく》に**陽《ひ》に当《あ》たらなければ、顔《かお》は青《あお》ざめる**ので、健康《けんこう》かどうかひと目《め》でわかる。

　野生《やせい》のハゲウアカリに関《かん》する情報《じょうほう》はほとんどなく、謎《なぞ》に満《み》ちたサルである。

　1855年《ねん》の文献《ぶんけん》には、南米《なんべい》のインディオがウアカリを吹《ふ》き矢《や》で射止《いと》めて生捕《いけど》りにする話《はなし》が出《で》てくる。

　インディオはクラレという植物《しょくぶつ》からとった毒《どく》を薄《うす》めて矢《や》に塗《ぬ》り、ウアカリを射《い》る。毒《どく》は薄《うす》めてあるから矢《や》が命中《めいちゅう》しても死《し》なない。ウアカリは枝《えだ》をつたいながらかなりの距離《きょり》を逃《に》げる。それをベテランの狩人《かりゅうど》が追《お》いかけ、ウアカリの体《からだ》に毒《どく》がまわるのを待《ま》つのである。ウアカリの体《からだ》に毒《どく》がまわり、枝《えだ》から落《お》ちると、狩人《かりゅうど》はその下《した》で待《ま》っていて、ウアカリを受《う》け止《と》める。とらえたウアカリの口《くち》に解毒剤《げどくざい》を押《お》し込《こ》んでやると、まもなく息《いき》を吹《ふ》き返《かえ》し、生《い》け捕《ど》りにする。

　じつにたくみな方法《ほうほう》だ。インディオたちは、そのウアカリをペットにして飼《か》ったり、よそへ売《う》ったりしてきた。**成獣《せいじゅう》はなつきにくい**ので、肉《にく》

珍メモ：ウアカリ類《るい》を含《ふく》むオマキザルの仲間《なかま》は、中南米《ちゅうなんべい》に広《ひろ》く分布《ぶんぷ》する。たいてい体長《たいちょう》より尾《お》が長《なが》いのだが、ウアカリ類《るい》は尾《お》が短《みじか》い。より人間《にんげん》のおじさんっぽく見《み》える。

顔《かお》には毛《け》がなく、脂肪《しぼう》が少《すく》ない。怒《おこ》ったり、暑《あつ》くなったりすると顔《かお》が赤《あか》くなる。
血行《けっこう》がわるくなると顔《かお》が青《あお》ざめる。顔色《かおいろ》で互《たが》いの健康状《けんこうじょう》態《たい》や感情《かんじょう》を読《よ》みとっている。
飼育下《しいくか》では、檻《おり》の中《なか》で床《ゆか》を滑《すべ》ってみたり宙返《ちゅうがえ》りしたり、“明《あか》るい”性格《せいかく》だということがわかっている。
親指《おやゆび》は対向性《たいこうせい》（サル類《るい》の特徴《とくちょう》）ではなく、ほかの指《ゆび》から離《はな》れず、手《て》全体《ぜんたい》でものをつかむ。

学名	*Cacajao calvus*
英名	Bald-headed uacari
分類	霊長目《れいちょうもく》（サル目《もく》） サキ科《か》
大きさ	体長36～57cm、尾長14.2～18.5cm、体重3～3.5kg
分布	アマゾン川上流域《がわじょうりゅういき》のブラジル北西部《ほくせいぶ》からペルーにかけて

を食《た》べるために殺《ころ》してしまうこともあった。飼《か》っていても成獣《せいじゅう》はたいてい死《し》んでしまうので、彼《かれ》らは**ウアカリを“死《し》の運命《うんめい》”と呼《よ》んでいた**という。

珍

楽《たの》しいことなんて何《なに》もない？ シロガオサキ

LC

ウアカリ類《るい》に近《ちか》い、オマキザルの仲間《なかま》にサキがいる。陰気《いんき》な顔《かお》が特徴《とくちょう》で、黙《だま》って高《たか》い木《き》の上《うえ》でじっとしているため観察例《かんさつれい》が少《すく》ない。

ときどき低木《ていぼく》に降《お》り、水《みず》を飲《の》む。直《じか》に口《くち》をつけず、毛深《けぶか》い手《て》の甲《こう》に水《みず》をひたしてなめとる。口《くち》ひげがぬれるのが嫌《いや》だからという説《せつ》もある。

裸《はだか》で出歯《でば》なアリ的社会集団《てきしゃかいしゅうだん》

ハダカデバネズミ

キモ珍かわいい

NAKED MOLE RAT

LC

ソーセージからフォークのような歯《は》が生《は》えたようなハダカデバネズミ。体《からだ》はほぼ無毛《むもう》で大《おお》きな門《もん》歯《し》が目立《めだ》つ。耳介《じかい》はほとんどなく、眼《め》は極小《ごくしょう》。東《ひがし》アフリカの乾燥地帯《かんそうちたい》で集団地下生活《しゅうだんちかせいかつ》を送《おく》る。

彼《かれ》らが築《きず》く**トンネル・ネットワークの総延長《そうえんちょう》は3㎞以上《いじょう》もあり、面積《めんせき》は10万㎢**に達《たっ》する。地下《ちか》トンネルの中《なか》は通年約《つうねんやく》30℃と温度《おんど》が一定《いってい》なので、無毛《むもう》でも問題《もんだい》ないのだ。

ハダカデバネズミの珍《ちん》ぶりは、見《み》た目《め》だけではない。**「真社会性《しんしゃかいせい》」と呼《よ》ばれるアリやミツバチのような社会《しゃかい》**をもつ。哺乳類《ほにゅうるい》では近縁《きんえん》のダマラランドデバネズミにしか見《み》られない。

コロニー（集団《しゅうだん》）は75～80頭《とう》、ときに250頭《とう》を超《こ》す。体《からだ》の大《おお》きさによって役割《やくわり》は違《ちが》い、出産《しゅっさん》に関係《かんけい》する「繁殖個体《はんしょくこたい》」と、出産《しゅっさん》には関係《かんけい》のない「非繁殖個体《ひはんしょくこたい》」とに分《わ》けられる。

繁殖個体《はんしょくこたい》は、コロニーに1～2頭《とう》の女王《じょおう》と数頭《すうとう》のオスからなる。子《こ》どもを産《う》み、育《そだ》て、子《こ》どもたちの体《からだ》を清潔《せいけつ》に保《たも》つのがおもな仕事《しごと》だ。

非繁殖個体《ひはんしょくこたい》は子《こ》どもの世話《せわ》以外《いがい》に、トンネルを新設《しんせつ》、改修《かいしゅう》したり、コロニーを外敵《がいてき》から守《まも》ったりする。

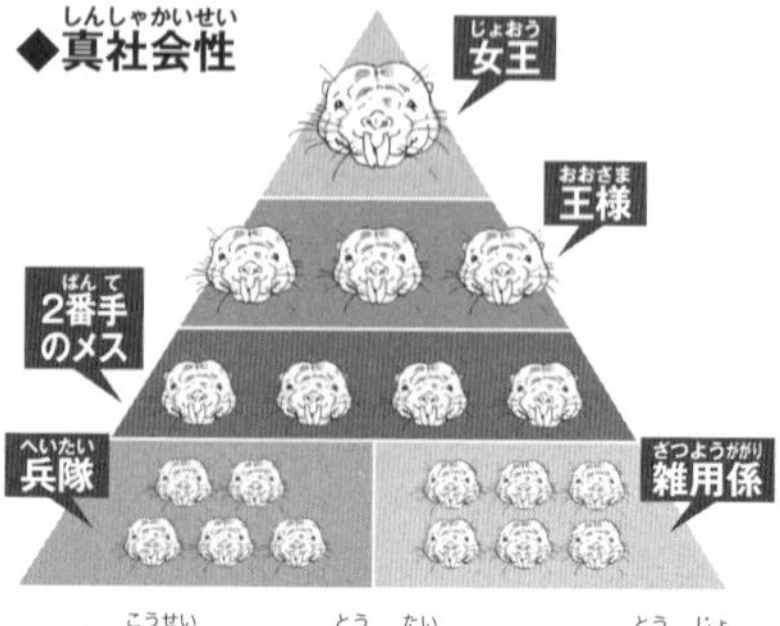

メンバー構成《こうせい》はメス10頭《とう》に対《たい》してオスは14頭《とう》。女王《じょおう》が年《ねん》に4～5回出産《かいしゅっさん》し、1回平均《かいへいきん》14頭《とう》を産《う》む。女王《じょおう》が、自分以外《じぶんいがい》のメスに、においや声《こえ》でストレスを与《あた》え、発情《はつじょう》をおさえているらしい。

学名	*Heterocephalus glaber*
英名	Naked mole rat
分類	齧歯目《げっしもく》（ネズミ目《もく》） デバネズミ科《か》
大きさ	体長8.0～9.2cm、 尾長2.8～4.4cm、 体重30～80g
分布	アフリカ東部《とうぶ》（エチオピア、ソマリア、ケニア北部《ほくぶ》）

珍メモ：ハダカデバネズミの寿命《じゅみょう》は、同《どう》サイズのマウスの10倍近《ばいちか》い28年《ねん》もあり、その8割《わり》の期間《きかん》、身体機《しんたいき》能《のう》が若《わか》く維持《いじ》される。最近《さいきん》の研究《けんきゅう》では「がんにならない」ことでも注目《ちゅうもく》されている。

小形《こがた》のものは、土《つち》の運搬《うんぱん》や、木《き》や草《くさ》の根《ね》などの食料《しょくりょう》の運搬《うんぱん》、トンネルから植物《しょくぶつ》の根《ね》や小石《こいし》などの除去作業《じょきょさぎょう》を行《おこな》う。

女王《じょおう》はコロニーを歩《ある》きまわり、さぼっているものを見《み》つけると、押《お》したりつついたりする。新《あたら》しい巣材《すざい》や食《た》べものがあると、「働《はたら》け！」と言《い》わんばかりに小突《こづ》き回数《かいすう》が増《ふ》える。

大形《おおがた》のものは、天敵《てんてき》のヘビや、よその集団《しゅうだん》が侵入《しんにゅう》すると、攻撃《こうげき》したり、土《つち》をかけて生《い》き埋《う》めにしようとする。各役割《かくやくわり》は、音声《おんせい》やふれ合《あ》い、においのコミュニケーションで保《たも》たれている。

じつにシステマチックな社会《しゃかい》だが、異《い》常気象《じょうきしょう》、強力《きょうりょく》な天敵《てんてき》の攻撃《こうげき》で消滅《しょうめつ》するおそれがある。彼《かれ》らの**寿命《じゅみょう》は28年《ねん》と長命《ちょうめい》**で、若《わか》い個体《こたい》も分散《ぶんさん》していかず、遺伝的変異《いでんてきへんい》が少《すく》ない。多様性《たようせい》に欠《か》けるぶん、新《あたら》しい病気《びょうき》で絶滅《ぜつめつ》する可能性《かのうせい》は高《たか》いかもしれない。

女王《じょおう》は胴《どう》が長《なが》く、兵隊《へいたい》や雑用係《ざつようがかり》の個体《こたい》よりずっと大《おお》きい。仕事《しごと》をしていないものを見《み》つけると小突《こづ》いて怒《おこ》る。

女王《じょおう》が死《し》ぬと2番手《ばんて》のメスの脊椎骨《せきついこつ》が伸長《しんちょう》し、体《からだ》がのびる。子《こ》を産《う》むと 10 ～ 14 個《こ》の乳頭《にゅうとう》が肥大《ひだい》する。体《からだ》が細長《ほそなが》いおかげで、たくさんの赤《あか》ちゃんを連《つ》れてトンネルを通《とお》り抜《ぬ》けることができる。

門歯《もんし》でトンネルを掘《ほ》る。不要《ふよう》な小石《こいし》を歯《は》でくわえて外《そと》に出《だ》す。1コロニーあたり 350kg 以上《いじょう》の土《つち》を、約《やく》40 か所《しょ》の出入《でい》り口《ぐち》から捨《す》てている。

女王《じょおう》に怒《おこ》られると、服従《ふくじゅう》ポーズをとって従《したが》う。

丸《まる》まるカメ獣《じゅう》

ミツオビアルマジロ

BRAZILIAN THREE-BANDED ARMADILLO

姿《すがた》が珍

VU

スペイン語《ご》で〝アルマド〟**「鎧《よろい》を着《き》た人《ひと》」に由来《ゆらい》**するアルマジロ。中南米《ちゅうなんべい》の森林《しんりん》やサバンナに暮《く》らす、生《う》まれながらに甲羅《こうら》をまとったカメのような哺乳類《ほにゅうるい》である。

甲羅《こうら》をもつ動物《どうぶつ》は、いずれも動《うご》きが遅《おそ》く原始的《げんしてき》だが、繁栄《はんえい》している。代表的《だいひょうてき》なカメは2億年《おくねん》以上《いじょう》も前《まえ》に出《しゅつ》現《げん》した。まだ哺乳類《ほにゅうるい》も鳥類《ちょうるい》も爬虫類《はちゅうるい》もいない頃《ころ》で、初期《しょき》の恐竜《きょうりゅう》たちと並《なら》び、完全《かんぜん》な甲羅《こうら》を備《そな》えた化石《かせき》の記録《きろく》が残《のこ》されている。〝**哺乳類《ほにゅうるい》のカメ**〟であるアルマジロは、**恐竜絶滅後《きょうりゅうぜつめつご》まもなくあらわれた**と考《かんが》えられる。

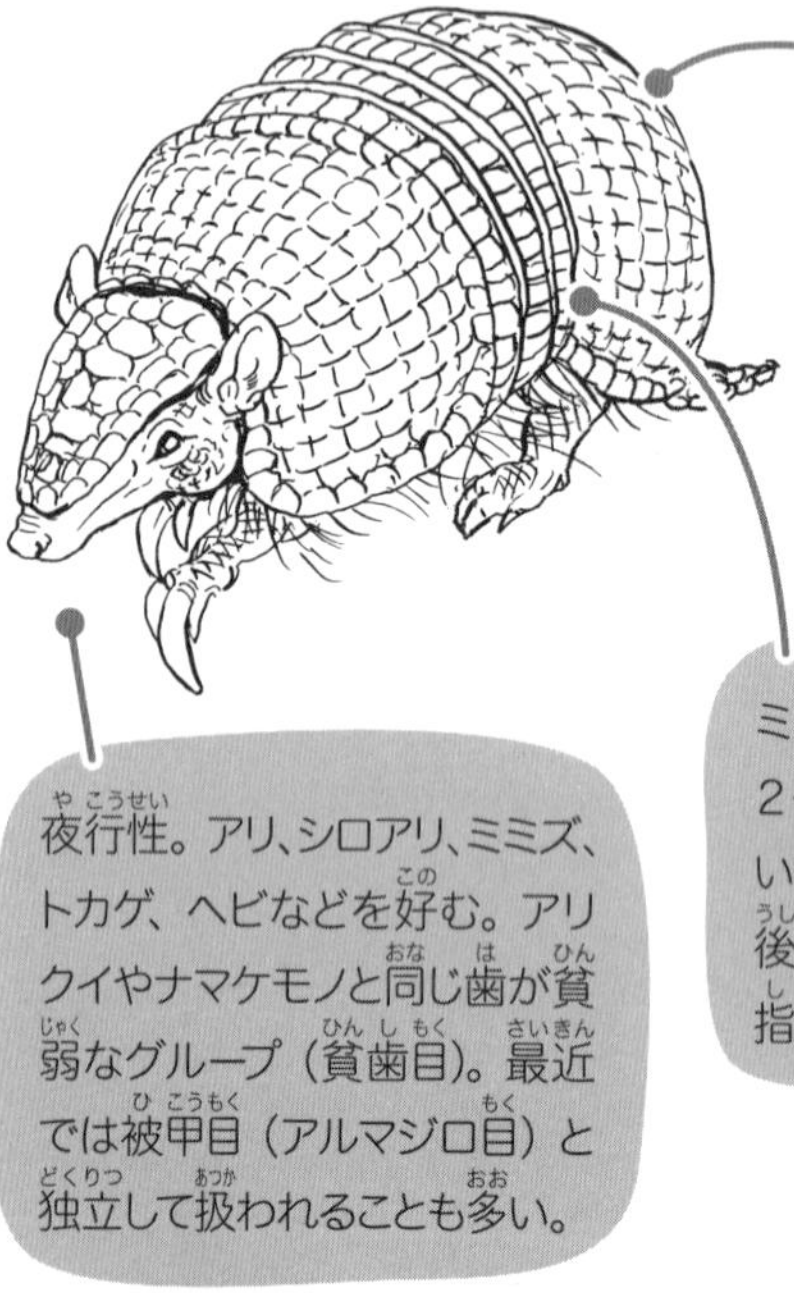

こう見《み》えて泳《およ》ぎは得《とく》意《い》。空気《くうき》を飲《の》み込《こ》み、腸《ちょう》をふくらませ、浮力《ふりょく》を得《え》て、上手《じょうず》に川《かわ》を渡《わた》ることも。
ミツオビアルマジロは、2〜4本《ほん》の帯《おび》が入《はい》っていて、前足《まえあし》の指《ゆび》は5本《ほん》、後《うし》ろ足《あし》の指《ゆび》は2・3・4指《し》がつながっている。
夜行性《やこうせい》。アリ、シロアリ、ミミズ、トカゲ、ヘビなどを好《この》む。アリクイやナマケモノと同《おな》じ歯《は》が貧《ひん》弱《じゃく》なグループ（貧歯目《ひんしもく》）。最近《さいきん》では被甲目《ひこうもく》（アルマジロ目《もく》）と独立《どくりつ》して扱《あつか》われることも多《おお》い。

学名	*Tolypeutes tricinctus*
英名	Brazilian three-banded armadillo
分類	貧歯目《ひんしもく》（アルマジロ目《もく》） アルマジロ科《か》
大きさ	体長35〜45cm、尾長7〜9cm、体重約1.5kg
分布	南《みなみ》アメリカのブラジル北東部《ほくとうぶ》

珍メモ：全長《ぜんちょう》3m、体重《たいじゅう》2トンの巨大《きょだい》アルマジロ、グリプトドン。天敵《てんてき》はサーベルタイガーだったが、それより最悪《さいあく》なのが人間《にんげん》だった。古代人《こだいじん》は甲羅《こうら》を道具《どうぐ》入《い》れや戦闘用《せんとうよう》の楯《たて》に使《つか》うため、とりつくした。結局《けっきょく》6000年《ねん》ほど前《まえ》に彼《かれ》らは絶滅《ぜつめつ》した。

カメの甲羅《こうら》は、肋骨《ろっこつ》が筒状《つつじょう》に発達《はったつ》したものだが、アルマジロの甲羅《こうら》は皮膚《ひふ》の角質《かくしつ》がタイル状《じょう》に骨《ほね》の板《いた》をおおってできている。これは鱗甲板《りんこうばん》と呼《よ》ばれるもので、背骨《せぼね》の上《うえ》に筋《すじ》で固定《こてい》されていて、両側《りょうがわ》に垂《た》れ下《さ》がり、腹《はら》や脚《あし》を保護《ほご》している。そのため、**体《からだ》の内側《うちがわ》は自由《じゆう》に動《うご》かせる**のだ。

甲羅《こうら》の役割《やくわり》はカメと同《おな》じで、外敵《がいてき》からの保護《ほご》。危険《きけん》が迫《せま》ると、穴《あな》を掘《ほ》って、体《からだ》を沈《しず》めたりする。なかでも甲羅《こうら》の帯《おび》が2~4本《ほん》あるミツオビアルマジロは、敵《てき》に鼻《はな》づらを寄《よ》せられたりすると、**完全《かんぜん》な球体《きゅうたい》**になってしまう。甲羅《こうら》は腹側《はらがら》にはないため、丸《まる》くなれば身《み》を守《まも》れる。

ただ、甲羅《こうら》もジャガーやコヨーテのような大形食肉類《おおがたしょくにくるい》には負《ま》けてしまう。さらに**食肉類《しょくにくるい》に勝《まさ》る脅威《きょうい》は人間《にんげん》**である。人間《にんげん》もまたアルマジロの肉《にく》を好《この》む。頭《あたま》から尻《しり》に鉄《てつ》の棒《ぼう》を突《つ》き通《とお》して丸焼《まるや》きにするのだ。ときにはスイカのようにくりぬき、甲羅《こうら》をバスケットや楽器《がっき》に使《つか》うこともある。

狩猟《しゅりょう》に加《くわ》えて、やはり人間《にんげん》による森林伐採《しんりんばっさい》。今《いま》ではアルマジロの棲息《せいそく》域《いき》が狭《せば》まり、数《かず》も減少《げんしょう》し、絶滅危惧《ぜつめつきぐ》種《しゅ》に指定《してい》されている。

ミツオビアルマジロは、危険《きけん》を感《かん》じると丸《まる》くなる。頭部《とうぶ》と尾《お》をずらして完全《かんぜん》な球体《きゅうたい》になることができる。

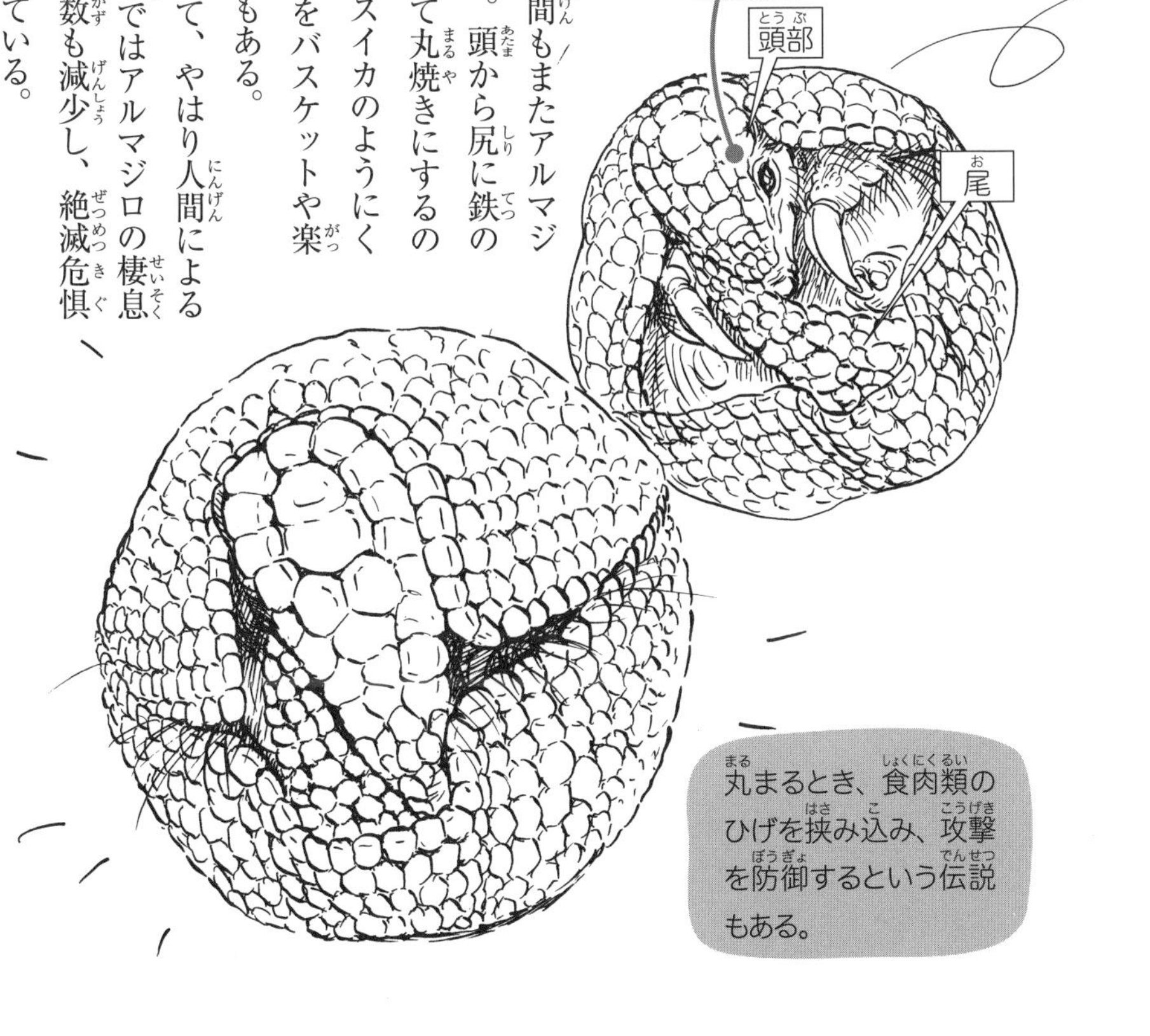

丸《まる》まるとき、食肉類《しょくにくるい》のひげを挟《はさ》み込《こ》み、攻撃《こうげき》を防御《ぼうぎょ》するという伝説《でんせつ》もある。

アリに快感《かいかん》を覚《おぼ》える樹皮親父《じゅひおやじ》

オナガセンザンコウ

姿《すがた》が珍

LONG-TAILED PANGOLIN

VU

学名	*Phataginus tetradactyla*
英名	Long-tailed pangolin
分類	有鱗目《ゆうりんもく》(センザンコウ目《もく》) センザンコウ科《か》
大きさ	体長30〜35cm、尾長35〜65cm、体重1.2〜2kg
分布	ギニアからザイール川《がわ》にかけてのギニア湾沿岸《わんえんがん》

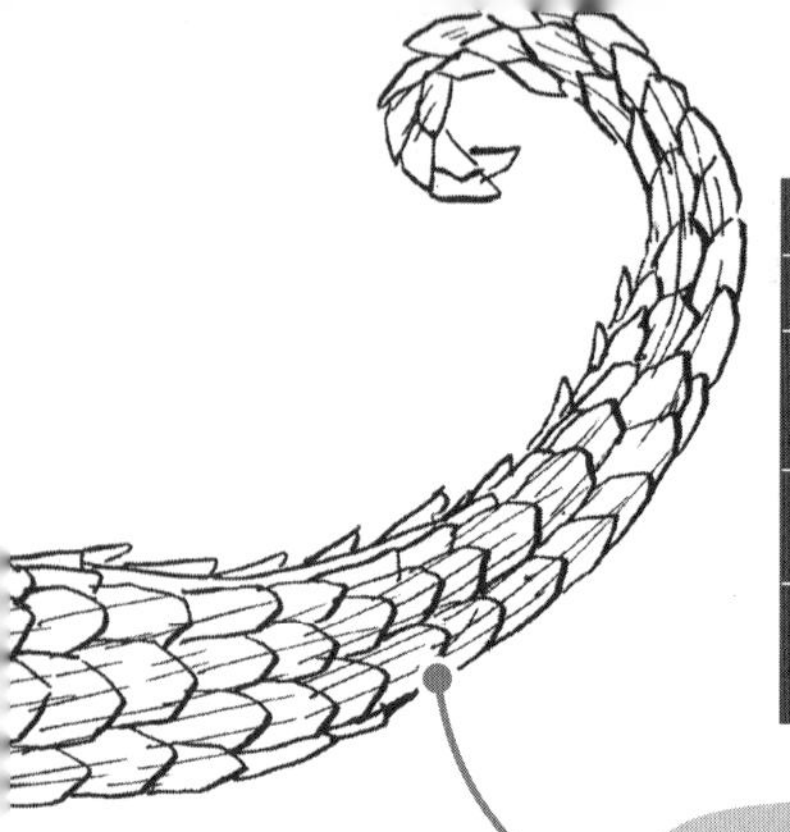

尾《お》は体《からだ》の2倍《ばい》もあり、木登《きのぼ》りのときにバランスをとったり巻《ま》きつけたりしている。

古《こ》代《だい》ローマの商人《しょうにん》、あるいは強《つよ》い好奇心《こうきしん》の持《も》ち主《ぬし》は、遠《とお》くアフリカやアジアから奇妙《きみょう》な動物《どうぶつ》の皮《かわ》を持《も》ち帰《かえ》った。褐色《かっしょく》の鱗《うろこ》におおわれた皮《かわ》である。アラブ人《じん》は**〝樹皮親父《じゅひおやじ》〟**と呼《よ》び、中国人《ちゅうごくじん》は**〝竜鯉《ロンリー》〟**、インド人《じん》は**〝ジャングルの魚《さかな》〟**と名づけていた。ローマ人《じん》は、水陸両生《すいりくりょうせい》の動物《どうぶつ》と考《かんが》え、**〝地上《ちじょう》のワニ〟**と呼《よ》んだ。

長《なが》い間《あいだ》、得体《えたい》の知《し》れなかったその動物《どうぶつ》は、16世紀《せいき》を過《す》ぎてヨーロッパの科学者《かがくしゃ》に知《し》られるようになった。そして19世紀《せいき》に入《はい》り、フランスの比《ひ》較解剖学者《かくかいぼうがくしゃ》ジョルジュ・キュヴィエによって次《つぎ》のように断定《だんてい》された。

「この動物《どうぶつ》は**マレー人《じん》が〝プンゴリン（丸《まる》まるものの意味《いみ》）〟と呼《よ》んでおり、爬虫類《はちゅうるい》ではなく哺乳類《ほにゅうるい》**である」

鱗《うろこ》の哺乳類《ほにゅうるい》はセンザンコウと呼《よ》ばれる。日本《にほん》では、漢方薬《かんぽうやく》としても知《し》られている中国名《ちゅうごくめい》の〝穿山甲《せんざんこう》〟の日《に》本語《ほんご》読《よ》みで通《とお》っている。

センザンコウはアジア、アフリカに7種《しゅ》いて、好物《こうぶつ》はシロアリ。アリクイ（P74）のように長《なが》い舌《した》を出《だ》し入《い》れして、シロアリをなめとる。また、ふつうのアリも食《た》べる。

鱗《うろこ》はアリの攻撃《こうげき》から身《み》を守《まも》るため

珍メモ：センザンコウは動物園《どうぶつえん》での飼育《しいく》が難《むずか》しい。動物学者《どうぶつがくしゃ》のセシル・S・ウェッブは、じつは野生《やせい》で行《おこな》うアリ浴《あ》びが重要《じゅうよう》で、皮膚《ひふ》がアリの出《だ》す蟻酸《ぎさん》を吸収《きゅうしゅう》し、健康《けんこう》を保《たも》つためではないかと言《い》っている。

アリが好《す》きな点《てん》はアリクイに、敵《てき》に襲《おそ》われると丸《まる》くなるのはアルマジロ（P 44）によく似《に》ているため、かつては貧歯目《ひんしもく》に分類《ぶんるい》されたことも。しかし、乳《ちち》や子宮《しきゅう》や胎盤《たいばん》などがひどく違《ちが》うため、独立《どくりつ》グループに分《わ》けられている。
アリの巣《す》に寝転《ねころ》がり、体《からだ》にこすりつけたり、鱗《うろこ》の間《あいだ》にアリをはわせたりして〝アリ浴《あ》び（蟻浴《ぎよく》）〟をする。アリの分泌《ぶんぴつ》する酸《さん》で皮膚《ふ》が刺激《しげき》され、快感《かいかん》を覚《おぼ》えるのだと考《かんが》えられている。

の鎧《よろい》の役割《やくわり》を果《は》たす。鼻《はな》や耳《みみ》を閉《と》じることもでき、瞼《まぶた》も厚《あつ》く保護《ほご》されている。おもしろいのは、アリだけでなく小石《こいし》を飲《の》み込《こ》む点《てん》だ。なんと胃《い》が筋肉質《きんにくしつ》の胃壁《いへき》で囲《かこ》まれていて、**アリを、同時《どうじ》に飲《の》み込《こ》んだ小石《こいし》で撹拌《かくはん》し、すりつぶして消化《しょうか》**するのだ。

また**全身《ぜんしん》をアリにこすりつけ〝アリ浴《あ》び〟をする**のも変《か》わっている。快感《かいかん》を覚《おぼ》えるともいわれている。

センザンコウのなかでもオナガセンザンコウは、西《にし》アフリカ・ギニアの熱帯雨林《ねったいうりん》に暮《く》らしている。他《た》のセンザンコウに比《くら》べると、体《からだ》が軽《かる》く、体長《たいちょう》の2倍《ばい》の尾《お》を使《つか》って木《き》に登《のぼ》り、アリやシロアリをとる。樹上棲《じゅじょうせい》なのであまり調査《ちょうさ》されていないうえに、熱帯雨林《ねったいうりん》の伐採《ばっさい》が深刻化《しんこくか》し、個体数《こたいすう》が減《へ》っていて、謎《なぞ》が多《おお》い珍獣《ちんじゅう》なのだ。

バビルーサ

自分《じぶん》の牙《きば》で顔面貫通《がんめんかんつう》

姿《すがた》が珍

BABIRUSA

VU

牙《きば》をもつ動物《どうぶつ》はたくさんいるが、もっとも奇妙《きみょう》な牙《きば》をもつもののひとつがバビルーサというイノシシだ。

彼《かれ》らの牙《きば》は上下《じょうげ》2対《つい》ある。まず、**上顎《うわあご》の犬歯《けんし》が歯茎《はぐき》から急《きゅう》カーブを描《えが》いて牙《きば》となり上方《じょうほう》に**向《む》かう。**顔面《がんめん》の皮膚《ひふ》を突《つ》き破《やぶ》っている**のだ。

さらに下顎《したあご》の犬歯《けんし》は、上顎《うわあご》の牙《きば》を支《ささ》えるようにのびている。上顎《うわあご》の牙《きば》の根元《ねもと》にこすれ、下顎《したあご》の牙《きば》の縁《ふち》はナイフの歯《は》のように鋭《するど》く研《と》がれている。

上顎《うわあご》の牙《きば》は最終的《さいしゅうてき》に40cm以上《いじょう》にのびる。牙《きば》の先端《せんたん》は、両眼《りょうがん》の間《あいだ》で後方《こうほう》に半円《はんえん》を描《えが》く。牙《きば》の鋭《するど》い先端《せんたん》が、皮膚《ひふ》に触《ふ》れている個体《こたい》すらある。一体《いったい》何《なん》のために、**自《みずか》らの体《からだ》を貫《つらぬ》き、自分《じぶん》に向《む》かうような牙《きば》**をもったのだろう。

おそらく最初《さいしょ》は力《ちから》を誇示《こじ》するディスプレイ用《よう》として発達《はったつ》したはずだ。メスにも牙《きば》はあるがオスほどは長《なが》くならない。オスは牙《きば》の長《なが》さを競《きそ》い合《あ》ううちに、こんな奇妙《きみょう》な牙《きば》になってしまったのだと考《かんが》えられる。

バビルーサは東南《とうなん》アジアの端《はし》、オーストラリアとの境《さかい》にある島々《しまじま》だけに棲《す》んでいる。この一帯《いったい》は、チャールズ・ダーウィンとともに、進化論《しんかろん》を唱《とな》えたアルフレッド・ラッセル・ウォーレスという博物学者《はくぶつがくしゃ》によって提唱《ていしょう》された、進化的《しんかてき》に意味《いみ》のある〝ウォーレシア〟と呼《よ》ばれる一帯《いったい》である。

ウォーレシアにある島々《しまじま》は、長《なが》い地球《ちきゅう》の歴史《れきし》のなかでアジア大陸《たいりく》とくっついたり、オーストラリア大陸《たいりく》とくっついたりしながら今《いま》の状態《じょうたい》になった。

イノシシ類《るい》の起源《きげん》はアジア大陸《たいりく》なのだが、バビルーサは古《ふる》い時代《じだい》にこの一帯《いったい》に移動《いどう》し、**大陸《たいりく》の変動《へんどう》の時代《じだい》をのりこえて生《い》き残《のこ》った**、ウォーレシアの象徴的《しょうちょうてき》な動物《どうぶつ》なのである。

珍メモ：バビルーサはマレー語《ご》で「シカイノシシ」の意味《いみ》。長《なが》い上顎《じょうがく》の牙《きば》をシカの角《つの》に見《み》立《た》ててこう呼《よ》ばれる。牙《きば》で木《き》にぶら下《さ》がって寝《ね》る、という先住民《せんじゅうみん》の言《い》い伝《つた》えがある。

細長《ほそなが》く刀《かたな》のようにのびた牙《きば》。両眼《りょうがん》の間《あいだ》で後方《こうほう》に半円《はんえん》を描《えが》き、ときには顔面《がんめん》に触《ふ》れてめり込《こ》んでしまう。
上下《じょうげ》の牙《きば》がすり合《あ》い、牙《きば》の縁《ふち》はナイフ状《じょう》。人間《にんげん》が両脚《りょうきゃく》を踏《ふ》ん張《ば》り向《む》き合《あ》えば、バビルーサは両脚《りょうきゃく》の間《あいだ》に入《はい》って牙《きば》ですくい上《あ》げる。太《ふと》ももの内側《うちがわ》の動脈《どうみゃく》がスパッと切《き》られ、一撃《いちげき》で死《し》に至《いた》ることも。
乳首《ちくび》が2個《こ》しかなく、他《た》のイノシシ類《るい》と比《くら》べて子《こ》の数《かず》が少《すく》ない。彼《かれ》らの天敵《てんてき》はワニくらいしかいないため、生存率《せいぞんりつ》が高《たか》いのだろう。

学名	*Babyrousa babyrussa*
英名	Babirusa
分類	偶蹄目《ぐうていもく》(鯨《くじら》・偶蹄目《ぐうていもく》) イノシシ科《か》
大きさ	体長85〜105cm、尾長27〜32cm、体重最高90kg
分布	東南《とうなん》アジア南部《なんぶ》（スラウェシ島《とう》と近隣《きんりん》のトギアン、スラ、ブルの各諸島《かくしょとう》）

バビルーサがいる「ウォーレシア移行帯《いこうたい》」とは？

イギリスの博物学者《はくぶつがくしゃ》ウォーレスは、「動《どう》物地理区《ぶつちりく》（P98）」という動物《どうぶつ》の分布図《ぶんぷず》をつくった。東南《とうなん》アジアの島々《しまじま》に動物《どうぶつ》の移《い》動《どう》が妨《さまた》げられる境界線《きょうかいせん》があることに気《き》づき、東南《とうなん》アジアとオーストラリアの境界《きょうかい》を24km しか離《はな》れていないバリ島《とう》とロンボク島《とう》の間《あいだ》に引《ひ》いた（ウォーレス線《せん》）。

この線《せん》は、さまざまな議論《ぎろん》を招《まね》いた。結《けつ》局《きょく》、東南《とうなん》アジア系《けい》の動物《どうぶつ》は東《ひがし》に行《い》くにつれて減少《げんしょう》、逆《ぎゃく》にオーストラリア系《けい》の動物《どうぶつ》が増加《ぞうか》することがわかった。動物《どうぶつ》の分布《ぶんぷ》には徐々《じょじょ》に変化《へんか》する移行帯《いこうたい》がある。これは動物学的《どうぶつがくてき》に意義深《いぎぶか》く、ウォーレスを記念《きねん》し、「ウォーレシア移行帯《いこうたい》」と名《な》づけられた。

跳《は》ねまわるゾウ鼻《ばな》

コシキハネジネズミ

姿《すがた》が珍

GOLDEN-RUMPED ELEPHANT-SHREW

EN

ゾウのようにとがった長《なが》い鼻《はな》をもち、細《ほそ》すぎる足《あし》で跳《は》ねまわるハネジネズミ。漢字《かんじ》で書《か》くと跳《は》ねる地鼠《じねずみ》だ。英名《えいめい》もELPHANT（ゾウ）SHREW（トガリネズミ）。地鼠《じねずみ》はトガリネズミ（P79）の仲間《なかま》なので、似《に》たような名《な》づけ方《かた》である。

アフリカ各地《かくち》でハネジネズミが発見《はっけん》されたのは1800年代《ねんだい》に入《はい》ってから。学者《がくしゃ》たちはこの珍獣《ちんじゅう》に、さぞ戸惑《とまど》ったに違《ちが》いない。ハネジネズミにはさまざまな動物《どうぶつ》の特徴《とくちょう》が合《あ》わさっているためだ。

最初《さいしょ》はトガリネズミの仲間《なかま》だと思《おも》われた。だが、似《に》ていたのは「**長《なが》い鼻《はな》をもち、シロアリなどの無脊椎動物《むせきついどうぶつ》を食《た》べる**」という点《てん》だけ。

トガリネズミとは歯《は》の形《かたち》が違《ちが》うし、トガリネズミにはない盲腸《もうちょう》があった。

「体《からだ》の割《わり》に**脳《のう》が大《おお》きく、視覚《しかく》・聴覚《ちょうかく》が発達《はったつ》**」「**月経《げっけい》のような出血《しゅっけつ》**がある」。これは原始的《げんしてき》な霊長類《れいちょうるい》と似《に》ている。

行動《こうどう》を観察《かんさつ》すると、いろいろな動物《どうぶつ》に似《に》ていることがわかった。

大形種《おおがたしゅ》は「**鼻《はな》づらで落《お》ち葉《ば》を掘《ほ》り返《かえ》して、カタツムリや甲虫《こうちゅう》を食《た》べる**」。これはイノシシにそっくりだ。「獲物《えもの》を見《み》つけると**手《て》にとって口《くち》に運《はこ》ぶ**」のはサルやネズミに似《に》ている。

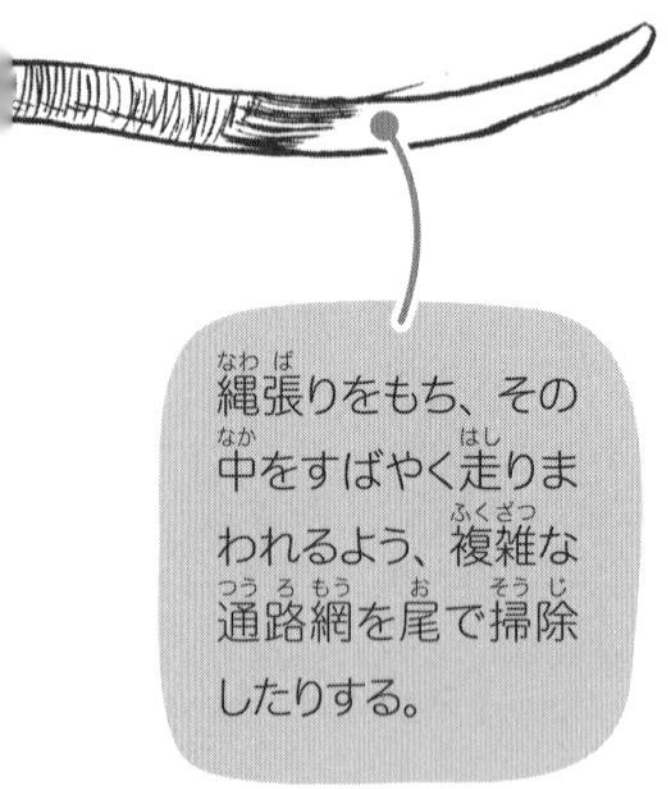
縄張《なわば》りをもち、その中《なか》をすばやく走《はし》りまわれるよう、複雑《ふくざつ》な通路網《つうろもう》を尾《お》で掃除《そうじ》したりする。

学名	*Rhynchocyon chrysopygus*
英名	Golden-rumped elephant-shrew
分類	跳地鼠目《はねじねずみもく》（ハネジネズミ目《もく》）ハネジネズミ科《か》
大きさ	体長27〜30cm、尾長23〜26cm、体重約540g
分布	東《ひがし》アフリカのケニア東部《とうぶ》

珍メモ：ハネジネズミは、3000万年前《まんねんまえ》の漸新世後期《ぜんしんせいこうき》にアフリカ大陸《たいりく》で繁栄《はんえい》したのだが、200万年前《まんねんまえ》の更新《こうしん》世《せい》の初《はじ》めに、多《おお》くがなぜか絶滅《ぜつめつ》した。今《いま》はその生《い》き残《のこ》りの末裔《まつえい》15種《しゅ》の生存《せいぞん》が確認《かくにん》されている。

「**オスとメスがペア**をつくる」「ペアの行動圏《こうどうけん》を、別《べつ》のペアが協力《きょうりょく》して見《み》守《まも》る」のは、ウサギにそっくり。

タカ、ヘビ、キツネなどの天敵《てんてき》に襲《おそ》われそうになると、跳《と》びはねて逃《に》げるだけでなく、「**後《うし》ろ足《あし》や尾《お》で地面《じめん》をたたいて警戒音《けいかいおん》**を出《だ》す」。これもウサギ、ほかにリスがとる行動《こうどう》である。

結局《けっきょく》、ハネジネズミは「跳《はね》地《じ》鼠《ねずみ》目《もく》」という独自《どくじ》のグループであると認《みと》められた。最近《さいきん》、さらに研究《けんきゅう》が進《すす》み、ハネジネズミは**じつはウサギの親戚《しんせき》**かも、ということがわかった。

起源《きげん》は1億年近《おくねんちか》く前《まえ》にさかのぼる。白亜紀《はくあき》、恐竜《きょうりゅう》の時代《じだい》に生《い》きた小《しょう》獣《じゅう》から、ウサギ類《るい》とハネジネズミ類《るい》とに分《わ》かれた。その後《ご》、ハネジネズミ類《るい》はアフリカ大陸《たいりく》に隔離《かくり》され、現《げん》在《ざい》に至《いた》るというのである。

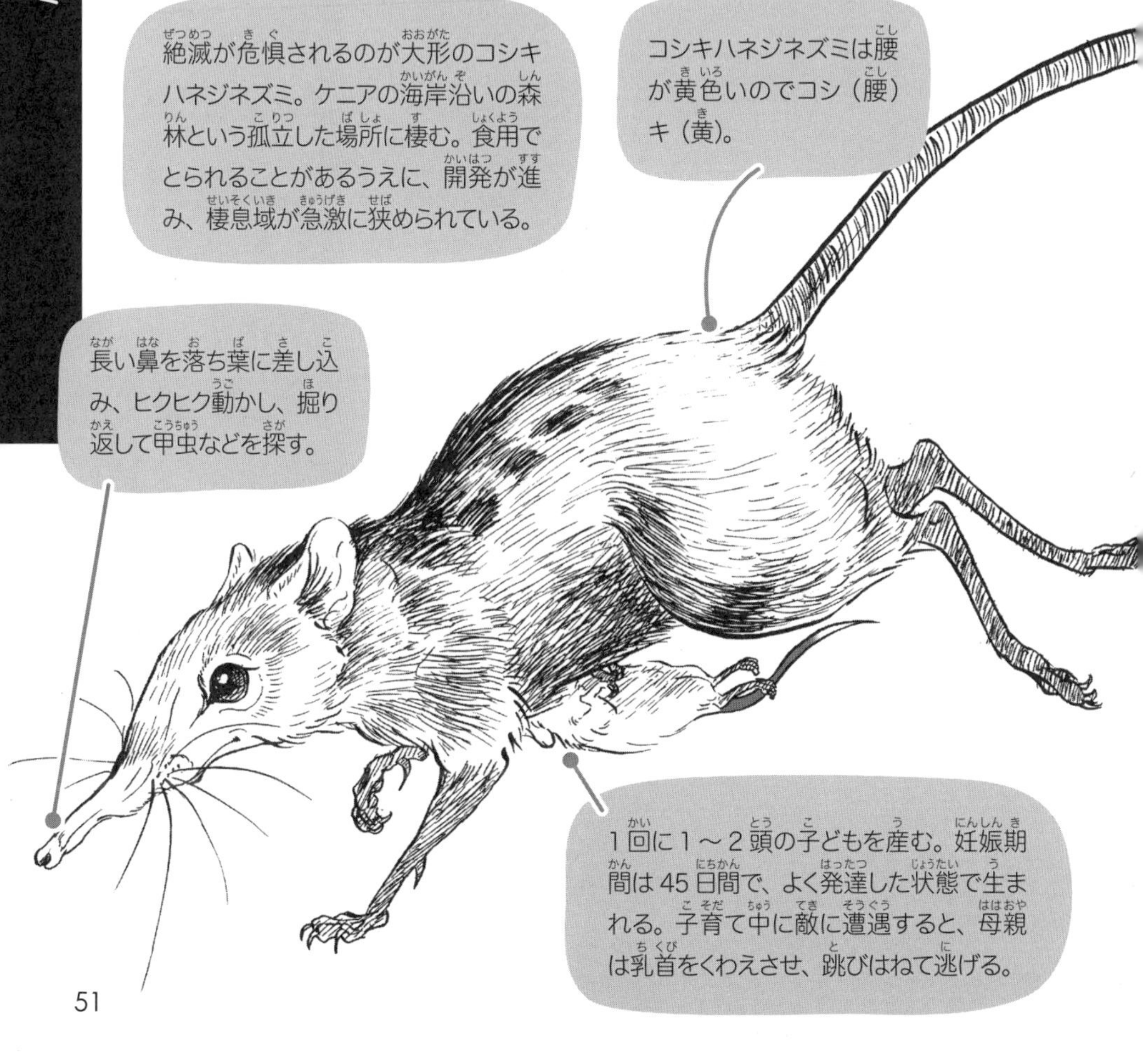
絶滅《ぜつめつ》が危惧《きぐ》されるのが大形《おおがた》のコシキハネジネズミ。ケニアの海岸《かいがん》沿《そ》いの森《しん》林《りん》という孤立《こりつ》した場所《ばしょ》に棲《す》む。食用《しょくよう》でとられることがあるうえに、開発《かいはつ》が進《すす》み、棲息域《せいそくいき》が急激《きゅうげき》に狭《せば》められている。
コシキハネジネズミは腰《こし》が黄《き》色《いろ》いのでコシ（腰《こし》）キ（黄《き》）。
長《なが》い鼻《はな》を落《お》ち葉《ば》に差《さ》し込《こ》み、ヒクヒク動《うご》かし、掘《ほ》り返《かえ》して甲虫《こうちゅう》などを探《さが》す。
1回《かい》に1～2頭《とう》の子《こ》どもを産《う》む。妊娠期《にんしんき》間《かん》は45日間《にちかん》で、よく発達《はったつ》した状態《じょうたい》で生《う》まれる。子育《こそだ》て中《ちゅう》に敵《てき》に遭遇《そうぐう》すると、母親《ははおや》は乳首《ちくび》をくわえさせ、跳《と》びはねて逃《に》げる。

歌《うた》う頸《くび》振《ふ》りごきげんイルカ

シロイルカ（ベルーガ）

見《み》えないところが珍

BELUGA, WHITE WHALE

NT

極《ごっ》寒《かん》の北極海《ほっきょくかい》に暮《く》らすシロイルカ。ベルーガとも呼《よ》ばれ、〝**海《うみ》のカナリア**〟の異名《いみょう》をもつ。カナリアと呼《よ》ばれるのは、美《うつく》しい声《こえ》で、しゃべったり、魚《さかな》や甲殻類《こうかくるい》を探《さが》すためだ。

よく目立《めだ》つ丸《まる》いおでこには**メロンと呼《よ》ばれる脂肪《しぼう》の塊《かたまり》**がある。これは歯《は》をもつハクジラの仲間《なかま》に見《み》られる器官《きかん》で、周囲《しゅうい》の筋肉《きんにく》でメロンをいろいろな形《かたち》に変形《へんけい》させ、目的《もくてき》に応《おう》じて音波《おんぱ》の性質《せいしつ》を変《か》えることができる。

超音波《ちょうおんぱ》は水中《すいちゅう》から人間《にんげん》の耳《みみ》にも届《とど》くほどで、「モー」「チューチュー」「ピーピー」「カチンカチン」など、じつに楽《たの》しくにぎやかな声《こえ》を出《だ》す。

また、彼《かれ》らの頭部《とうぶ》はよく動《うご》く。沖《おき》合《あい》にいる多《おお》くの鯨類《げいるい》は、頸《くび》の骨《ほね》が背《せ》骨《ほね》と一体化《いったいか》し、高速《こうそく》でまっすぐ泳《およ》ぐことができる。しかしシロイルカは、氷《こおり》の下《した》の複雑《ふくざつ》な海路《かいろ》を泳《およ》ぐ。頸《くび》の骨《ほね》が分《わ》かれていたほうがよかったのか。**左右《さゆう》90度近《どちか》く頸《くび》が曲《ま》がる**のだ。

獲物《えもの》をとるときも頸《くび》を左右《さゆう》に振《ふ》りながら口《くち》をすぼめ、海底《かいてい》で吸《す》い込《こ》んだ海水《かいすい》を吹《ふ》きつける。泥《どろ》に隠《かく》れているエビやゴカイなどを探《さが》す。

ハクジラ類《るい》は歯《は》で獲物《えもの》をつかまえるが、シロイルカは吸《す》い込《こ》んでしまう。彼《かれ》らは口《くち》を開《ひら》いて仲間《なかま》に歯《は》を見《み》せたり、歯《は》ぎしりで音《おと》を出《だ》したりするそうだから、**歯《は》をコミュニケーションのために使《つか》うのかも**しれない。

夏《なつ》、シロイルカは５００頭近《とうちか》い群《む》れになって河口《かこう》に集《あつ》まる。入江《いりえ》の**石《せっ》灰岩《かいがん》に体《からだ》をこすりつけて古《ふる》い角質《かくしつ》をとり除《のぞ》く**ためだ。数日間《すうじつかん》かけて真《ま》っ白《しろ》い皮膚《ひふ》に生《う》まれかわる。

ただ、この習性《しゅうせい》のために、シャチやホッキョクグマに狙《ねら》われやすくなる。かつてはこの時期《じき》に、人間《にんげん》による大規模捕鯨《だいきぼほげい》も行《おこな》われ、棲息数《せいそくすう》が大《おお》幅《はば》に減少《げんしょう》してしまったのだ。

珍メモ：シロイルカの別名《べつめい》ベルーガは、もともとはキャビアで知《し》られる「シロチョウザメ」に対《たい》する名《な》である。氷《こおり》の海《うみ》に適応《てきおう》したシロイルカの体《からだ》が白《しろ》いことから、こう呼《よ》ばれるようになった。

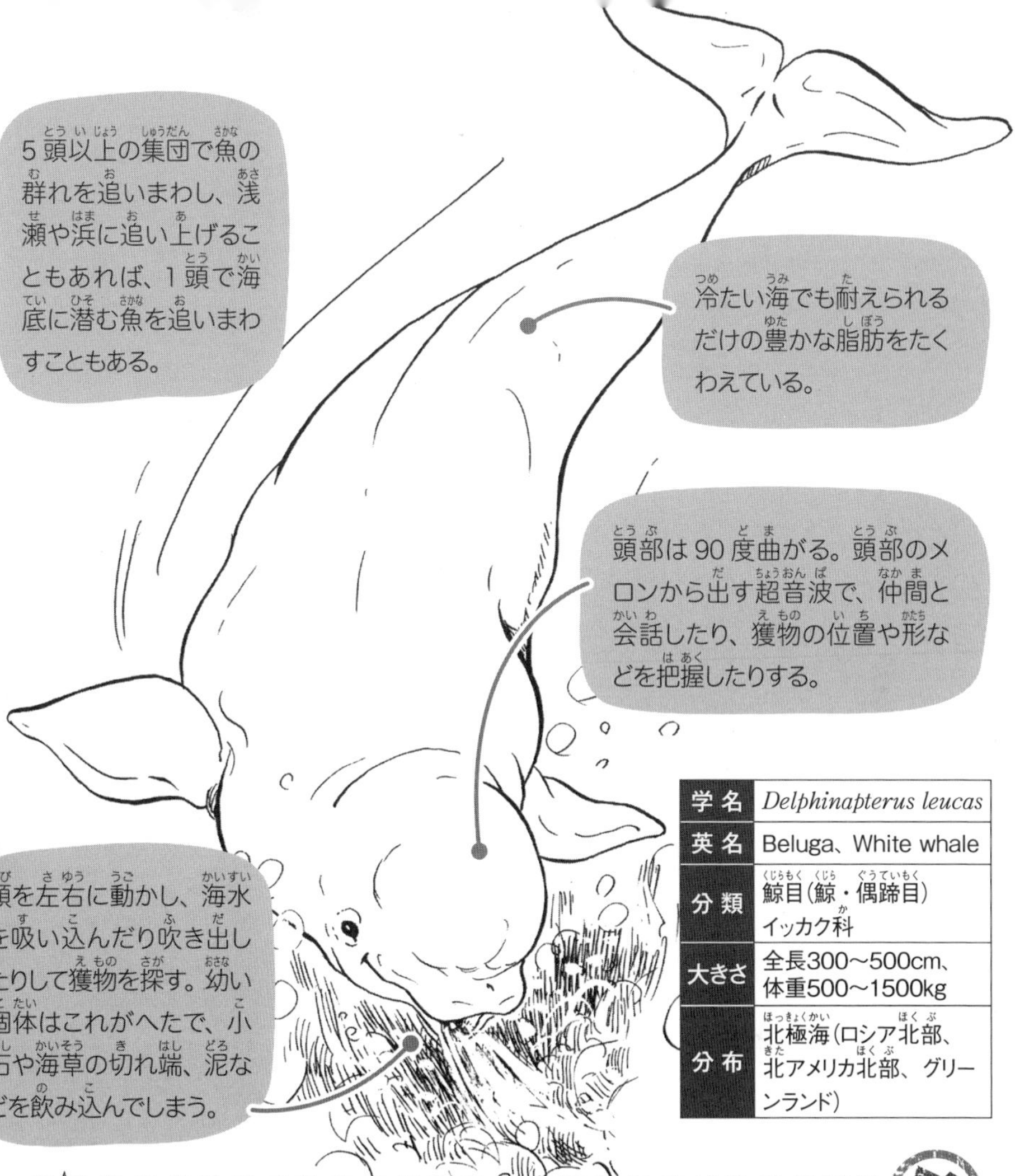
5頭以上《とういじょう》の集団《しゅうだん》で魚《さかな》の群《む》れを追《お》いまわし、浅瀬《あさせ》や浜《はま》に追《お》い上《あ》げることもあれば、1頭《とう》で海底《かいてい》に潜《ひそ》む魚《さかな》を追《お》いまわすこともある。
冷《つめ》たい海《うみ》でも耐《た》えられるだけの豊《ゆた》かな脂肪《しぼう》をたくわえている。
頭部《とうぶ》は90度《ど》曲《ま》がる。頭部《とうぶ》のメロンから出《だ》す超音波《ちょうおんぱ》で、仲間《なかま》と会話《かいわ》したり、獲物《えもの》の位置《いち》や形《かたち》などを把握《はあく》したりする。
頸《くび》を左右《さゆう》に動《うご》かし、海水《かいすい》を吸《す》い込《こ》んだり吹《ふ》き出《だ》したりして獲物《えもの》を探《さが》す。幼《おさな》い個体《こたい》はこれがへたで、小《こ》石《いし》や海草《かいそう》の切《き》れ端《はし》、泥《どろ》などを飲《の》み込《こ》んでしまう。

学名	*Delphinapterus leucas*
英名	Beluga、White whale
分類	鯨目《くじらもく》（鯨《くじら》・偶蹄目《ぐうていもく》）イッカク科《か》
大きさ	全長300〜500cm、体重500〜1500kg
分布	北極海《ほっきょくかい》（ロシア北部《ほくぶ》、北《きた》アメリカ北部《ほくぶ》、グリーンランド）

ユニコーンの角《つの》はじつは牙《きば》！イッカク

NT

〝北極海《ほっきょくかい》のユニコーン〟と呼《よ》ばれるイッカク。シロイルカとは仲間《なかま》で、よく曲《ま》がる頸《くび》をもち、オスのほうが50㎝ほど大《おお》きいという共通《きょうつう》点《てん》がある。

イッカクは、頭《あたま》からユニコーンのように角《つの》がのびているのだが、じつはこれは牙《きば》なのだ。

長《なが》さ3m、重《おも》さ10kgもあり、2本《ほん》の門歯《もんし》のうちの左側《ひだりがわ》の1本《ぽん》がのびたもの。諸説《しょせつ》あるが、性的二型《せいてきにけい》（P32下）、オスの力《ちから》を誇示《こじ》するためだと思《おも》われる。

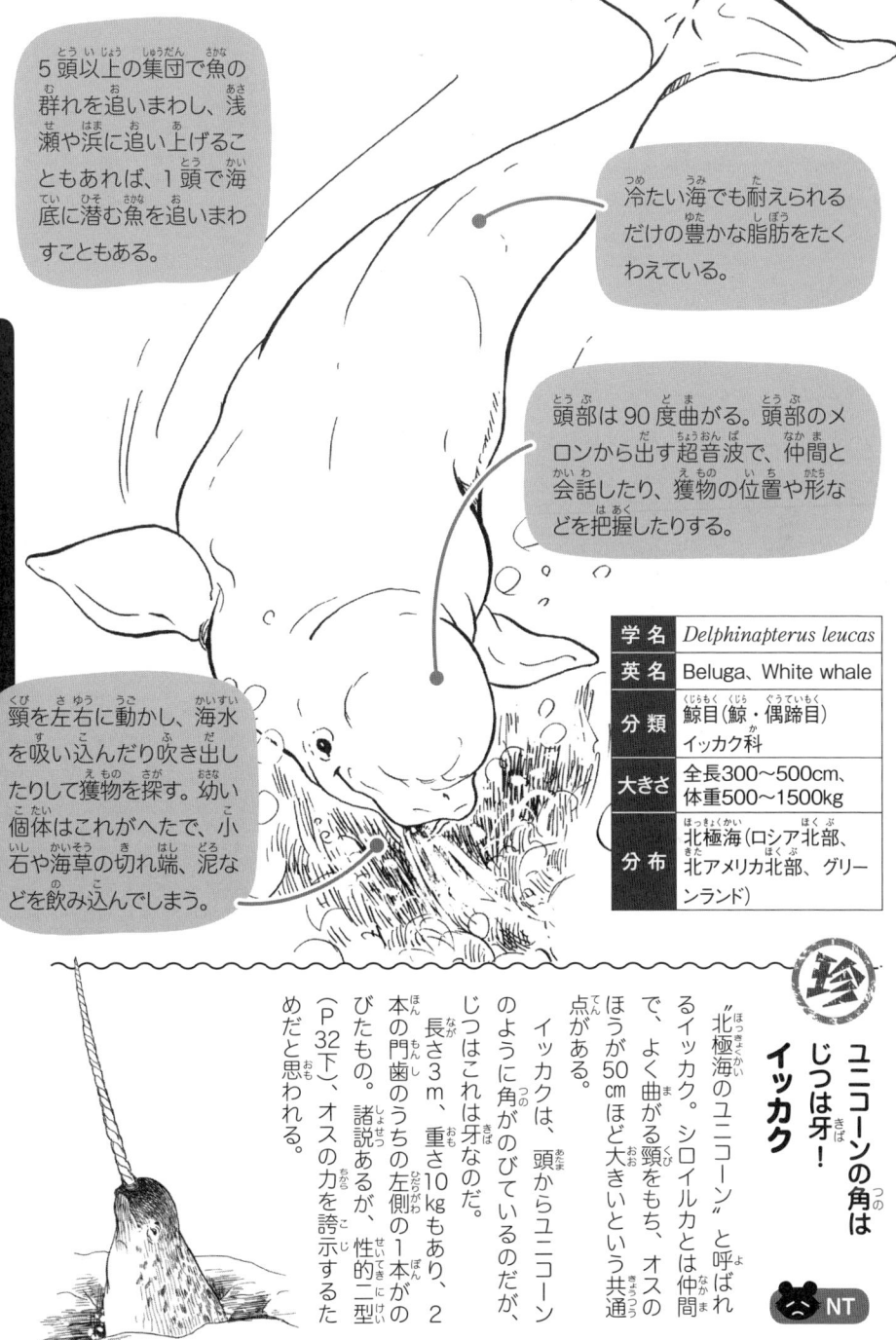

酒乱《しゅらん》のベロ長《なが》アライグマ

キンカジュー

見《み》えないところが珍

キンカジュー、という音《おと》だけ聞《き》くと東洋的《とうようてき》で「金華獣《きんかじゅう》」などと漢《かん》字《じ》が当《あ》てられそうだが、南米土着《なんべいどちゃく》の名称《めいしょう》で、「kinkajou」と書く。一見《いっけん》、何《なん》の仲間《なかま》なのかもわかりづらい。サルのようにも、イタチのようにも見《み》えるが、実際《じっさい》はアライグマ

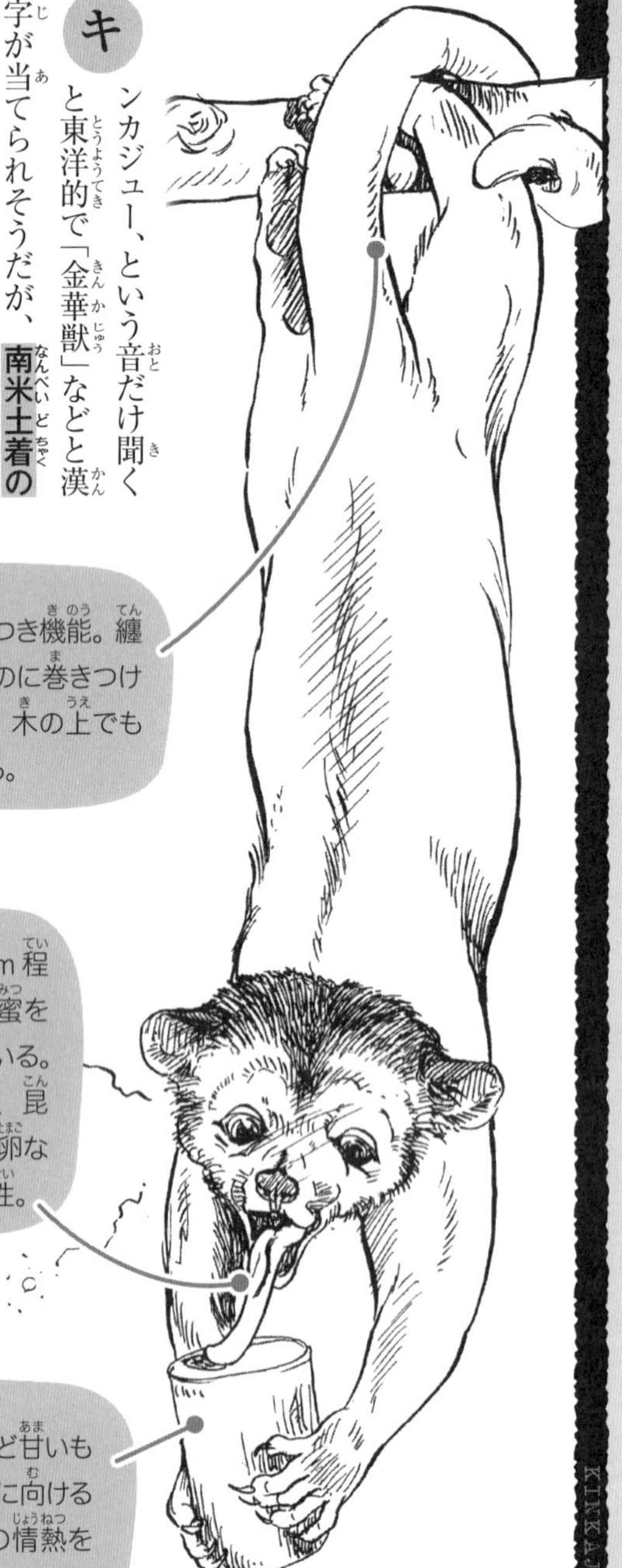

長《なが》い尾《お》には巻《ま》きつき機能《きのう》。纏《てん》繞性《じょうせい》が強《つよ》く、ものに巻《ま》きつけることができる。木《き》の上《うえ》でもバランスがとれる。

舌《した》の長《なが》さは15cm程《てい》度《ど》あり、果汁《かじゅう》や蜜《みつ》を吸《す》うのに適《てき》している。ほかに木《き》の実《み》、昆《こん》虫《ちゅう》、小鳥《ことり》、鳥《とり》の卵《たまご》なども食《た》べる雑食性《ざっしょくせい》。

花《はな》の蜜《みつ》、蜂蜜《はちみつ》など甘《あま》いものが大好《だいす》き。蜜《みつ》に向《む》けるのと同《おな》じくらいの情熱《じょうねつ》をアルコールにも向《む》ける。

珍メモ：キンカジューは、飼育下《しいくか》ではミカン類《るい》、リンゴ、バナナ、ブドウなどを好《この》んで食《た》べる。パンやニンジンやピーナッツなども好物《こうぶつ》だ。

の仲間《なかま》だ。しかしアライグマのように眼《め》のまわりのアイ・マスクもなければ、尾《お》に輪《わ》の模様《もよう》もない。

アライグマ科《か》は食肉目《しょくにくもく》といって肉《にく》を切《き》るための歯《は》をもつ動物《どうぶつ》の仲間《なかま》のひとつなのだが、キンカジューの主《しゅ》食《しょく》はアボカドやマンゴーといった果《くだ》物類《ものるい》、そして花《はな》の蜜《みつ》。「ハニーベア（ハチミツグマ）」という異名《いみょう》もある。

夜行性《やこうせい》の樹上棲《じゅじょうせい》。熱帯雨林《ねったいうりん》の樹冠《じゅかん》部《ぶ》を手足《てあし》と尾《お》を使《つか》いながらたくみに渡《わた》り歩《ある》き、果物《くだもの》や蜜《みつ》を食《た》べる。尾《お》には纏繞性《てんじょうせい》という巻《ま》きつき機能《きのう》がある。クモザルのように木《き》の枝《えだ》などに尾《お》を強《つよ》く巻《ま》きつけながら歩《ある》くことができる。

食事《しょくじ》をするときはびっくりするほど細長《ほそなが》い舌《した》を使《つか》う。15㎝ほどある舌《した》で果汁《かじゅう》や花《はな》の蜜《みつ》を食《た》べる。

学名	*Potos flavus*
英名	Kinkajou
分類	食肉目《しょくにくもく》（ネコ目《もく》） アライグマ科《か》
大きさ	体長40.5〜76cm、 尾長39.2〜57cm、 肩高25.4cm、 体重1.4〜4.6kg
分布	メキシコ南部《なんぶ》から中央《ちゅうおう》アメリカ、南《みなみ》アメリカのブラジルのマトグロッソまで

キンカジューは見《み》た目《め》も愛《あい》らしく、においもきつくない。人慣《ひとな》れもする。南米《なんべい》ではペットとして飼《か》われることもある。

ただしキンカジューを飼《か》うときには、酒《さけ》を横取《よこど》りされないように気《き》をつける必要《ひつよう》がある。果汁《かじゅう》や蜜《みつ》を好《この》むように、アルコールにも目《め》がない。ふだんはおだやかなのに、酔《よ》っ払《ぱら》うと纏繞性《てんじょうせい》を発揮《はっき》し、巻《ま》きつくわ、ひっかくわ、酒乱状態《しゅらんじょうたい》で手《て》がつけられないそうだ。

珍

たいてい寝《ね》ている森《もり》の忍者《にんじゃ》
ビンツロング

VU

キンカジューと同《おな》じく尾《お》に纏繞《てんじょう》性《せい》をもつ食肉類《しょくにくるい》がビンツロング。マレー語《ご》で「クマネコ」の意味《いみ》だが、ハクビシンと同《おな》じジャコウネコの仲間《なかま》だ。

東南《とうなん》アジアに分布《ぶんぷ》し、現地《げんち》の動《どう》物園《ぶつえん》ではおなじみの種《しゅ》。かわいいのにあまり人気《にんき》がない。

真《ま》っ黒《くろ》なうえに日中《にっちゅう》ほぼ寝《ね》ているため、どこにいるかわからないのだ。熱帯《ねったい》雨《う》林《りん》に棲《す》むが、生《せい》態《たい》は不明《ふめい》。森《もり》の忍者《にんじゃ》のような珍獣《ちんじゅう》なのである。

ブーブーうるさい熱帯《ねったい》の掃除機《そうじき》グマ

ナマケグマ

見《み》えないところが珍

SLOTH BEAR

VU

子《こ》どもは母親《ははおや》の毛《け》にしっかりつかまる。危《き》険《けん》だと判断《はんだん》すると、母《はは》親《おや》は子《こ》を背負《せお》ったまま全力疾走《ぜんりょくしっそう》することも。

ナマケグマとはいかにも四六時《しろくじ》中《ちゅう》居眠《いねむ》りしていそうな名前《なまえ》だが、実際《じっさい》はとても活発《かっぱつ》で、本気《ほんき》を出《だ》すと**人間《にんげん》よりもずっとはやく走《はし》る**ことができる。こんな名前《なまえ》がついた背景《はいけい》には、大英博物館《だいえいはくぶつかん》のジョージ・ショウ博士《はかせ》による誤解《ごかい》があった。

ジョージ・ショウとは、18世紀《せいき》末《すえ》、カモノハシ（P18）の存在《そんざい》を初《はじ》めて認《みと》めた博物学者《はくぶつがくしゃ》である。

ある日《ひ》、ハンターからクマの毛皮《けがわ》と報告書《ほうこくしょ》が送《おく》られてきた。そこには「インドとセイロンの熱帯雨林《ねったいうりん》で枝《えだ》から枝《えだ》へ腕渡《うでわた》りをする」と記《しる》されていた。博士《はかせ》は何《なに》を思《おも》ったか、腕《うで》渡《わた》りに注目《ちゅうもく》。この動物《どうぶつ》はナマケモノ（P66）の仲間《なかま》に違《ちが》いないと判断《はんだん》し、「ナマケグマ」と名《な》づけたのだ。

19世紀初頭《せいきしょとう》、生《い》きたナマケグマがパリにやってきてようやくクマだと証明《しょうめい》された。だが名前《なまえ》の変更《へんこう》はなく、そのまま使《つか》われることになった。

ナマケグマは**クマ類《るい》では珍《めずら》しく、暑《あつ》い地方《ちほう》に棲《す》み、熱帯雨林《ねったいうりん》にいながら、なぜか長毛《ちょうもう》**におおわれている。

長毛《ちょうもう》がはっきり役立《やくだ》つのは子育《こそだ》てのときだ。クマの子《こ》は基本的《きほんてき》に自分《じぶん》で歩《ある》いて母親《ははおや》のあとをついていく。

珍メモ：ナマケグマは絶滅《ぜつめつ》が危《あや》ぶまれている。熊《くま》の胆《い》（胆《たん》のう）が強壮剤《きょうそうざい》として高値《たかね》で取引《とりひき》されるため、ハンターに狙《ねら》われるのだ。また、森林破壊《しんりんはかい》によってシロアリが減《へ》っていることも、大《おお》きな原因《げんいん》である。

学名	*Melursus ursinus*
英名	Sloth bear
分類	食肉目《しょくにくもく》（ネコ目《もく》） クマ科《か》
大きさ	体長140〜180cm、尾長10〜12.5cm、肩高61〜91.5cm、体重55〜145kg
分布	インド亜《あ》大陸《たいりく》、スリランカ

鼻孔《びこう》を閉《と》じることができ、上顎《うわあご》の中《ちゅう》央《おう》の1対《つい》の門歯《もんし》が失《うしな》われている。たるんだ唇《くちびる》は筒型《つつがた》にできる。シロアリの巣《す》に鼻《はな》づらを入《い》れて強《つよ》く吹《ふ》き、ほこりや巣《す》のかけらを吹《ふ》き飛《と》ばしてから、シロアリを吸《す》い上《あ》げる。
長《なが》い鉤爪《かぎづめ》でシロアリの巣《す》を壊《こわ》す。

ところがナマケグマの子《こ》は歩《ある》き疲《つか》れると、母親《ははおや》の長《なが》い肩《かた》の毛《け》につかまり、**母親《ははおや》におぶさって移動《いどう》**する。

さらに変《か》わっているのは、クマにしては長《なが》すぎる鉤爪《かぎづめ》、筒型《つつがた》にのびる鼻《はな》づらと分厚《ぶあつ》い唇《くちびる》だ。

これらはすべてナマケグマの好物《こうぶつ》と深《ふか》い関係《かんけい》がある。彼《かれ》らは、昆虫《こんちゅう》や屍肉《しにく》、鳥《とり》の卵《たまご》、花《はな》などを食《た》べる。

なかでも大好《だいす》きなのがシロアリだ。鉤爪《かぎづめ》でアリクイのようにシロアリのアリ塚《づか》（巣《す》）を破壊《はかい》する。そしてそこに頭《あたま》を突《つ》っ込《こ》んで、**ブーブー音《おと》を出《だ》しながら掃除機《そうじき》のようにシロアリとその幼虫《ようちゅう》を吸《す》い上《あ》げる**のだ。この**掃除機音《そうじきおん》は２００ｍ先《さき》まで聞《き》こえる**そうだ。

俊敏《しゅんびん》かつ騒《さわ》がしい、ナマケモノとは正反対《せいはんたい》の珍獣《ちんじゅう》なのである。

生《い》き血《ち》を狙《ねら》うリアル吸血鬼《きゅうけつき》

ナミチスイコウモリ

やる珍ことが

COMMON VAMPIRE BAT

　イギリスの作家《さっか》ブラム・ストーカーが『吸血鬼《きゅうけつき》ドラキュラ』を書《か》いたのは1897年《ねん》。コウモリ、黒《くろ》マント、牙《きば》で首筋《くびすじ》にキスするドラキュラ伯爵《はくしゃく》のイメージを決定《けってい》づけたのは、中世《ちゅうせい》ヨーロッパに伝《つた》わる吸血《きゅうけつ》鬼伝説《きでんせつ》だけではない。1810年《ねん》に初《はじ》めて南米《なんべい》で確認《かくにん》されたチスイコウモリの存在《そんざい》もあったはずだ。

　チスイコウモリ、またの名《な》をヴァンパイア。新大陸《しんたいりく》にいたコウモリが、旧大陸《きゅうたいりく》には見《み》られない生《い》き血《ち》を吸《す》うコウモリだという事実《じじつ》に、当時《とうじ》のジャーナリズムは大《おお》いにわいた。

　この発見《はっけん》の9年後《ねんご》、ポリドリによって最初《さいしょ》のヴァンパイア小説《しょうせつ》『吸血鬼《きゅうけつき》』が書《か》かれているのだ。

　眠《ねむ》る美女《びじょ》の生《い》き血《ち》を狙《ねら》う吸血鬼《きゅうけつき》のように、ナミチスイコウモリはウシやブタなどの生《い》き血《ち》を狙《ねら》って夜《よ》な夜《よ》な飛《と》びまわる。**地表《ちひょう》90㎝ほどのところを音《おと》も立《た》てずに飛《と》び、狙《ねら》った相手《あいて》の首筋《くびすじ》や乳首《ちくび》に恐怖《きょうふ》のキス**をする。

　彼《かれ》らには鋭《するど》く発達《はったつ》した門歯《もんし》と犬歯《けんし》があり、**獲物《えもの》の皮膚《ひふ》を約《やく》3×8㎜だけ切《き》りとる**。そして滴《したた》る血《ち》を舌《した》でなめる。唾液《だえき》には、蚊《か》と同様《どうよう》に**血液《けつえき》の凝固《ぎょうこ》を防《ふせ》ぐタンパク**が含《ふく》まれ、獲物《えもの》

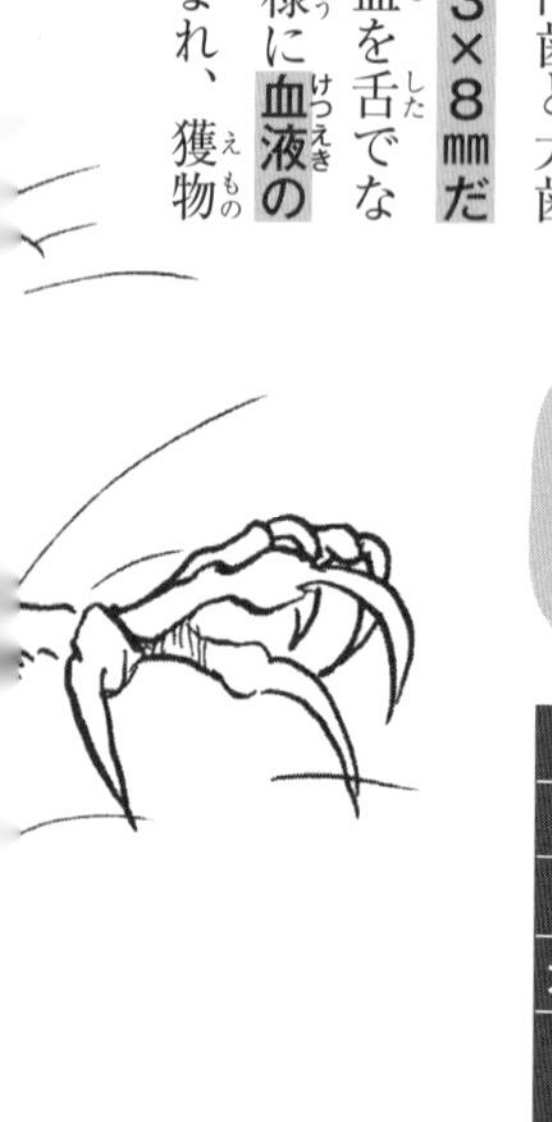

活動《かつどう》は夜《よる》。日中《にっちゅう》は古《ふる》い寺院《じいん》、家《か》屋《おく》、洞窟《どうくつ》、樹洞《じゅどう》などで100頭《とう》近《ちか》く集《あつ》まって休《やす》む。

学名	*Desmodus rotundus*
英名	Common vampire bat
分類	翼手目《よくしゅもく》（コウモリ目《もく》） ヘラコウモリ科《か》
大きさ	体長7.5～9.0cm、尾はなく、体重15～50g
分布	中央《ちゅうおう》アメリカ（メキシコ北部《ほくぶ》）から南《みなみ》アメリカ、カリブ海《かい》のトリニダード島《とう》

LC

珍メモ：チスイコウモリ類《るい》には、ナミチスイコウモリのほかに、シロチスイコウモリとケアシチスイコウモリがいる。家畜《かちく》を狙《ねら》うのはナミチスイコウモリで、あとの2種《しゅ》はおもに鳥類《ちょうるい》の血液《けつえき》を吸《す》う。

は傷《きず》にも流血《りゅうけつ》にも気《き》づかない。

さらに彼《かれ》らがおそろしいのは**狂犬《きょうけん》病《びょう》の媒介動物《ばいかいどうぶつ》**である点《てん》だ。吸血時《きゅうけつじ》に感染《かんせん》を起《お》こす。哺乳類《ほにゅうるい》がウイルスにおかされると、脳炎《のうえん》を起《お》こし錯乱状《さくらんじょう》態《たい》で死《し》に至《いた》る。人間《にんげん》も例外《れいがい》ではない。

棲息地《せいそくち》では家畜《かちく》への被害《ひがい》から、撃《げき》退方法《たいほうほう》が試行錯誤《しこうさくご》されている。有効《ゆうこう》なのはニンニクでも十字架《じゅうじか》でもなく凝固阻止剤《ぎょうこそしざい》。**血液《けつえき》を消化《しょうか》するときに胃《い》で一度《いちど》凝固《ぎょうこ》させる**のだが、それを妨《さまた》げるための物質《ぶっしつ》を使《つか》う。彼《かれ》らは休《きゅう》息時《そくじ》にお互《たが》いになめ合《あ》い、コミュニケーションをはかる。1頭《とう》の体《からだ》に凝《ぎょう》固阻止剤《こそしざい》を塗《ぬ》ると、やがて群《む》れ全体《ぜんたい》に物質《ぶっしつ》が広《ひろ》がり、全滅《ぜんめつ》するのだ。

人間《にんげん》にとって不都合《ふつごう》なものは絶滅《ぜつめつ》させる、話《はなし》はそう単純《たんじゅん》なものではないと思《おも》うのだが……。

家畜《かちく》の首筋《くびすじ》や乳首《ちくび》を切《き》りとり、一晩《ひとばん》1頭《とう》あたり約《やく》20ccの血《ち》を吸《す》う。1頭《とう》ならたいした量《りょう》ではないが、毎晩多《まいばんおお》くのコウモリに血《ち》を吸《す》われたら、ウシもやせ細《ほそ》り倒《たお》れてしまう。
生《い》き血《ち》には多量《たりょう》の老廃物《ろうはいぶつ》や塩分《えんぶん》が含《ふく》まれるため、腎臓《じんぞう》に負担《ふたん》がかかる。血液《けつえき》は胃《い》で凝《ぎょう》固《こ》させてから消化《しょうか》し、その後大量《ごたいりょう》の水《みず》で有害《ゆうがい》物質《ぶっしつ》を排泄《はいせつ》する。非効率的《ひこうりつてき》な食生活《しょくせいかつ》なので、彼《かれ》らが世界的《せかいてき》に繁栄《はんえい》することはなかった。

太古《たいこ》の花《はな》と生《い》きる虫的有袋類《むしてきゆうたいるい》

フクロミツスイ

やることが珍

LC

HONEY POSSUM

学名	*Tarsipes rostratus*
英名	Honey possum
分類	有袋目《ゆうたいもく》(カンガルー目《もく》)フクロミツスイ科《か》
大きさ	体長4～9.5cm、尾長4.5～11cm、体重7～11g、メスはオスより大きい
分布	オーストラリア南西《なんせい》部《ぶ》

花《か》粉《ふん》と蜜《みつ》だけを好《この》む昆虫《こんちゅう》のような哺乳類《ほにゅうるい》がいる。体長《たいちょう》が平均《へいきん》6㎝、手《て》のひらにすっぽり収《おさ》まるくらいの小《ちい》さなトガリネズミのような動物《どうぶつ》、フクロミツスイである。名前《なまえ》の通《とお》り、袋《ふくろ》をもち、蜜《みつ》を吸《す》う。カンガルーと同《おな》じ有袋類《ゆうたいるい》で、オーストラリア西部《せいぶ》に棲《す》む。

彼《かれ》らはこの地《ち》に太古《たいこ》から咲《さ》くバンクシアと共生関係《きょうせいかんけい》にある。バンクシアはロールブラシのような形状《けいじょう》をした花《はな》だ。フクロミツスイはおもにこの花粉《かふん》や蜜《みつ》を食《た》べて生《い》きている。

彼《かれ》らの体《からだ》はバンクシア仕様《しよう》に進化《しんか》してきた。バンクシアはフクロミツスイの何十倍《なんじゅうばい》もの大《おお》きさの花《はな》で、そこにたどり着《つ》くために樹木《じゅもく》の枝《えだ》を渡《わた》り歩《ある》かねばならない。

親指《おやゆび》がサルのように対向《たいこう》していて、枝《えだ》をつかむことができる。さらに足《あし》には肉球《にくきゅう》があり、そこから粘液《ねんえき》が適《てき》度《ど》に分泌《ぶんぴつ》される。アマガエルなどの吸盤《きゅうばん》のような吸着効果《きゅうちゃくこうか》があり、滑《すべ》り落《お》ちることがない。

また、とがった鼻《はな》づらをもつ。歯《は》はほとんどないが、舌《した》の先《さき》、4分《ぶん》の1が複数《ふくすう》に裂《さ》け、剛毛《ごうもう》のブラシのようになっている。これで花粉《かふん》や蜜《みつ》をなめとるのである。

夜《よる》になると、フクロミツスイは花《はな》にしがみつき、鼻《はな》づらを花《はな》に突《つ》っ込《こ》む。振動《しんどう》で、バンクシアの蕾《つぼみ》は開花《かいか》する。割《わ》れた蕾《つぼみ》から花粉《かふん》のついた雄《お》しべが飛《と》び出《だ》す。フクロミツスイが花粉《かふん》や蜜《みつ》をなめとると、その体《からだ》には花粉《かふん》がつき、次《つぎ》の花《はな》へと移動《いどう》するた

珍メモ：フクロミツスイは子孫《しそん》を残《のこ》す際《さい》、オスが直接争《ちょくせつあらそ》わない。メスは複数《ふくすう》のオスと交尾《こうび》し、体内《たいない》に入《はい》った精子《せいし》が競争《きょうそう》する。精子《せいし》の大《おお》きさは人間《にんげん》の3倍以上《ばいいじょう》あり、睾丸《こうがん》も大《おお》きい。人間《にんげん》でたとえるとスイカくらいの大《おお》きさになる。

新《あたら》しい花粉《かふん》ほど受粉《じゅふん》しやすい。フクロミツスイの振動《しんどう》で開花《かいか》するのはバンクシアにとっても効《こう》率《りつ》がいい。

舌《した》の先《さき》がブラシ状《じょう》になっている。これは花《はな》の蜜《みつ》を食《た》べるオオコウモリなどと同《おな》じ構造《こうぞう》である。

年《ねん》3回《かい》の花《はな》が枯《か》れる時期《じき》は、試練《しれん》のとき。ふだん40℃ある体温《たいおん》は、外気温《がいきおん》と同程度《どうていど》まで下《さ》がり、省《しょう》エネモードに入《はい》る。ただ24時間《じかん》が限界《げんかい》なので、起《お》きては花《はな》を探《さが》し、また休眠《きゅうみん》する。花《はな》のない時期《じき》はもっとも命《いのち》を落《お》としやすい。

びに、彼《かれ》らが媒介者《ばいかいしゃ》となって受粉《じゅふん》が行《おこな》われる。バンクシアは食《た》べものを提供《ていきょう》し、フクロミツスイはバンクシアの繁殖《はんしょく》を助《たす》けている。

フクロミツスイの天敵《てんてき》はフクロウやヘビだ。襲《おそ》われそうになると、慌《あわ》ててバンクシアに駆《か》け上《あ》がり、花《はな》の陰《かげ》に逃《に》げ込《こ》む。大《おお》きな花《はな》の陰《かげ》ならフクロミツスイはじゅうぶん隠《かく》れることができる。バンクシアに生《い》かされ、守《まも》られ生《い》きているのである。

灼熱《しゃくねつ》サバンナの残虐《ざんぎゃく》狩《か》り軍団《ぐんだん》

リカオン

やることが珍

AFRICAN WILD DOG, PAINTED HUNTING DOG

EN

イヌの仲間《なかま》でリカオンほど残虐《ざんぎゃく》な狩《か》りをするものはいない。大《おお》きな耳《みみ》、まだら模様《もよう》で優美《ゆうび》とはいえない容姿《ようし》の彼《かれ》らが、10頭近《とうちか》くで次々《つぎつぎ》と獲物《えもの》に咬《か》みつき、内臓《ないぞう》を引《ひ》き出《だ》し、息《いき》のあるうちから食《た》べ始《はじ》める。まるで灼熱《しゃくねつ》のサバンナでくり広《ひろ》げられる地獄《じごく》絵《え》。アフリカに入植《にゅうしょく》してきた白人《はくじん》には大変評判《たいへんひょうばん》がわるく、リカオンは忌《い》み嫌《きら》われた。

彼《かれ》らはハンティングドッグの別名《べつめい》をもつほど狩《か》りがうまい。群《む》れをなし、炎天下《えんてんか》ヌーなどの草食獣《そうしょくじゅう》を追《つい》跡《せき》。**疲《つか》れさせて倒《たお》す狩《か》り**をする。

成功率《せいこうりつ》は5割《わり》前後《ぜんご》。ライオンやチーターなどの狩《か》りの成功率《せいこうりつ》は1割《わり》程度《ていど》だから、ものすごい高《たか》さである。成功《せいこう》の秘訣《ひけつ》が**狩猟隊《しゅりょうたい》とでもいうべき群《む》れのパワーと、異常《いじょう》なまでの暑《あつ》さへの耐久力《たいきゅうりょく》**である。

彼《かれ》らは、ふだんからパックと呼《よ》ばれる4～60頭《とう》（平均十数頭《へいきんじゅうすうとう》）の群《む》れで生活《せいかつ》する。子守《こも》り以外《いがい》の構成員《こうせいいん》、生後《せいご》3か月以上《げついじょう》の個体全頭《こたいぜんとう》で狩《か》りに臨《のぞ》む。

ケガや病気《びょうき》など何《なに》かしら欠陥《けっかん》のある獲物《えもの》に目《め》をつけると追《お》い続《つづ》ける。

一般《いっぱん》にイヌ科《か》の動物《どうぶつ》は暑《あつ》さに弱《よわ》い。イエイヌなどはハアハアと浅速呼吸《せんそくこきゅう》で唾液《だえき》を蒸発《じょうはつ》させながら体温《たいおん》を維持《いじ》する。筋肉《きんにく》から放出《ほうしゅつ》する熱《ねつ》の66％は、浅速呼吸《せんそくこきゅう》によって消散《しょうさん》するのだが、そのぶん水分補給《すいぶんほきゅう》が必要《ひつよう》となる。

アメリカの生理学者《せいりがくしゃ》シュミット・ニールセンによれば、リカオンはこの熱消散《ねつしょうさん》が25％しかないという。それでも走《はし》れるのは、**脳《のう》にだけ冷《つめ》たい血液《けつえき》を送《おく》る、特殊《とくしゅ》なしくみを備《そな》えている**ためだ。おかげで体温《たいおん》が上昇《じょうしょう》しても、水分補給《すいぶんほきゅう》する必要《ひつよう》もなく、走《はし》ることができる。**時速《じそく》50㎞で5.6㎞**も走《はし》り続《つづ》けた記録《きろく》も残《のこ》っている。

珍メモ：リカオン以外《いがい》のイヌ科動物《かどうぶつ》は、前足《まえあし》の指《ゆび》が5本《ほん》ある。ところがスラリと脚《あし》が長《なが》いリカオンには4本《ほん》しかない。長距離《ちょうきょり》を走《はし》ることに特化《とっか》したためだと考《かんが》えられる。

狩《か》りだけでなく、子育《こそだ》ても上手《じょうず》で群《む》れの仲《なか》もいいが、とかく家畜《かちく》の敵《てき》となると地元《じもと》の白人《はくじん》には嫌《きら》われた。1914年頃《ねんごろ》から駆除《くじょ》が始《はじ》まり、当時《とうじ》20万頭《まんとう》いた頭数《とうすう》は5000頭近《とうちか》くまで減《へ》ってきてしまっている。

学名	*Lycaon pictus*
英名	African wild dog、Painted hunting dog
分類	食肉目《しょくにくもく》（ネコ目《もく》） イヌ科《か》
大きさ	体長76〜112cm、尾長30〜41cm、肩高61〜78cm、体重17〜36kg
分布	サハラ砂漠《さばく》以南《いなん》のアフリカのサバンナ

リカオン

先頭《せんとう》が疲《つか》れると、別《べつ》の個体《こたい》が交《こう》替《たい》し、協力《きょうりょく》し合《あ》う。まず獲物《えもの》の鼻《はな》づらを狙《ねら》い、動《うご》きを止《と》め、全《ぜん》員《いん》で襲《おそ》いかかる。
平熱《へいねつ》38℃。時速《じそく》15kmで走《はし》ると、体温《たいおん》は3.2℃も上昇《じょうしょう》する。
約《やく》300kgあるヌーでも倒《たお》すことができる。腐《くさ》った肉《にく》を好《この》まないため、生《い》きているうちから食《た》べ始《はじ》める。
獲物《えもの》を求《もと》めて1日《にち》2〜50km移動《いどう》する。5kmくらい追跡《ついせき》するとたいていの獲物《えもの》は力尽《ちからつ》きる。

珍獣《ちんじゅう》Q&A

Q. 動物《どうぶつ》の名前《なまえ》は誰《だれ》がつけているの?

分類学者《ぶんるいがくしゃ》がつける

動物《どうぶつ》は発見《はっけん》されると、それを調《しら》べた分類学者《ぶんるいがくしゃ》が世界共通語《せかいきょうつうご》である「学名《がくめい》」をつける。標本《ひょうほん》や論文《ろんぶん》は博物館《はくぶつかん》に永久保存《えいきゅうほぞん》される。現在《げんざい》、200近《ちか》い国《くに》があるが、それぞれの国《くに》の学者《がくしゃ》が論文《ろんぶん》を読《よ》み、その国《くに》の言葉《ことば》で名前《なまえ》をつけ、人々《ひとびと》に紹介《しょうかい》する。

日本《にほん》では明治時代《めいじじだい》に入《はい》って、動物学者《どうぶつがくしゃ》によって日本名《にほんめい》(和名《わめい》)がつけられた。適切《てきせつ》な日本語《にほんご》がないと、現地《げんち》の呼《よ》び名《な》、あるいは英語読《えいごよ》み、フランス語読《ごよ》み、ドイツ語読《ごよ》みなどで名前《なまえ》がつけられる。だが、不適切《ふてきせつ》な場合《ばあい》も少《すく》なくない。たとえば「ミーアキャット」はmeerkatが日本語化《にほんごか》されたもので、ネコ科《か》の動物《どうぶつ》ではない。「イワダヌキ(岩狸《いわだぬき》)」も明治時代《めいじじだい》ではよかったのだろうが、まったくタヌキに似ていないため、英語名《えいごめい》のハイラックス(P140)という呼《よ》び名《な》が一般的《いっぱんてき》になってきている。

Q. 新種《しんしゅ》を見《み》つけるにはどうすればいい?

動物《どうぶつ》について勉強《べんきょう》することから

まずは動物《どうぶつ》のことをいろいろ勉強《べんきょう》すること。世界《せかい》にはどんな動物《どうぶつ》がいて、どんな生活《せいかつ》をしているのかなどに詳《くわ》しくならないと、出会《であ》った動物《どうぶつ》が珍《めずら》しい動物《どうぶつ》なのかどうかもわからないからだ。

そして出《で》くわした動物《どうぶつ》が〝見《み》たことがない〟と直感《ちょっかん》したら、詳《くわ》しく調《しら》べること。よく似《に》た動物《どうぶつ》とどこが違《ちが》うのか、どこが同《おな》じなのかを見極《みきわ》めるために、似《に》ている動物《どうぶつ》に関《かん》する論文《ろんぶん》を取《と》り寄《よ》せて読《よ》み、その標本《ひょうほん》(最初《さいしょ》に新種《しんしゅ》として記載《きさい》されたタイプの標本《ひょうほん》が博物館《はくぶつかん》に保存《ほぞん》されている)と比較《ひかく》する。そして新種《しんしゅ》だと確信《かくしん》したら論文《ろんぶん》を発表《はっぴょう》するのだ。ふつうは分類学会《ぶんるいがっかい》の会報《かいほう》に発表《はっぴょう》する。

PART 3

個性的《こせいてき》すぎて仲間《なかま》がいない

環境《かんきょう》に適応《てきおう》した結果《けっか》、進化《しんか》の袋小路《ふくろこうじ》に入《はい》り込《こ》んで

仲間《なかま》がいない孤立《こりつ》した珍獣《ちんじゅう》たち

高《こう》機《き》能《のう》省《しょう》エネボディ

ノドチャミユビナマケモノ

頸《くび》の骨《ほね》が珍

BROWN-THROATED SLOTH

LC

「ナマケモノ」は、アホウドリと並《なら》び、最悪《さいあく》な名前《なまえ》の動物《どうぶつ》だ。新《しん》大陸《たいりく》を発見《はっけん》したコロンブスや、スペインやポルトガルの宣教師《せんきょうし》が、この不思議《ふしぎ》な動物《どうぶつ》のことを伝《つた》えたことに原因《げんいん》がある。以来《いらい》、「正常《せいじょう》なる低脳《ていのう》」「生《い》きたつり下《さ》げバスケット」とあざけられた。名前自体《なまえじたい》が罪《つみ》なのだ。

バカにされてきたナマケモノだが、省《しょう》エネにおいて超高機能《ちょうこうきのう》な体《からだ》をもつ。**食事《しょくじ》は1日数枚《にちすうまい》の葉《は》を食《た》べるだけ**。それほど動《うご》かない。なかでもミユビナマケモノは**頸《くび》の骨《ほね》が9個《こ》**もあり、珍《ちん》な体《からだ》をもつ。ふつう哺乳類《ほにゅうるい》の頸《くび》の骨《ほね》は7個《こ》と決まっている。キリンですら7個《こ》なのに、ミユビはそれより2個多《こおお》く、**頸《くび》を270度《ど》もまわせる**。動《うご》かず葉《は》をとるのに好都合《こうつごう》なのだ。

ミユビは**ものに引《ひ》っかけると離《はな》れない**。死後《しご》も木《き》にぶら下《さ》がっているという話《はなし》が生《う》まれたほど。アメリカのある学者《がくしゃ》はパナマで調査中《ちょうさちゅう》、彼《かれ》らを木《き》から降《お》ろす方法《ほうほう》が見《み》つからず、彼《かれ》らごと枝《えだ》を切《き》り落《お》としたという。

ずっと木《き》の上《うえ》で暮《く》らしているのだが、**8日《ようか》に1回《かい》のトイレ**は、慎重《しんちょう》に幹《みき》をつたって木《き》から降《お》りる。木《き》の根元《ねもと》まで来《く》ると尾《お》をフリフリして穴《あな》を掘《ほ》り、うんちとおしっこをする。落《お》ち葉《ば》などで排泄物《はいせつぶつ》を隠《かく》して、また樹上《じゅじょう》へ。「怠《なま》け者《もの》」とバカにできない、とても几帳面《きちょうめん》な一面《いちめん》があるのだ。

ミユビの仲間《なかま》は前足《まえあし》の爪《つめ》が3本《ぼん》（フタユビの仲間《なかま》は2本《ほん》）。後《うし》ろ足《あし》はミユビ、フタユビともに3本《ぼん》ある。筋肉《きんにく》は体重《たいじゅう》の4分《ぶん》の1程度《ていど》しかなく、木《き》にぶら下《さ》がるときは大《おお》きな鉤爪《かぎづめ》をただ引《ひ》っかけるだけ。

地上《ちじょう》での動《うご》きはスローだが、泳《およ》ぎはとても上手《じょうず》。地上《ちじょう》ではピューマやワシ類《るい》、水中《すいちゅう》ではアナコンダ（ヘビ）などが天敵《てんてき》。

珍メモ：200万年前《まんねんまえ》には全長《ぜんちょう》4～6 m、推定体重《すいていたいじゅう》3～5トンという、メガテリウムなる地上《ちじょう》に暮《く》らすオオナマケモノがいた。しかし、地上棲《ちじょうせい》ナマケモノは1万年前《まんねんまえ》までに絶滅《ぜつめつ》。残《のこ》ったのは樹上棲《じゅじょうせい》の現在《げんざい》のナマケモノのみ。

ノドチャミユビナマケモノ／ホフマンナマケモノ

胃《い》は体重《たいじゅう》の4分《ぶん》の1〜3分《ぶん》の1を占《し》める。大食《おおぐ》らいではないのに、つねに胃《い》はいっぱい。消化《しょうか》に時間《じかん》がかかる。気温《きおん》が低《ひく》いと体温《たいおん》も下《さ》がり、消化《しょうか》が止《と》まってしまう。

頸《くび》の骨《ほね》が9個《こ》あり、270度回転《どかいてん》させることができる。動《うご》かずとも葉《は》を口《くち》にできる。セクロピアという樹木《じゅもく》の葉《は》が好物《こうぶつ》。

学名	*Bradypus variegatus*
英名	Brown-throated sloth
分類	貧歯目《ひんしもく》（アリクイ目《もく》） ミユビナマケモノ科《か》
大きさ	体長41〜77cm、 尾長4.7〜9.0cm、 体重2.3〜5.5kg
分布	中央《ちゅうおう》アメリカ南部《なんぶ》から 南《みなみ》アメリカ中部《ちゅうぶ》（ホンジュラスからアルゼンチン北部《ほくぶ》）

意外《いがい》と凶暴《きょうぼう》!? ホフマン（フタユビ）ナマケモノ

LC

前足《まえあし》の鉤爪《かぎづめ》が2本《ほん》のフタユビナマケモノは、大《おお》きくて気《き》が荒《あら》い。体長《たいちょう》54〜74㎝、体重《たいじゅう》4.0〜8.5㎏とミユビより大《おお》きい。歯《は》の少《すく》ないグループに属《ぞく》しながら牙《きば》があり、危険《きけん》を感《かん》じると、牙《きば》をむいたり、鉤爪《かぎづめ》を振《ふ》りまわして防御《ぼうぎょ》する。

珍《ちん》はホフマンナマケモノで、頸《くび》の骨《ほね》が6個《こ》しかない。爬虫類《はちゅうるい》から哺《ほ》乳類《にゅうるい》へと進化《しんか》し、頸《くび》の骨《ほね》の数《かず》が7個《こ》に落《お》ち着《つ》いていった時代《じだい》の名残《なごり》なのではないか、とも考《かんが》えられる。

ブタじゃない！ アフリカの穴《あな》掘《ほ》り名人《めいじん》

ツチブタ

1目《もく》1科《か》1属《ぞく》1種《しゅ》の珍

AARDVARK

LC

上《うわ》向《む》きのブタ鼻《ばな》をヒクヒクさせ、夜《よる》のサバンナや森林《しんりん》を歩《ある》きまわっては土《つち》ぼこりをあげて穴《あな》を掘《ほ》る。「土《つち》のブタ」。17世紀中頃《せいきなかごろ》、南《みなみ》アフリカに入植《にゅうしょく》したオランダ人《じん》たちによってこう呼《よ》ばれ、そのまま呼《よ》び名《な》となった。

しかしよく見《み》ると、頑丈《がんじょう》な足《あし》の先《さき》には大《おお》きな鉤爪《かぎづめ》がつき、ずんぐり太《ふと》い胴体《どうたい》から、付《つ》け根《ね》は太《ふと》く、先《さき》が細《ほそ》い尾《お》がのび、ロバのような長《なが》い耳《みみ》がつき、ブタとは似《に》ても似《に》つかない。

もちろんブタではない。何《なん》の仲間《なかま》かといえば、**何《なん》の仲間《なかま》でもない**。分《ぶん》類上《るいじょう》は1目《もく》1科《か》1属《ぞく》1種《しゅ》という、極《きわ》めて特殊《とくしゅ》な哺乳類《ほにゅうるい》なのである。

ツチブタはシロアリを主食《しゅしょく》とし、巨大《きょだい》な鉤爪《かぎづめ》でシロアリの塔《とう》を破壊《はかい》。45cmある細長《ほそなが》い舌《した》を突《つ》っ込《こ》み、シロアリをなめとっていく。

口《くち》はほとんど開《ひら》かず、歯《は》も前臼歯《ぜんきゅうし》2対《つい》、臼歯《きゅうし》3対《つい》と少《すく》ない。歯《は》が乏《とぼ》しいことから、ナマケモノ（P66）やアリクイ（P74）などの貧歯類《ひんしるい》だと思《おも》われていた。ところが、歯《は》を調《しら》べてみると、**1本《ぽん》の歯《は》が中心《ちゅうしん》に細《ほそ》い管《くだ》（歯髄《しずい》）が通《とお》った六角柱《ろっかくちゅう》の束《たば》**からなることがわかった。管歯目《かんしもく》という独立《どくりつ》したグループが生《う》まれたのだ。

彼《かれ》らの歯《は》は大変《たいへん》もろい。ふつうの哺乳類《ほにゅうるい》のようにエナメル質《しつ》のコーティングがないのだ。さらにこの**歯《は》は死《し》ぬまでのび続《つづ》ける**。これらは原《げん》始的《してき》な哺乳類《ほにゅうるい》の特徴《とくちょう》でもある。

今《いま》ではアフリカにしかいないツチブタだが、1200万年以上前《まんねんいじょうまえ》の中《ちゅう》新世《しんせい》には、ヨーロッパから南《みなみ》アジアまで分布《ぶんぷ》していた。さらに祖先《そせん》をたどると、白亜紀末期《はくあきまっき》、**恐竜《きょうりゅう》が絶滅《ぜつめつ》しつつある頃《ころ》に登場《とうじょう》した原始草食動物《げんしそうしょくどうぶつ》**に行《い》き着《つ》くらしい。ツチブタは原始《げんし》的《てき》な体《からだ》のまま現代《げんだい》に存在《そんざい》する、管歯《かんし》目唯一《もくゆいいつ》の生《い》き残《のこ》りなのだろう。

珍メモ：ツチブタは、サバンナや疎林《そりん》、森林《しんりん》に奥行《おくゆ》き3mもある大《おお》きな穴《あな》を掘《ほ》り、最大《さいだい》2週間近《しゅうかんちか》くとどまる。ジープでサバンナを疾走《しっそう》していて大事故《だいじこ》になった話《はなし》を耳《みみ》にするが、この穴《あな》に車輪《しゃりん》が落《お》ちるのだ。

大《おお》きな耳《みみ》でシロアリの音《おと》をとらえる。リカオン（P62）、ライオン、チーター、ラーテル（P120）、ニシキヘビなどの天《てん》敵《てき》を警戒《けいかい》するのにも役《やく》立《だ》つ。

頭《あたま》をたたかれたりするとあっけなく死《し》ぬ。歯《は》だけでなく頭《あたま》の骨《ほね》も貧弱《ひんじゃく》。骨《ほね》がもろいので化石《かせき》も出《で》にくい。

異常《いじょう》を感《かん》じるとカンガルーのように後足《あとあし》で立《た》ち上《あ》がり、においをかぎ、音《おと》を聞《き》く。

前足《まえあし》に4本《ほん》ある大《おお》きな爪《つめ》で、堅《けん》牢《ろう》なシロアリの塔《とう》の側面《そくめん》に穴《あな》を開《あ》ける。壁《かべ》を修復《しゅうふく》しようと集《あつ》まってきたシロアリをなめとっていく。

危険《きけん》が迫《せま》ると、穴《あな》に駆《か》け込《こ》むか、高速《こうそく》で地《じ》面《めん》を掘《ほ》り始《はじ》める。2～3分《ぷん》で大《おお》きな尻《しり》まで隠《かく》れてしまう。鋤《すき》をもった人間《にんげん》が数人《すうにん》がかりで掘《ほ》るよりもはやかったという記録《きろく》がある。追《お》い詰《つ》められると仰向《あおむ》けで足《あし》をバタバタさせる。

学名	*Orycteropus afer*
英名	Aardvark
分類	管歯目《かんしもく》（ツチブタ目《もく》） ツチブタ科《か》
大きさ	体長120～160cm、 尾長45～60cm、 体重50～80kg
分布	アフリカのサハラ砂漠以南《さばくいなん》

びっくりアーエーおさるさんだよ

アイアイ

AYE-AYE

EN

珍 中指《なかゆび》が長《なが》い

アイアイと聞《き》くと、反射的《はんしゃてき》にサルが出《で》てくる童謡《どうよう》を思《おも》い出《だ》す人《ひと》も多《おお》いだろうが、彼《かれ》らが**サルの仲《なか》間《ま》だとわかるまでには発見《はっけん》から80年《ねん》近《ちか》くかかった**。

アイアイ発見《はっけん》の立役者《たてやくしゃ》はピエール・ソヌラという元香料商人《もとこうりょうしょうにん》見習《みならい》。ソヌラは1768年《ねん》に、博物学者《はくぶつがくしゃ》のフィリベール・コメルソンに雇《やと》われてマダガスカルの自然調査《しぜんちょうさ》に向《む》かう。

ある日《ひ》、現地《げんち》ガイドが尾《お》のない白《しろ》黒《くろ》の大《おお》きな動物《どうぶつ》を見《み》て「エンドリナ」と叫《さけ》んだ。ソヌラにはそれが「インドリ」と聞《き》こえ、メモをとった。

この動物《どうぶつ》は現《げん》生《せい》キツネザルのなかでもっとも大《おお》きい種《しゅ》なのだが、「エンドリナ」という呼《よ》び名《な》ではない。**「エンドリナ」とは「ごらんなさい」**の意味《いみ》。ソヌラはそれを名前《なまえ》だと勘違《かんちが》いし、この動物《どうぶつ》はインドリと名《な》づけられた。

インドリ発見《はっけん》から10年後《ねんご》、博物学《はくぶつがく》者《しゃ》ビュフォン伯爵《はくしゃく》の依頼《いらい》を受《う》け、ソヌラは再《ふた》びマダガスカルに向《む》かった。

「ごらんなさい」が名前《なまえ》になったインドリ。体長《たいちょう》60cmもある大形《おおがた》のキツネザル。

CR

コメルソンはもう他界《たかい》していた。

森《もり》に入《はい》ったソヌラは、現地《げんち》の人《ひと》ですらあまりお目《め》にかからない黒《くろ》い珍《ちん》獣《じゅう》2頭《とう》をとらえ、村《むら》に持《も》ち帰《かえ》った。すると村人《むらびと》たちは口々《くちぐち》に「アーエーアーエー」と言《い》ったのだ。これは単《たん》

珍メモ：アイアイの妊娠期間《にんしんきかん》は170日《にち》、1頭《とう》だけ産《う》む。子《こ》はすこぶる甘《あま》えっ子《こ》で、母親《ははおや》から離《はな》れない。かたい木《き》の実《み》の食《た》べ方《かた》やタッピング技術《ぎじゅつ》の習得《しゅうとく》に、時間《じかん》がかかるためだ。

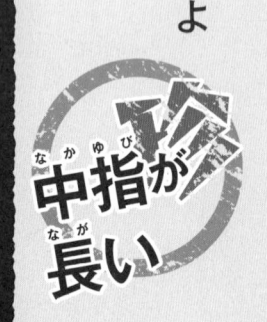

学名	*Daubentonia madagascariensis*
英名	Aye-aye
分類	霊長目《れいちょうもく》(サル目《もく》) アイアイ科《か》
大きさ	体長36～44cm、 尾長50～60cm、 体重2～3kg
分布	マダガスカルの北東部《ほくとうぶ》

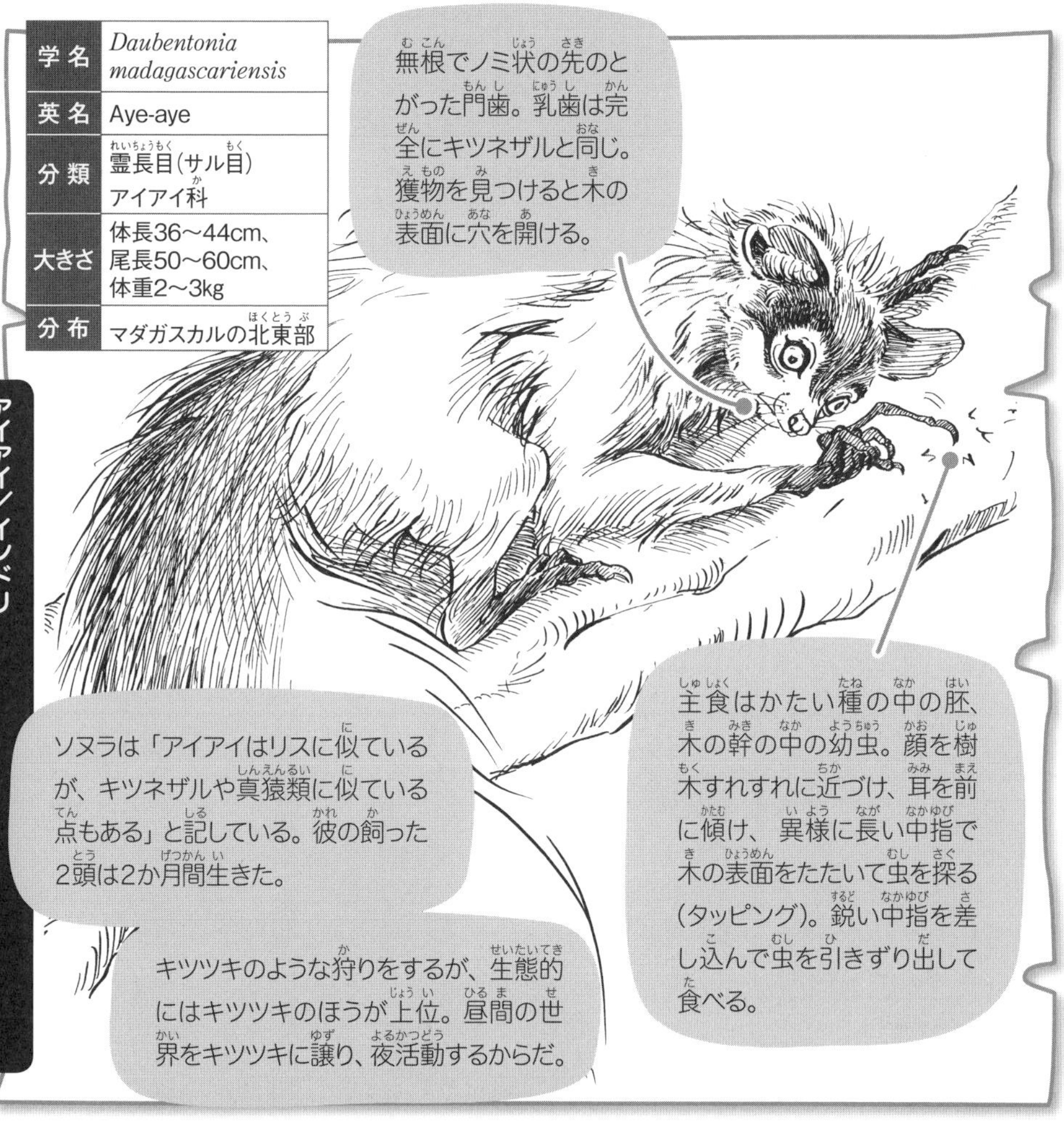
無根《むこん》でノミ状《じょう》の先《さき》のとがった門歯《もんし》。乳歯《にゅうし》は完全《かんぜん》にキツネザルと同《おな》じ。獲物《えもの》を見《み》つけると木《き》の表面《ひょうめん》に穴《あな》を開《あ》ける。
主食《しゅしょく》はかたい種《たね》の中《なか》の胚《はい》、木《き》の幹《みき》の中《なか》の幼虫《ようちゅう》。顔《かお》を樹《じゅ》木《もく》すれすれに近《ちか》づけ、耳《みみ》を前《まえ》に傾《かたむ》け、異様《いよう》に長《なが》い中指《なかゆび》で木《き》の表面《ひょうめん》をたたいて虫《むし》を探《さぐ》る(タッピング)。鋭《するど》い中指《なかゆび》を差《さ》し込《こ》んで虫《むし》を引《ひ》きずり出《だ》して食《た》べる。
ソヌラは「アイアイはリスに似《に》ているが、キツネザルや真猿類《しんえんるい》に似《に》ている点《てん》もある」と記《しる》している。彼《かれ》の飼《か》った2頭《とう》は2か月間《げつかんい》生きた。
キツツキのような狩《か》りをするが、生態的《せいたいてき》にはキツツキのほうが上位《じょうい》。昼間《ひるま》の世《せ》界《かい》をキツツキに譲《ゆず》り、夜活動《よるかつどう》するからだ。

なる驚《おどろ》きの声《こえ》だったのだが、**彼《かれ》の耳《みみ》には「アイアイ」と聞《き》こえ、それを名前《なまえ》だと思《おも》い込《こ》み**、伯爵《はくしゃく》に報告《ほうこく》した。

インドリもアイアイもソヌラの勘《かん》違《ちが》いによる命名《めいめい》だったが、彼《かれ》は観察《かんさつ》眼《がん》には優《すぐ》れていた。とらえたアイアイを飼育《しいく》し、容姿行動《ようしこうどう》を記録《きろく》した。

アイアイは死後《しご》、酢《す》漬《づ》けにされ、記録《きろく》とともに、パリの伯爵《はくしゃく》のもとに送《おく》られた。伯爵《はくしゃく》は彼《かれ》の記録《きろく》を無視《むし》し、アイアイの歯《は》の特徴《とくちょう》からネズミの仲《なか》間《ま》だと推論《すいろん》した。伯爵《はくしゃく》と敵対《てきたい》する学《がく》者《しゃ》のひとりがキツネザルとの関係《かんけい》を指摘《してき》したが、相手《あいて》にされなかった。

それから80年近《ねんちか》くたち、アイアイは再《ふたた》び生《い》け捕《ど》りや標本《ひょうほん》でヨーロッパに送《おく》られた。学者《がくしゃ》たちが丹念《たんねん》に調《しら》べ、サルの仲間《なかま》だと確定《かくてい》。ソヌラの記録《きろく》の正確《せいかく》さも証明《しょうめい》されたのだった。

跳《と》び続《つづ》けたらマントの怪人《かいじん》になった

マレーヒヨケザル

1目《もく》1科《か》1属《ぞく》2種《しゅ》の珍

LC

MALAYAN FLYING LEMUR

熱《ねっ》帯《たい》雨《う》林《りん》の夜空《よぞら》を、木《き》から木《き》へと滑空《かっくう》する**グライダーのような動物《どうぶつ》**がいる。木《き》にしがみついていると、キツネザルのようにも見《み》えなくない。名前《なまえ》はヒヨケザル。でも、サルの仲間《なかま》ではない。皮翼目《ひよくもく》というグループに属《ぞく》し、仲間《なかま》はマレーヒヨケザルとフィリピンヒヨケザルのみ。

ヒヨケザルのルーツは何《なに》か。サル、コウモリ、モグラ、カンガルー……どこかは似《に》ていても決《き》め手《て》に欠《か》け、学者《がくしゃ》の間《あいだ》で議論《ぎろん》が続《つづ》いていた。

最新《さいしん》の研究《けんきゅう》では、約《やく》8000万《まん》～6500万年前《まんねんまえ》、恐竜《きょうりゅう》が闊歩《かっぽ》してい

珍 飛膜《ひまく》以前《いぜん》か飛膜《ひまく》以降《いこう》か。滑空動物《かっくうどうぶつ》の進化《しんか》の謎《なぞ》

マクナシウロコオリス

LC

飛膜《ひまく》をもち滑空《かっくう》する動物《どうぶつ》のひとつに、尾《お》に角質《かくしつ》の鱗《うろこ》をもつウロコオリスという動物《どうぶつ》がいる。ヤマアラシとリスの中間的《ちゅうかんてき》な齧歯類《げっしるい》だ。

彼《かれ》らの仲間《なかま》は7種《しゅ》いるが、たった1種《しゅ》だけ飛膜《ひまく》もなく滑空《かっくう》しないもの、マクナシウロコオリスがいる。膜《まく》がないので昼行性《ちゅうこうせい》だと考《かんが》えられているが、生態《せいたい》はよくわかっていない。飛膜《ひまく》が発達《はったつ》する以前《いぜん》の原始的《げんしてき》な姿《すがた》なのか、飛膜《ひまく》が退化《たいか》した姿《すがた》なのか、興味深《きょうみぶか》い種《しゅ》なのである。

1回《かい》で150mも滑空《かっくう》する。跳《と》び立《た》つ元《もと》の木《き》の高《たか》さから15m程度降下《ていどこうか》したところで着地《ちゃくち》できる。

学名	*Galeopterus variegatus*
英名	Malayan flying lemur
分類	皮翼目《ひよくもく》（ヒヨケザル目《もく》）ヒヨケザル科《か》
大きさ	体長33～42cm、尾長22～27cm、体重1～1.75kg
分布	東南《とうなん》アジア（タイ南部《なんぶ》、マレー半《はん》島《とう》、スマトラ、ジャワ、カリマンタン島《とう》など）

珍メモ：ヒヨケザル、ウロコオリス、モモンガ、フクロモモンガなど、違《ちが》う仲間《なかま》で似《に》た姿《すがた》に進化《しんか》する現象《げんしょう》を「収斂《しゅうれん》」という。クジラ類《るい》と魚類《ぎょるい》、食虫類《しょくちゅうるい》のモグラと有袋類《ゆうたいるい》のフクロモグラ、食肉類《しょくにくるい》のオオカミと有袋類《ゆうたいるい》のフクロオオカミなど。

た白亜紀後期《はくあきこうき》にあらわれた、もっとも古《ふる》い霊長類《れいちょうるい》・プレシアダピス類《るい》と近縁《きんえん》で、そこから特殊化《とくしゅか》して独自《どくじ》に進化《しんか》してきた動物《どうぶつ》ではないか、と考《かんが》えられている。名前《なまえ》の通《とお》り、**サルとルーツを同《おな》じくするもの**だったのだ。

ヒヨケザルには最初《さいしょ》から飛膜《ひまく》があったわけではない。動物学者《どうぶつがくしゃ》ハリソンの説《せつ》が参考《さんこう》になる。「夜行性《やこうせい》の彼《かれ》らは、暗闇《くらやみ》ゆえに跳《と》び移《うつ》る木《き》を正確《せいかく》に見定《みさだ》められない。そこでとりあえず手足《てあし》をのばしてジャンプしていたのだろう。脇《わき》の下《した》や腿《もも》の付《つ》け根《ね》の**たるんだ皮膚《ひふ》が浮力《ふりょく》をつけるのに役立《やくだ》ち、次第《しだい》に飛膜《ひまく》へ**と変化《へんか》したのだ」

ヒヨケザル以外《いがい》にも滑空《かっくう》する哺乳《ほにゅう》類《るい》は存在《そんざい》する。ムササビ、モモンガ、ウロコオリス……すべて夜行性《やこうせい》なので、この説《せつ》は大《おお》いに納得《なっとく》できるのだ。

マレーヒヨケザル／マクナシウロコオリス

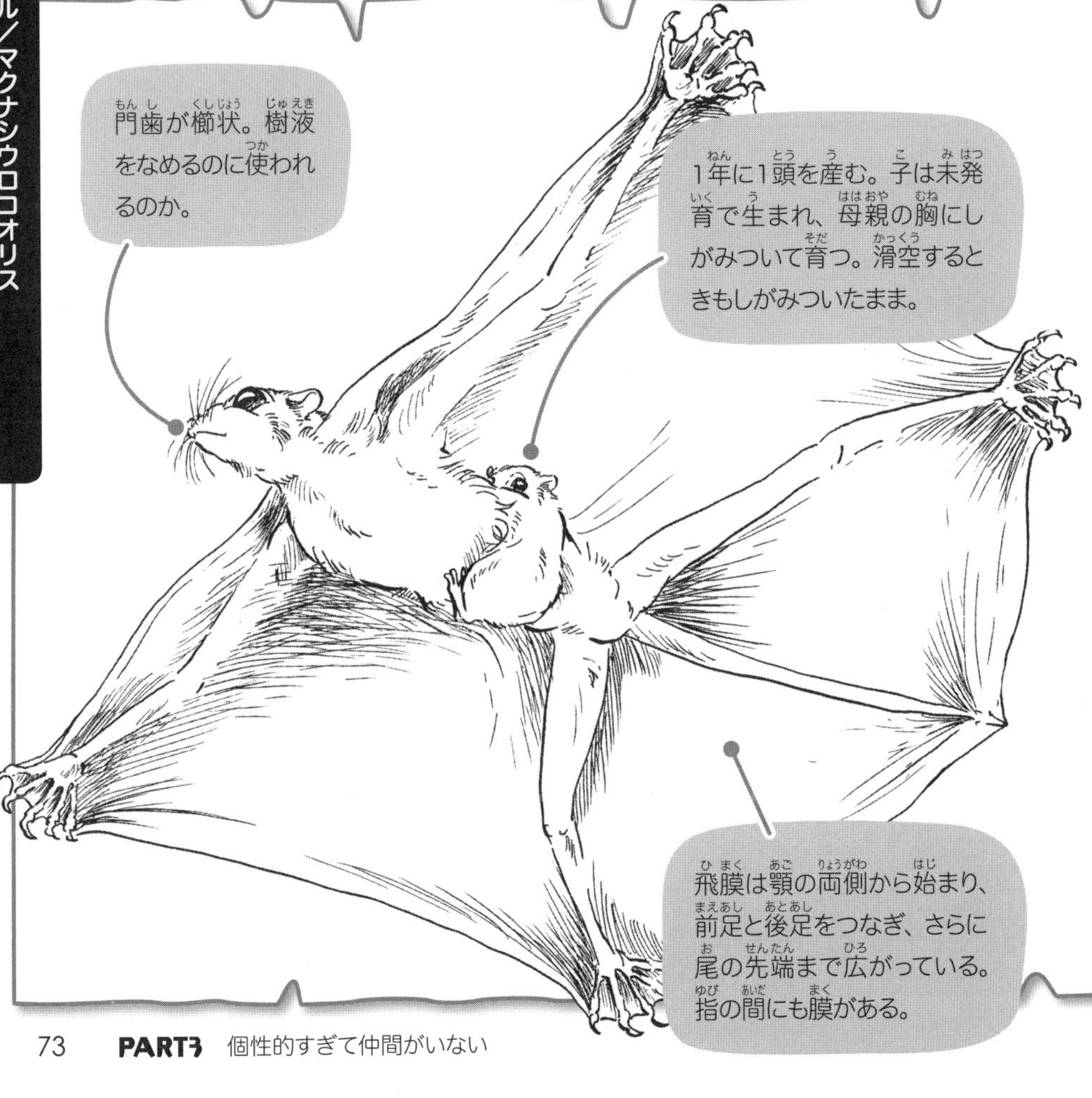
門歯《もんし》が櫛状《くしじょう》。樹液《じゅえき》をなめるのに使《つか》われるのか。
1年《ねん》に1頭《とう》を産《う》む。子《こ》は未発《みはつ》育《いく》で生《う》まれ、母親《ははおや》の胸《むね》にしがみついて育《そだ》つ。滑空《かっくう》するときもしがみついたまま。
飛膜《ひまく》は顎《あご》の両側《りょうがわ》から始《はじ》まり、前足《まえあし》と後足《あとあし》をつなぎ、さらに尾《お》の先端《せんたん》まで広《ひろ》がっている。指《ゆび》の間《あいだ》にも膜《まく》がある。

60㎝のムチ使《つか》い

オオアリクイ

舌《した》が長《なが》い 珍

GIANT ANTEATER

VU

長《なが》すぎる鼻《はな》の先《さき》には、この巨体《きょたい》にしてなぜこれしか開《ひら》かないのかと不思議《ふしぎ》になるほど小《ちい》さな口《くち》。そこからムチ状《じょう》の舌《した》が出入《ではい》りする。

オオアリクイが暮《く》らす中南米《ちゅうなんべい》の湿《しっ》地《ち》や開《ひら》けた森林《しんりん》、草原《そうげん》には、人《ひと》の背《せ》の高《たか》さほどの塔《とう》のようなアリ塚《づか》が無《む》数《すう》に立《た》ち並《なら》んでいる。アリ塚《づか》はシロアリの唾液《だえき》で土《つち》が練《ね》られてできたもので、セメントのように頑丈《がんじょう》だ。

オオアリクイはこのシロアリを食《た》べるべく、両手《りょうて》4本《ほん》の鉤爪《かぎづめ》でアリ塚《づか》を破壊《はかい》する。塚《つか》に開《あ》いた小《ちい》さな穴《あな》に爪《つめ》の先端《せんたん》をひっかけ、**釘抜《くぎぬ》きのように引《ひ》いて、外壁《がいへき》に大《おお》きめの穴《あな》**を開《あ》ける。

アリ塚《づか》にはシロアリが200万匹《まんびき》程度《ていど》棲《す》んでいる。外壁《がいへき》の修復《しゅうふく》のために集《あつ》まってくるタイミングを狙《ねら》い、オオアリクイは長《なが》い口吻《こうふん》を穴《あな》に差《さ》し込《こ》む。そして、**2㎝しかない口《くち》を開《ひら》き、60㎝ある長《なが》い舌《した》の30㎝分《ぶん》をのばし、ムチ使《つか》いのようにひと振《ふ》り**し、シロアリをなめとる。

ネバネバした唾液《だえき》が分泌《ぶんぴつ》されている舌《した》のため、土《つち》も胃《い》に入《はい》ってしまうのだが、それは問題《もんだい》ない。彼《かれ》らには歯《は》がない。胃《い》に入《はい》った土《つち》がシロアリを消化《しょうか》するのに役立《やくだ》つ。

1日《にち》に食《た》べるシロアリは3万匹《まんびき》。

シロアリを食《た》べる動物《どうぶつ》はほかにもいるが、オオアリクイは、シロアリ仕様《しよう》に進化《しんか》した代表動物《だいひょうどうぶつ》なのだ。

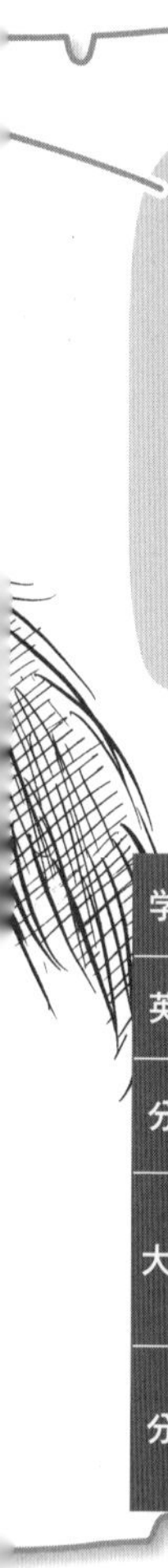

体《からだ》の模様《もよう》はカムフラージュとして役立《やくだ》つ。子《こ》どもが小《ちい》さい間《あいだ》は背負《せお》って歩《ある》く。親子《おやこ》の模様《もよう》が一体化《いったいか》するので子《こ》のカムフラージュにもなる。

学名	*Myrmecophaga tridactyla*
英名	Giant anteater
分類	貧歯目《ひんしもく》（アリクイ目《もく》）オオアリクイ科《か》
大きさ	体長100～120cm、尾長60～90cm、体重18～39kg
分布	中央《ちゅうおう》・南《みなみ》アメリカ（ベリーズからアルゼンチン北部《ほくぶ》）

珍メモ：オオアリクイの天敵《てんてき》はジャガーなどだが、ジャガーはオオアリクイのオスを苦手《にがて》とする。オスは反撃《はんげき》してジャガーを抱《だ》きかかえ、鋭《するど》い鉤爪《かぎづめ》を脇腹《わきばら》に食《く》い込《こ》ませ、殺《ころ》してしまうことがあるためだ。

シロアリの塔《とう》（アリ塚《づか》）は大《たい》変頑丈《へんがんじょう》。人間《にんげん》がアリ塚《づか》を崩《くず》すためにはツルハシが必要《ひつよう》なほど。ふつうのアリも食《た》べる。
鼻先《はなさき》を地面《じめん》につけてにおいをかぐ。嗅覚《きゅうかく》は人《にん》間《げん》の 40 倍《ばい》も鋭《するど》い。
舌《した》は 30cm も口《くち》の外《そと》へのばすことができる。ムチのようにしならせてすばやく舌《した》を出《だ》し入《い》れ。口《くち》が小《ちい》さいため、舌《した》に余計《よけい》な動《うご》きが生《う》まれず、狙《ねら》いを定《さだ》めやすい。
前足《まえあし》の指《ゆび》の背《せ》を地面《じめん》につけて歩《ある》く。長《なが》くて鋭《するど》い爪《つめ》を保護《ほご》するため。

シロアリを食《た》べる熱帯《ねったい》の〝アリ喰《く》い〟たち

　シロアリは栄養価《えいようか》が高《たか》く、高密度《こうみつど》で存《そん》在《ざい》し、効率《こうりつ》よく養分《ようぶん》がとれる。世界《せかい》の熱帯《ねったい》地帯《ちたい》には必《かなら》ずシロアリを食《た》べる動物《どうぶつ》がいる。アフリカにはツチブタ（P68）やアードウルフ（P82）、アフリカとアジアにはセンザンコウ（P46）、オーストラリアのハリモグラ（P124）、フクロアリクイ……。アリを食《た》べるのに特殊化《とくしゅか》した動物《どうぶつ》は「ant-eater《アントイーター》(アリ喰《く》い)」と呼《よ》ばれる。

　ちなみにシロアリはアリと似《に》た社会性《しゃかいせい》の昆虫《こんちゅう》だが、アリはハチの仲間《なかま》でシロアリはゴキブリの仲間《なかま》。アリは肉食《にくしょく》の昆虫《こんちゅう》だが、シロアリは木《き》の葉《は》や草《くさ》の分解者《ぶんかいしゃ》で、植物《しょくぶつ》食《しょく》の昆虫《こんちゅう》なので攻撃性《こうげきせい》をもたない。

樹上《じゅじょう》で眠《ねむ》り毒《どく》を食《く》らう
コアラ

有袋類《ゆうたいるい》の珍

LC

KOALA

日に本《ほん》の動物園《どうぶつえん》ではおなじみとなったコアラ。日本《にほん》にやってきた1984年《ねん》の秋《あき》は大騒《おおさわ》ぎだった。ところが近年《きんねん》コアラ人気《にんき》は下火《したび》だ。これはコアラがいつ訪《おとず》れても木《き》の上《うえ》で寝《ね》ているところに原因《げんいん》があるようだ。

だが、この樹上《じゅじょう》で居眠《いねむ》りし続《つづ》ける省《しょう》エネな体《からだ》こそ、コアラを珍獣《ちんじゅう》たらしめている。コアラは袋《ふくろ》をもつオーストラリアの有袋類《ゆうたいるい》のなかでもっとも不思議《ふしぎ》な進化《しんか》を遂《と》げた動物《どうぶつ》だ。

彼《かれ》らは**1日《にち》20時間《じかん》近《ちか》く眠《ねむ》る**。眠《ねむ》らなければならない理由《りゆう》があるのだ。

コアラの主食《しゅしょく》ユーカリは、オーストラリアではよく見《み》られる樹木《じゅもく》で、700種《しゅ》以上《いじょう》ある。**若葉《わかば》に猛毒《もうどく》の青《せい》酸《さん》**が生《しょう》じるため、ほとんどの動物《どうぶつ》は食《た》べない。コアラはこのユーカリを、独占《どくせん》することに成功《せいこう》し、繁栄《はんえい》した。

コアラの祖先《そせん》は、よく似《に》た地上生《ちじょうせい》活《かつ》の有袋類《ゆうたいるい》・ウォンバットのような動物《どうぶつ》だったと思《おも》われる。地上《ちじょう》での生《せい》存競争《ぞんきょうそう》に負《ま》けた祖先《そせん》の誰《だれ》かが、樹上《じゅじょう》のユーカリを食《た》べることに成功《せいこう》した。現生《げんせい》のコアラには、**哺乳類《ほにゅうるい》でもっとも長《なが》い2mの盲腸《もうちょう》**がある。消化《しょうか》しにくい有毒《ゆうどく》の葉《は》を、肝臓《かんぞう》の働《はたら》きと、盲腸《もうちょう》内《ない》のバクテリアの力《ちから》でゆっくり発酵《はっこう》させ無毒化《むどくか》することができるようになったのだ。

だが、ユーカリの栄養価《えいようか》は低《ひく》く、そのため、1日《にち》20時間《じかん》樹上《じゅじょう》で眠《ねむ》る省《しょう》エネ生活《せいかつ》を送《おく》る。どうしても届《とど》かない木《き》に移動《いどう》するときは地上《ちじょう》に降《お》りるが、排泄《はいせつ》も出産《しゅっさん》もすべて木《き》の上《うえ》。

コアラはオーストラリア先住民《せんじゅうみん》の言《こと》葉《ば》で「水《みず》を飲《の》まない者《もの》」を指《さ》す単語《たんご》だ。水分《すいぶん》は基本的《きほんてき》には木《こ》の葉《は》に含《ふく》まれているものだけで済《す》ませる。

ユーカリとともに生《い》きるコアラだが、都市化《としか》により棲息地《せいそくち》が荒《あ》らされ、4万《まん》～8万頭《まんとう》まで数《かず》を減《へ》らしている。

珍メモ：たいてい木《き》の上《うえ》で生活《せいかつ》するものには長《なが》い尾《お》があるが、コアラにはない。また育児嚢《いくじのう》（袋《ふくろ》）の入《い》り口《ぐち》が後方《こうほう》（コアラ目線《めせん》では下方《かほう》）に向《む》く。ここから祖先《そせん》は地上《ちじょう》で穴《あな》を掘《ほ》るウォンバットのような動物《どうぶつ》だったと推測《すいそく》できる。

学名	*Phascolarctos cinereus*
英名	Koala
分類	有袋目《ゆうたいもく》 （カンガルー目《もく》） コアラ科《か》
大きさ	体長60〜80cm、 尾は痕跡的《こんせきてき》、 体重4〜15kg
分布	オーストラリア東《とう》部《ぶ》

手足《てあし》には鋭《するど》い鉤爪《かぎづめ》。手《て》で木《き》をにぎるときは、カメレオンのように人《ひと》差《さ》し指《ゆび》と中指《なかゆび》の間《あいだ》でにぎる。このほうがバランスがとれる。
ユーカリの木《き》は700種以《しゅい》上《じょう》あるが、コアラが食《た》べるのはそのうち10種程度《しゅていど》。さらに1頭《とう》のコアラが好《この》むのは約《やく》3種《しゅ》。好《この》みは母親《ははおや》が与《あた》える離乳食《りにゅうしょく》で決《き》まる。
生後半年《せいごはんとし》で袋《ふくろ》から顔《かお》を出《だ》すようになる。この時期《じき》から母親《ははおや》が〝バップ〟という離乳食《りにゅうしょく》を与《あた》える。これは盲腸内《もうちょうない》でつくられた半消化状態《はんしょうかじょうたい》のユーカリの葉《は》で、子《こ》は肛門《こうもん》から直接《ちょくせつ》それを食《た》べる。

哺乳類初《ほにゅうるいはつ》！ 尾《お》に羽《はね》をもつ酒豪《しゅごう》

ハネオツパイ

原始的《げんしてき》な哺乳類《ほにゅうるい》の珍

PEN-TAILED TREESHREW

尾《お》の先《さき》にだけ房毛《ふさげ》が生《は》え、羽《はね》のように見《み》える。尾《お》を大《おお》きく動《うご》かすと昆虫《こんちゅう》をつかまえるのに有利《ゆうり》らしい。

ブルタムという、ヤシの木《き》の一種《いっしゅ》の花《はな》の蜜《みつ》を吸《す》う。この蜜《みつ》はつねに発酵《はっこう》し 3.8% のアルコールを含《ふく》んでいる。

鋭《するど》い鉤爪《かぎづめ》をもつ。サルのように他《た》と向《む》き合《あ》う対向性《たいこうせい》の親《おや》指《ゆび》ではないが、手《て》で昆虫《こんちゅう》をとらえて食《た》べることもある。

学名	*Ptilocercus lowii*
英名	Pen-tailed treeshrew
分類	ツパイ目《もく》(ツパイ目《もく》) ツパイ科《か》
大きさ	体長13.4～15.0cm、 尾長16.0～20.2cm、 体重約50g
分布	マレー半島南部《はんとうなんぶ》、ボルネオ島北西部《とうほくせいぶ》、スマトラ島北部《とうほくぶ》と周辺《しゅうへん》の島々《しまじま》

LC

珍メモ：哺乳類《ほにゅうるい》は大《おお》きく3種類《しゅるい》に分《わ》かれる。進化的《しんかてき》にもっとも古《ふる》いカモノハシやハリモグラなど卵《たまご》で子《こ》を産《う》む単孔類《たんこうるい》、次《つぎ》に古《ふる》いカンガルーなど袋《ふくろ》をもつ有袋類《ゆうたいるい》、そしてそれ以外《いがい》の哺乳類《ほにゅうるい》、胎盤《たいばん》をもち、子《こ》を乳《ちち》で育《そだ》てる真獣類《しんじゅうるい》だ。

ツパイというマレー諸島《しょとう》産《さん》の小《しょう》獣《じゅう》がいる。1780年《ねん》の発見《はっけん》時《じ》は「キノボリ（Tree）トガリネズミ（Shrew）」と呼《よ》ばれた。トガリネズミと同《おな》じ食虫類《しょくちゅうるい》だと考《かんが》えられていた。1920年代《ねんだい》に再調査《さいちょうさ》が行《おこな》われ、食虫類《しょくちゅうるい》と霊長類《れいちょうるい》とを結《むす》ぶ〝ミッシングリンク〟ではないかと、議論《ぎろん》が起《お》こった。

彼《かれ》らは飛《と》んでいる昆虫《こんちゅう》を手《て》でとらえることができる。また乳頭《にゅうとう》1対《つい》につき1子《し》と、乳首《ちくび》の数《かず》と子《こ》の数《かず》が比《ひ》例《れい》する。このあたりは霊長類的《れいちょうるいてき》だ。

ところが子育《こそだ》ては、霊長類《れいちょうるい》のきめ細《こま》やかさとは程遠《ほどとお》い。出産《しゅっさん》したらせっせと授乳《じゅにゅう》するものだが、ツパイは子《こ》どものいる巣《す》に常駐《じょうちゅう》せず、2日《ふつか》に1度《ど》訪《おとず》れるだけ。巣《す》の掃除《そうじ》もしない。乳離《ちばな》れする1か月間《げっかん》、子《こ》どもは糞《ふん》尿《にょう》まみれ。手抜《てぬ》き子育《こそだ》てなのだ。

サルの仲間《なかま》か疑《うたが》わしいという意見《いけん》も出《で》てきた頃《ころ》、DNAを用《もち》いた最新《さいしん》の生化学的研究《せいかがくてきけんきゅう》が行《おこな》われた。ツパイが真獣類《しんじゅうるい》（単孔類《たんこうるい》、有袋類《ゆうたいるい》を除《のぞ》く一《いっ》般的《ぱんてき》な哺《ほ》乳類《にゅうるい》）の共通《きょうつう》の祖先《そせん》に近《ちか》い動物《どうぶつ》だという説《せつ》が出《で》てきた。

現生《げんせい》のツパイは18種《しゅ》いるが、そのなかの珍《ちん》が「ハネオツパイ」だ。唯一《ゆいいつ》の夜行性《やこうせい》。尾先《おさき》に羽状《はねじょう》の房毛《ふさげ》がある。さらに彼《かれ》らは、アルコール度最大《どさいだい》3.8%を含《ふく》む果汁《かじゅう》を主食《しゅしょく》とする。慢性的《まんせいてき》に大量《たいりょう》の飲酒《いんしゅ》をしていても酔《よ》っ払《ぱら》うことがない。アルコールを効率《こうりつ》よく代謝《たいしゃ》するしくみがあるのではないか、と研究《けんきゅう》が進《すす》められている。

飲酒習慣《いんしゅしゅうかん》は人間《にんげん》が初《はつ》だと考《かんが》えられてきたが、哺《ほ》乳類《にゅうるい》の始《はじ》まりとともにスタートしていたのかもしれない。

世界最小《せかいさいしょう》で大食漢《たいしょくかん》 トウキョウトガリネズミ

ツパイが当初《とうしょ》間違《まちが》えられた食虫類《しょくちゅうるい》は、虫《むし》を食《た》べる原始的《げんしてき》な哺《ほ》乳類《にゅうるい》で、モグラやトガリネズミなどが含《ふく》まれる。

北海道《ほっかいどう》に棲《す》むトウキョウトガリネズミは、体長《たいちょう》4.5～4.9㎝、体重《たいじゅう》1.5～1.8g。世界最小《せかいさいしょう》の哺《ほ》乳類《にゅうるい》だ。

私《わたし》が1999年《ねん》の夏《なつ》に生《い》け捕《ど》りにした際《さい》は、30分《ぷん》おきにミールワームを食《た》べ続《つづ》けた。極寒《ごっかん》の地《ち》に小《ちい》さい体《からだ》で生《い》きるには、熱《ねつ》をつくり続《つづ》けなければならない。1日《にち》に体重《たいじゅう》の2倍《ばい》を食《た》べる大食漢《たいしょくかん》だ。

北海道《ほっかいどう》にいるのにトウキョウなのは、1903年《ねん》に発見《はっけん》したイギリス人《じん》コレクターであるホーカーが「蝦夷《えぞ》（北海道《ほっかいどう》）」と「江戸《えど》（東京《とうきょう》）」を聞《き》き違《ちが》えたためだとか。

未亡人《みぼうじん》が世紀《せいき》の大発見《だいはっけん》

ジャイアントパンダ

指《ゆび》が珍6本《ぽん》ある

GIANT PANDA

EN

みんなの人気者《にんきもの》、ジャイアントパンダだが、そのいちばんのおもしろさは、発見《はっけん》の歴史《れきし》にある。

中国《ちゅうごく》の動植物《どうしょくぶつ》が、西欧人《せいおうじん》の手《て》で調《ちょう》査《さ》されるようになったのは、19世紀《せいき》中頃《なかごろ》。フランス人《じん》カトリック神父《しんぷ》のペレ・アルマン・ダヴィドは幼少期《ようしょうき》から博物学《はくぶつがく》に関心《かんしん》があった。布教《ふきょう》より植物学《しょくぶつがく》や動物学《どうぶつがく》の資料《しりょう》を入手《にゅうしゅ》するために中国《ちゅうごく》へ渡《わた》り、後《のち》にフランス政府《せいふ》公認《こうにん》で標本《ひょうほん》を収集《しゅうしゅう》するようになる。

ジャイアントパンダは、1869年《ねん》3～4月《がつ》の彼《かれ》の日記《にっき》に登場《とうじょう》する。山奥《やまおく》の渓谷《けいこく》に出《で》かけた帰《かえ》り、地主宅《じぬしたく》で白黒《しろくろ》クマの毛皮《けがわ》に出会《であ》う。感激《かんげき》した神父《しんぷ》の様子《ようす》を見《み》て、後日《ごじつ》、信徒《しんと》のひとりの猟師《りょうし》が仕留《しと》めた白黒《しろくろ》のクマの子《こ》、そして成獣《せいじゅう》を届《とど》けてくれた。

1870年《ねん》、神父《しんぷ》はそれをパリ自《し》然《ぜん》史《し》博物館館長《はくぶつかんかんちょう》の息子《むすこ》アルフォンス・ミルヌ＝エドヴァール教授《きょうじゅ》に送《おく》った。1874年《ねん》、館長《かんちょう》と教授《きょうじゅ》は博物学《はくぶつがく》の書物《しょもつ》を出版《しゅっぱん》。ジャイアントパンダはアライグマとレッサーパンダの中間《ちゅうかん》的動物《てきどうぶつ》だと結論《けつろん》づけた。

この本《ほん》を契機《けいき》に、世界中《せかいじゅう》の動物学《どうぶつがく》者《しゃ》、狩猟家《しゅりょうか》がジャイアントパンダの棲息地《せいそくち》に入《はい》り込《こ》んだ。1928年《ねん》、元《もと》アメリカ大統領《だいとうりょう》セオドア・ルーズベルトの息子《むすこ》がオスの成獣《せいじゅう》を仕留《しと》める。パンダを殺《ころ》す？　今《いま》では許《ゆる》されないが、当時《とうじ》は偉業《いぎょう》とたたえられた。

1934年《ねん》には、コモドオオトカゲの捕獲者《ほかくしゃ》として知《し》られるアメリカのウィリアム・ハークネスJr.《ジュニア》がジャイアントパンダの生《い》け捕《ど》りに挑戦《ちょうせん》。ところが、夢半《ゆめなか》ばで不運《ふうん》が重《かさ》なり、旅《たび》先《さき》の上海《シャンハイ》で命《いのち》を落《お》としてしまった。

すると、悲嘆《ひたん》にくれていた夫人《ふじん》ルースが、突然《とつぜん》「探検《たんけん》を引《ひ》き継《つ》ぐ」と宣言《せんげん》。彼女《かのじょ》には何《なん》の経験《けいけん》もなかったのだが、夫《おっと》の遺志《いし》を継《つ》ぐのだと譲《ゆず》らない。そ

珍メモ：昔《むかし》、パンダとはヒマラヤの珍獣《ちんじゅう》レッサーパンダを指《さ》した。1869年《ねん》に初《はじ》めてロンドン動物園《どうぶつえん》に展示《てんじ》されたが、人気《にんき》が出《で》なかった。翌年《よくねん》、新《しん》パンダが登場《とうじょう》したためだ。元祖《がんそ》パンダにはレッサー（小《ちい》さい）が加《くわ》えられた。

学名	*Ailuropoda melanoleuca*
英名	Giant panda
分類	食肉目《しょくにくもく》（ネコ目《もく》） パンダ科《か》
大きさ	体長120～150cm、 尾長10～13cm、 体重75～160kg
分布	中国中西部《ちゅうごくちゅうせいぶ》の高山《こうざん》の竹林帯《ちくりんたい》

標高《ひょうこう》1000～3000m以上《いじょう》の高地《こうち》に棲《す》む。針葉樹《しんようじゅ》がしげる森《もり》に密生《みっせい》する竹《たけ》を主食《しゅしょく》とする。単独《たんどく》で棲《す》む。発情期《はつじょうき》には逆立《さかだ》ちで木《き》ににおいをつける。
白黒模様《しろくろもよう》は、雪《ゆき》の残《のこ》る暗《くら》い森《もり》を歩《ある》くと、岩《いわ》や木々《きぎ》の陰《かげ》にまぎれて目立《めだ》たず、とくに薄明《うすあ》かりでは効果抜群《こうかばつぐん》。
竹林《ちくりん》の地下《ちか》に棲《す》むタケネズミを食《た》べることもある。
前足《まえあし》の親指《おやゆび》の付《つ》け根《ね》の骨《ほね》が長《なが》く“6番目《ばんめ》の指《ゆび》”といわれる。この“指《ゆび》”と他《た》の5本《ほん》とで竹《たけ》をにぎる。

こで有名《ゆうめい》な中国系狩猟家《ちゅうごくけいしゅりょうか》ジャック・ヤングが仲介《ちゅうかい》し、彼《かれ》の弟《おとうと》クンチェンが手伝《てつだ》い、上海《シャンハイ》へ入《はい》る。夫《おっと》の死《し》から1年《ねん》、1936年《ねん》のことだ。

夫人《ふじん》は長江《ちょうこう》を下《くだ》り、重慶《チョンチン》に到着《とうちゃく》。泣《な》き言《ごと》ひとつ言《い》わず険《けわ》しい山々《やまやま》を歩《ある》き、噂《うわさ》の村《むら》までたどり着《つ》いた。

そして地元《じもと》での聞《き》き込《こ》みや罠《わな》での調査《ちょうさ》を続《つづ》けていた11月9日《がつここのか》の朝《あさ》、とうとうしげみで鳴《な》いていたジャイアントパンダの赤《あか》ちゃんを発見《はっけん》する。

彼女《かのじょ》は腕《うで》に抱《だ》いた赤《あか》ちゃんを「小《ちい》さな黒白《くろしろ》のボール」と表現《ひょうげん》し、「私《わたし》の上着《うわぎ》に鼻《はな》をこすりつけ、本能《ほんのう》から胸《むね》をまさぐった」と記《しる》した。この赤《あか》ちゃんは「スーリン」と名《な》づけられた。生《い》きたまま海《うみ》を渡《わた》った最初《さいしょ》の1頭《とう》となり、ジャイアントパンダは20世紀《せいき》のもっとも有名《ゆうめい》な珍獣《ちんじゅう》となったのだ。

ハイエナなのにアリクイ

アードウルフ

シロアリ食《しょく》の珍

AARDWOLF

LC

ハイエナといえば屍肉《しにく》をあさる獰猛《どうもう》でいやらしいイメージがつきまとう。一見《いっけん》イヌの仲間《なかま》のように思《おも》うかもしれないが、じつはハクビシンなどと同《おな》じジャコウネコに近《ちか》い。イヌよりもネコ類寄《るいよ》りの動物《どうぶつ》だ。

なぜイヌのような姿《すがた》になったのか。これには理由《りゆう》がある。そもそもイヌ類《るい》もネコ類《るい》も同《おな》じミアキスという森《しん》林《りん》に棲《す》む小獣《しょうじゅう》から進化《しんか》した。森林《しんりん》にとどまって進化《しんか》したのが単独《たんどく》で狩《か》りをするネコ類《るい》。平原《へいげん》に出《で》て進化《しんか》したのが集団《しゅうだん》で狩《か》りをするイヌ類《るい》である。

ジャコウネコは本来森林《ほんらいしんりん》に棲《す》む。ハイエナはジャコウネコ類《るい》のなかでも平原《へいげん》に進出《しんしゅつ》した仲間《なかま》だ。平原《へいげん》では樹上《じゅじょう》に隠《かく》れて襲《おそ》いかかるネコ的《てき》な狩《か》りができない。**群《む》れになって長距離《ちょうきょり》をはやく走《はし》り、追《お》いまわすスタイルの狩《か》り**をする。それでハイエナがイヌのような格好《かっこう》になっていったのである（収斂《しゅうれん》・P72下）。

ハイエナは現生《げんせい》4種《しゅ》。もっとも変《か》わっているのがアードウルフである。アードとは土《つち》の意味《いみ》なので「ツチオオカミ」。**肉《にく》ではなくシロアリを主《しゅ》食《しょく》**とする。

彼《かれ》らは幅広《はばひろ》い舌《した》と大量《たいりょう》の唾液《だえき》で、なんと**1日《にち》4万匹《まんびき》ものシロアリを食《た》べる**。食事時間《しょくじじかん》は3時間《じかん》に満《み》たない。毎秒《まいびょう》3.7匹《ひき》食《た》べることができるのだ。

なぜ彼《かれ》らがシロアリ食《しょく》になったのかはふたつ説《せつ》がある。ひとつは他《た》のハイエナとの競合《きょうごう》に負《ま》けて、シロアリを食《た》べるようになった。もうひとつは、初期《しょき》に分《わ》かれた原始的《げんしてき》な種《しゅ》だという説《せつ》。アードウルフは他《た》のハイエナのように、獲物《えもの》に襲《おそ》いかかり、肉《にく》を食《く》いちぎる強《つよ》い歯《は》や顎《あご》をもたない。**貧弱《ひんじゃく》な歯《は》や顎《あご》は進化《しんか》というより原始的《げんしてき》**かもしれない。彼《かれ》らにハイエナ類《るい》の謎《なぞ》が隠《かく》されているのである。

珍メモ：ハイエナ類《るい》は子《こ》が3か月《げつ》で離乳《りにゅう》すると、小《ちい》さすぎてまだ狩《か》りには連《つ》れ出《だ》せないため、肉《にく》を吐《は》き戻《もど》し、肉《にく》の破片《はへん》を与《あた》える。アードウルフの場合《ばあい》、その心配《しんぱい》はない。離乳《りにゅう》とともに夜《よ》な夜《よ》なシロアリを食《た》べに連《つ》れていく。

珍

メスの股間《こかん》はオスより立派《りっぱ》ブチハイエナ

LC

ハイエナ類《るい》は女系家族《じょけいかぞく》で、メスが群《む》れのリーダーになる。

ブチハイエナのメスは体《からだ》がオスより2割程度《わりていど》大《おお》きく、男性《だんせい》ホルモンが豊富《ほうふ》。メスの性器《せいき》は露出《ろしゅつ》しオスのような形《かたち》（偽陰嚢《ぎいんのう》・疑似《ぎじ》ペニス）をしている。性器《せいき》が大《おお》きいものがリーダーになる。

幅広《はばひろ》く長《なが》い舌《した》。口《こう》内《ない》には舌《した》を湿《しめ》らすことができる大《おお》きな唾液腺《だえきせん》がある。
夜《よる》、シロアリ（トリネルビテルルメスという種《しゅ》のみ）がアリ塚《づか》から草原《そうげん》に出《で》ると、シロアリの歩《ある》きまわる音《おと》と、シロアリの出《だ》す防御《ぼうぎょ》物質《ぶっしつ》のにおいを追跡《ついせき》。
アードウルフの名前《なまえ》の由来《ゆらい》ともなった土《つち》でできた巣《す》。長《なが》さ 7.5 ～ 9m、幅広《はばひろ》いトンネルが 2 本以上《ほんいじょう》あり、奥《おく》に直《ちょっ》径《けい》 1m ほどの寝室《しんしつ》がある。
前足《まえあし》の指《ゆび》は 5 本《ほん》（走《はし》ることに特化《とっか》した他《た》のハイエナは 4 本《ほん》しかない）。

学名	*Proteles cristata*
英名	Aardwolf
分類	食肉目《しょくにくもく》（ネコ目《もく》） ハイエナ科《か》
大きさ	体長85～105cm、 尾長20～30cm、 体重9～14kg
分布	アフリカ東部《とうぶ》から 南部《なんぶ》

長大《ちょうだい》すぎる牙海獣《きばかいじゅう》 セイウチ

中間的《ちゅうかんてき》な海獣《かいじゅう》の珍

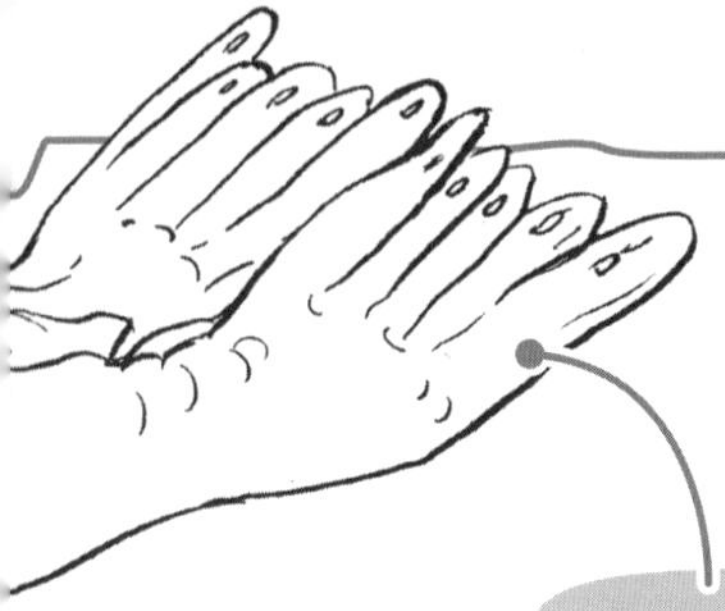
後足《あとあし》をあおり足《あし》のように使《つか》って泳《およ》ぐ。前足《まえあし》は舵《かじ》として使《つか》う。
デッキブラシのようなひげ（触角《しょっかく》）に頼《たよ》って暗《くら》い海底《かいてい》で貝《かい》を探《さが》す。鼻《はな》づらの前面《ぜんめん》には450本《ぼん》以上《いじょう》もの短《みじか》いひげが生《は》えている。

学名	*Odobenus rosmarus*
英名	Walrus
分類	食肉目《しょくにくもく》（ネコ目《もく》） セイウチ科《か》
大きさ	全長オス2.9〜3.2m、メス2.5〜2.7m、体重オス800〜1200kg、メス560〜830kg
分布	カナダ東部《とうぶ》、グリーンランドからユーラシア大《たい》陸北部《りくほくぶ》、アラスカ西部《せいぶ》の北極海《ほっきょくかい》

WALRUS

?? DD

長《ちょう》大《だい》すぎる牙《きば》をもつ体重《たいじゅう》1トン（1000kg）超《ご》えの海獣《かいじゅう》セイウチ。陸上《りくじょう》ではアシカ同様《どうよう》、**前足《まえあし》で体《からだ》を浮《う》かせて前進《ぜんしん》**する。一方《いっぽう》、水中《すいちゅう》ではアザラシ同様《どうよう》に**後《うし》ろ足《あし》をあおるように動《うご》かして泳《およ》ぐ**。セイウチは、アシカとアザラシの中間的動物《ちゅうかんてきどうぶつ》で、セイウチ科《か》という独立《どくりつ》した科《か》を築《きず》く。

進化的《しんかてき》に見《み》ると**アザラシよりアシカ類《るい》に近《ちか》い**。アシカ類《るい》はクマ類《るい》と共《きょう》通《つう》の祖先《そせん》から分《わ》かれたが、さらに枝《えだ》分《わ》かれしたのがセイウチ類《るい》だ。

セイウチ科《か》は現生《げんせい》1種《しゅ》のみ。しかし500万年前《まんねんまえ》には繁栄《はんえい》し、北太平《きたたいへい》

珍メモ：18世紀《せいき》の動物学者《どうぶつがくしゃ》はセイウチに「オドベヌス（Odobenus）」という属名《ぞくめい》をつけた。ギリシャ語《ご》を語源《ごげん》とする合成語《ごうせいご》で「歯歩行《はほこう》」の意味《いみ》。牙《きば》を使《つか》った海底移動《かいていいどう》を予測《よそく》したような名前《なまえ》である。

牙《きば》はオスで36〜55cm、メスで23〜40cm。ホッキョクグマ、オス同士《どうし》の闘《たたか》いに用《もち》いる。岩《いわ》や氷上《ひょうじょう》に上《あ》がるときはピッケルとして、前進《ぜんしん》するときは海《かい》底《てい》に突《つ》き刺《さ》しオールのように使《つか》う。
海底《かいてい》の砂泥《さでい》に潜《ひそ》む貝《かい》を見《み》つけると、イノシシのように鼻《はな》で掘《ほ》り起《お》こし、貝《かい》の上《うえ》の砂《すな》を吹《ふ》き飛《と》ばして中《なか》身《み》を吸《す》い込《こ》むように食《た》べる。

洋《よう》と北大西洋《きたたいせいよう》の両方《りょうほう》にたくさん分布《ぶんぷ》していた。何《なん》らかの理由《りゆう》で北太平洋《きたたいへいよう》側《がわ》のセイウチ類《るい》が絶滅《ぜつめつ》を迎《むか》え、北大《きたたい》西洋《せいよう》のセイウチ類《るい》の一部《いちぶ》が、北太平《きたたいへい》洋側《ようがわ》に渡《わた》った。数《かず》は半分《はんぶん》に減少《げんしょう》。

さらにその後《ご》、人類《じんるい》があらわれ、北大西洋《きたたいせいよう》のセイウチ類《るい》が激減《げきげん》する。北太平洋《きたたいへいよう》に暮《く》らす北極圏《ほっきょくけん》の人々《ひとびと》は、昔《むかし》からセイウチを食料《しょくりょう》や油《あぶら》などの自《じ》分《ぶん》たちの資源《しげん》と考《かんが》え、枯渇《こかつ》させないように狩猟《しゅりょう》してきた。

ところが北大西洋側《きたたいせいようがわ》のヨーロッパやアジアの人《ひと》、北《きた》アメリカの移民《いみん》は、あの**長大《ちょうだい》な牙《きば》を狙《ねら》って、徹底的《てっていてき》にとりつくしてしまった**のである。最終《さいしゅう》的《てき》に約《やく》3万頭《まんとう》まで数《かず》を減《へ》らした。

現在《げんざい》の棲息数《せいそくすう》は不明《ふめい》。北太平洋《きたたいへいよう》では約《やく》26万頭《まんとう》だと考《かんが》えられるが、北大《きたたい》西洋《せいよう》の数《かず》は回復《かいふく》していないようだ。

無防備《むぼうび》なマーメイド

ジュゴン

海《うみ》に棲《す》む草食系《そうしょくけい》の珍

DUGONG

VU

陸《りく》上《じょう》から海《うみ》へと進出《しんしゅつ》した哺《ほ》乳類《にゅうるい》のなかに草食獣《そうしょくじゅう》はほとんどいない。海《うみ》の大形《おおがた》の植物《しょくぶつ》は、陽《ひ》の光《ひかり》が届《とど》く水深《すいしん》100m以内《いない》に限《かぎ》られるからだ。

わずかな海《うみ》の草食獣《そうしょくじゅう》が、海牛類《かいぎゅうるい》のジュゴンとマナティー。**完全《かんぜん》な海棲《かいせい》がジュゴン、一部《いちぶ》淡水棲《たんすいせい》がマナティー**である。

ジュゴンは、人魚伝説《にんぎょでんせつ》のモデルとして有名《ゆうめい》だ。古代《こだい》ギリシヤやフェニキアの船乗《ふなの》りたちが、なぜジュゴンの容《よう》姿《し》からマーメイドを想像《そうぞう》できたのか、首《くび》をかしげたくなる。

最初《さいしょ》、船乗《ふなの》りたちは、**海中《かいちゅう》で子《こ》どもに授乳《じゅにゅう》するジュゴンの姿《すがた》を見《み》て、故《こ》郷《きょう》を懐《なつ》かしみ、人魚伝説《にんぎょでんせつ》をつくり上《あ》げた**のだろう。文明《ぶんめい》の発達《はったつ》でジュゴンは地中海《ちちゅうかい》などの海域《かいいき》から追《お》いやられていく。伝説《でんせつ》だけが残《のこ》り、その他《た》の神《しん》話《わ》や物語《ものがたり》が混《ま》ざり合《あ》い、魅惑的《みわくてき》な人《にん》魚《ぎょ》ができあがっていったのだ。

現在《げんざい》、ジュゴンは、オーストラリアや沖縄《おきなわ》などのサンゴ礁《しょう》のある海《うみ》に棲《す》み、浅《あさ》い海底《かいてい》のアマモやアジモなどの植物《しょくぶつ》を主食《しゅしょく》とする。彼《かれ》らは、繊細《せんさい》でおとなしく、のんびり泳《およ》ぐ。外敵《がいてき》がいても攻撃《こうげき》する術《すべ》をもたない。

ジュゴンの仲間《なかま》は5000万年《まんねん》以《い》上前《じょうまえ》に**ゾウやハイラックス（P140）**と**共通《きょうつう》の蹄《ひづめ》のある祖先《そせん》から分《わ》かれた**と考《かんが》えられている。競合《きょうごう》に負《ま》け、防御手《ぼうぎょしゅ》段《だん》として海《うみ》に逃《に》げた動物《どうぶつ》の生《い》き残《のこ》りなのだろう。

学名	*Dugong dugon*
英名	Dugong
分類	海牛目《かいぎゅうもく》（ジュゴン目《もく》）ジュゴン科《か》
大きさ	全長240〜270cm、体重230〜360kg
分布	インド洋《よう》から太《たい》平洋西部《へいようせいぶ》・南《なん》部《ぶ》の沿海《えんかい》

珍メモ：米軍普天間飛行場《べいぐんふてんまひこうじょう》の移設先《いせつさき》として、埋《う》め立《た》てが予定《よてい》されている沖縄《おきなわ》・名護市辺野古《なごしへのこ》沖《おき》の海《うみ》は、数少《かずすく》ないジュゴンの棲息地《せいそくち》。海底《かいてい》に生《は》えるアマモ類《るい》は地元《じもと》の方言《ほうげん》で「ザングサ」と呼《よ》ばれる。ジュゴンの草《くさ》という意味《いみ》。

珍

美《うつく》しくないから生《い》きのびた？ アメリカマナティー

VU

もう一種《いっしゅ》の海牛類《かいぎゅうるい》・マナティーを発見《はっけん》したのは、新大陸《しんたいりく》の発見者《はっけんしゃ》でもあるコロンブスだ。カリブ海《かい》イスパニョーラ島《とう》に到着《とうちゃく》した彼《かれ》は人魚《にんぎょ》・アメリカマナティーに出会《であ》う。航海日誌《こうかいにっし》にはこう記《しる》している。「入《い》り江《え》で3頭《とう》を見《み》たが、それは美《うつく》しくはなかった」

マナティーは沿海《えんかい》だけでなく、アマゾン川《がわ》やコンゴ川《がわ》などの大河《たいが》をさかのぼる。尾《お》びれは丸《まる》く、ジュゴンよりも泳《およ》ぎが遅《おそ》い。

ともすれば簡単《かんたん》につかまってしまいそうなほど、マナティーはのんきでのんびりしている。この動物《どうぶつ》が現在《げんざい》まで生《い》きのびてこられたのは、ひとえに人間《にんげん》にとって「美《うつく》しくなかった」おかげかもしれない。

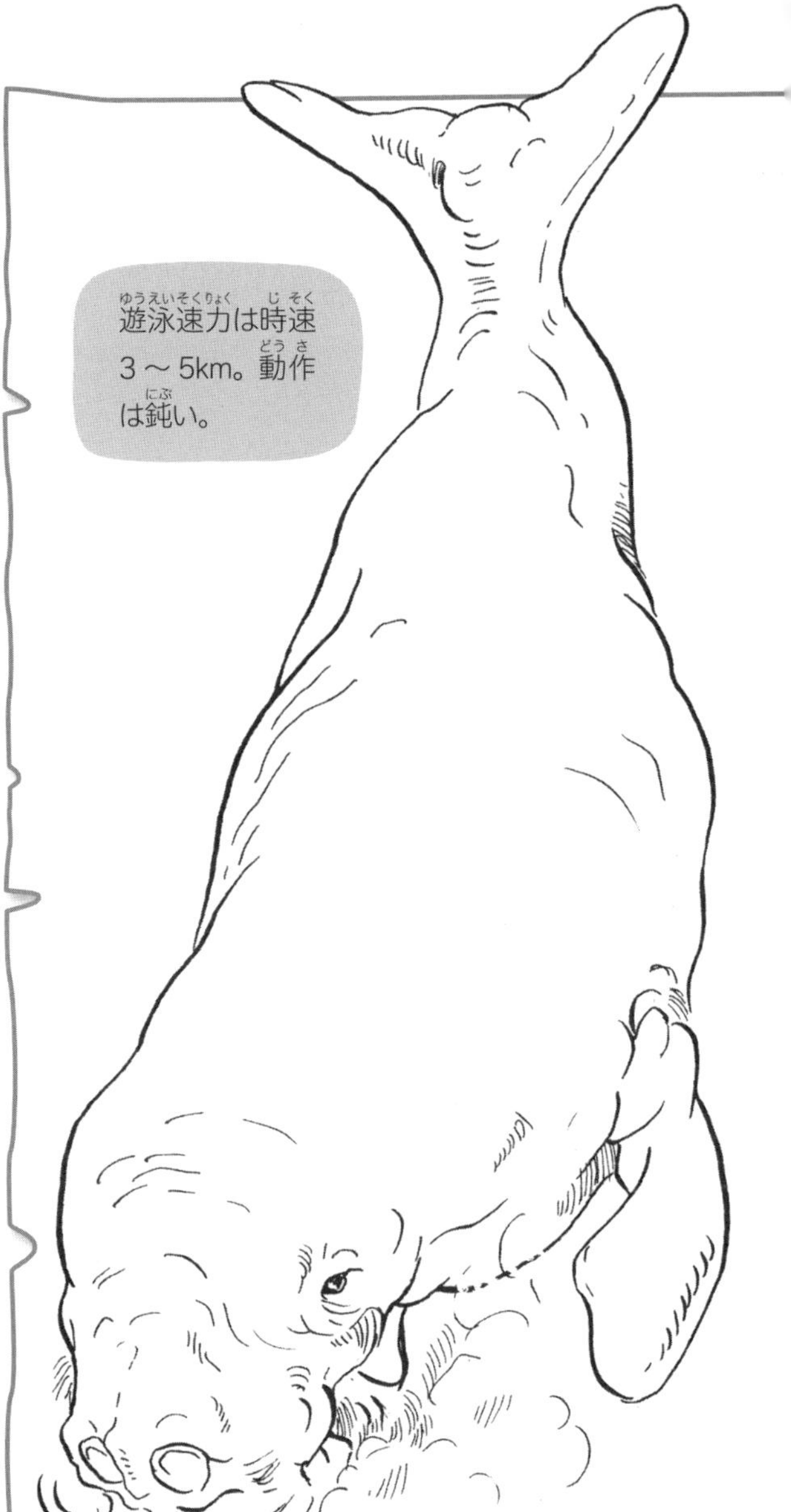
遊泳速力《ゆうえいそくりょく》は時速《じそく》3～5km。動作《どうさ》は鈍《にぶ》い。
鼻孔《びこう》は鼻先《はなさき》の上面《じょうめん》に開《あ》いていて、栓《せん》があり、水面《すいめん》で呼吸《こきゅう》するときに体《からだ》をほとんど空中《くうちゅう》に出《だ》さずに行《おこな》える。唇《くちびる》は厚《あつ》く、周囲《しゅうい》に約《やく》200本《ぽん》の触毛《しょくもう》が生《は》えている。

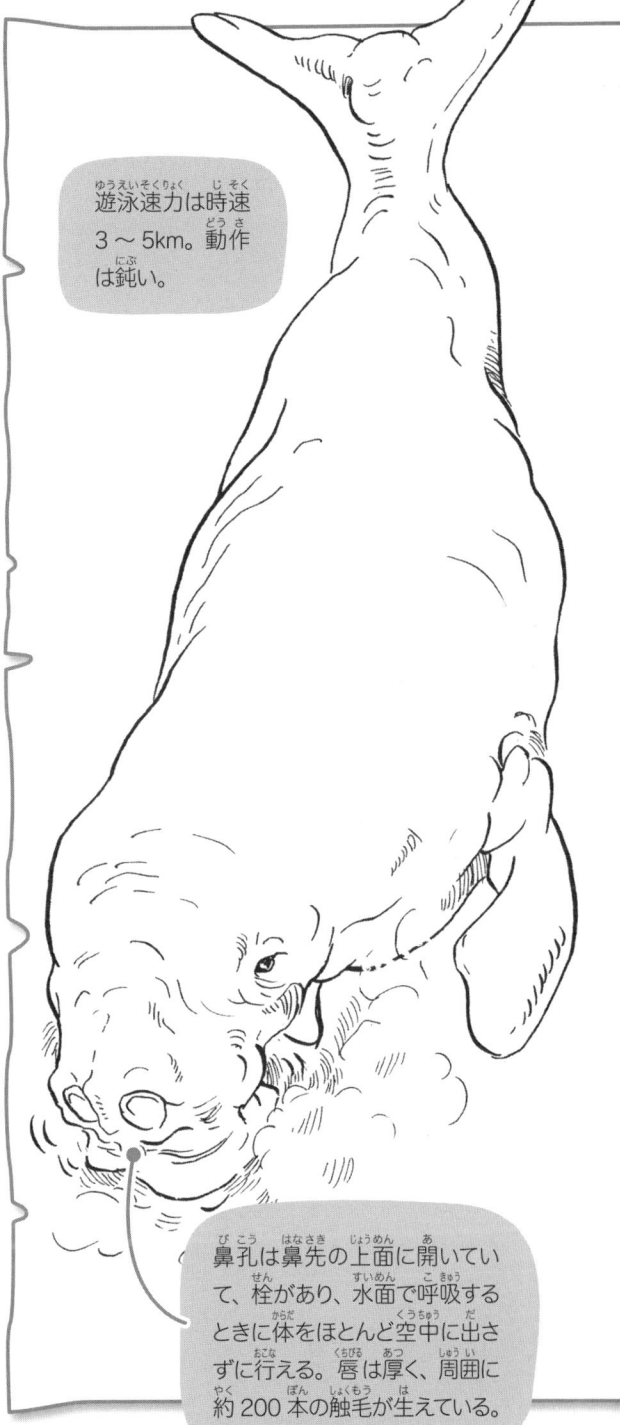

生《い》きていた200万年前《まんねんまえ》の化石《かせき》
チャコペッカリー

背中《せなか》のへそが珍

CHACOAN PECCARY

EN

ひと昔前《むかしまえ》まで「ヘソイノシシ」と呼《よ》ばれていた、背中《せなか》にへそがある**イノシシそっくりな偶蹄類《ぐうているい》**ペッカリー。

へそといっても、本当《ほんとう》のへそではなく、**背中《せなか》にへそのように見《み》える**〝**臭腺《しゅうせん》**〟をもつ。外見《がいけん》はイノシシだが、ペッカリー科《か》という独自《どくじ》の科《か》を築《きず》く。

彼《かれ》らは臭腺《しゅうせん》から麝香《じゃこう》の香《かお》りをただよわせ、**仲間《なかま》とにおいでコミュニケーション**をはかる。5～15、ときに100頭《とう》を超《こ》す群《む》れで行動《こうどう》する。高度《こうど》で平和的《へいわてき》な社会《しゃかい》をもち、利他《りた》的《てき》ともいえる行動《こうどう》を見《み》せる。たとえば天敵《てんてき》ジャガーに襲《おそ》われそうになると、群《む》れの1頭《とう》がジャガーに立《た》ち向《む》かう。その間《あいだ》にほかのものは逃走《とうそう》。ふつう群《む》れをなす草食獣《そうしょくじゅう》は、弱《よわ》いものがつかまってやられている間《あいだ》に、ほかのものが逃《に》げる。ペッカリーの場合《ばあい》、**自《みずか》らが生贄《いけにえ》になる**のである。

ペッカリーは現生《げんせい》3種《しゅ》いるが、もっとも珍《ちん》なのがチャコペッカリーだ。20世紀初頭《せいきしょとう》、200万年以上前《まんねんいじょうまえ》の南米大陸中央部《なんべいたいりくちゅうおうぶ》の大平原《だいへいげん》チャコの地《ち》層《そう》から、あるペッカリーの化石《かせき》が発《はっ》見《けん》された。動物学者《どうぶつがくしゃ》は、この種《しゅ》はすでに絶滅《ぜつめつ》していて、南米《なんべい》には2種《しゅ》のペッカリーしかいないと考《かんが》えた。

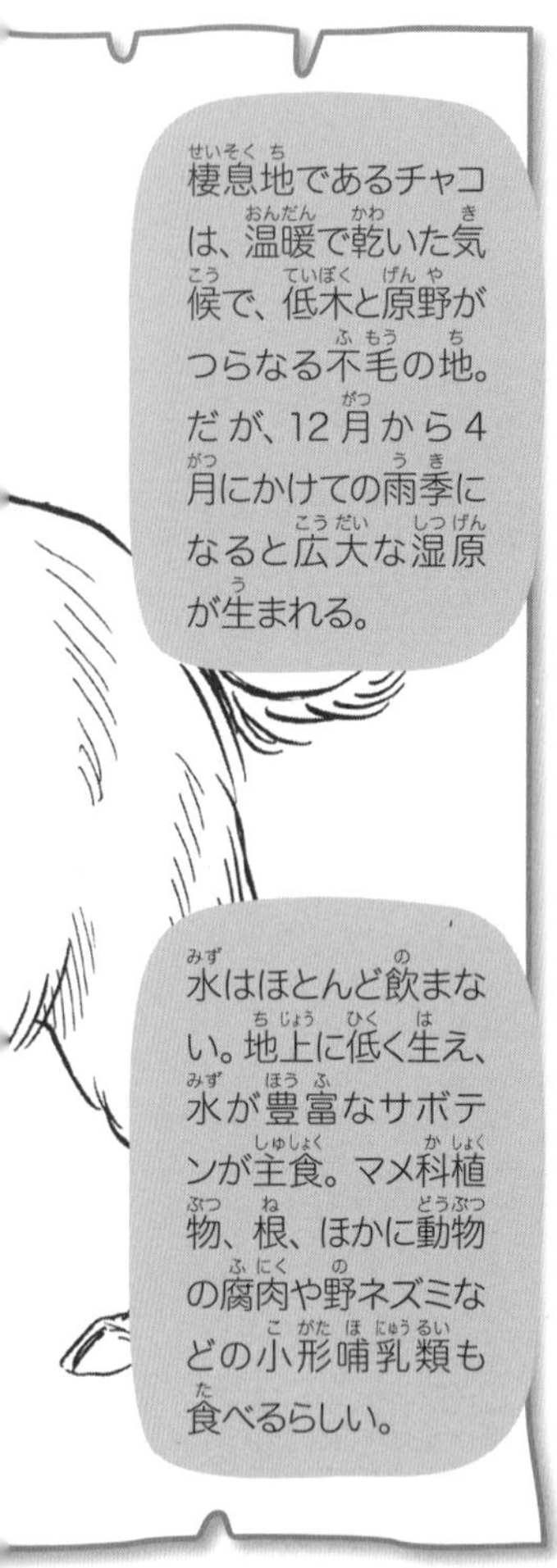
棲息地《せいそくち》であるチャコは、温暖《おんだん》で乾《かわ》いた気《き》候《こう》で、低木《ていぼく》と原野《げんや》がつらなる不毛《ふもう》の地《ち》。だが、12月《がつ》から4月《がつ》にかけての雨季《うき》になると広大《こうだい》な湿原《しつげん》が生《う》まれる。
水《みず》はほとんど飲《の》まない。地上《ちじょう》に低《ひく》く生《は》え、水《みず》が豊富《ほうふ》なサボテンが主食《しゅしょく》。マメ科植《かしょく》物《ぶつ》、根《ね》、ほかに動物《どうぶつ》の腐肉《ふにく》や野《の》ネズミなどの小形哺乳類《こがたほにゅうるい》も食《た》べるらしい。

珍メモ：チャコペッカリー以外《いがい》に、メキシコからパラグアイにかけて分布《ぶんぷ》し、熱帯雨林《ねったいうりん》の奥深《おくふか》くに棲《す》むクチジロペッカリーと、アメリカ合衆国南端《がっしゅうこくなんたん》からアルゼンチンまでの砂漠《さばく》、森林《しんりん》、熱帯雨林《ねったいうりん》に棲《す》むクビワペッカリーがいる。

チャコペッカリー

学名	*Catagonus wagneri*
英名	Chacoan peccary
分類	偶蹄目《ぐうていもく》（鯨《くじら》・偶蹄目《ぐうていもく》） ペッカリー科《か》
大きさ	体長90～111cm、尾長2.4～10.4cm、肩高52～69cm、体重29.5～40.0kg
分布	南《みなみ》アメリカ南部《なんぶ》（ボリビア南東部《なんとうぶ》、パラグアイ、アルゼンチン北部《ほくぶ》）

毛《け》づくろいをし合《あ》い、相手《あいて》の腺《せん》に喉《のど》と肩《かた》をこすりつけ、においを分《わ》かち合《あ》う。チャコペッカリーの場合《ばあい》、年齢《ねんれい》も雌雄《しゆう》もさまざまな4～5頭《とう》の群《む》れをつくる。争《あらそ》いもなく、順位《じゅんい》もない。
ペッカリーは革製品《かわせいひん》として有名《ゆうめい》で、ベルトやバッグに利用《りよう》される。毎年《まいとし》10万《まん》頭以上《とういじょう》が捕獲《ほかく》される。

しかし、地元《じもと》の人々《ひとびと》やその後移住《ごいじゅう》してきたスペイン人《じん》たちは、2種以《しゅい》外《がい》にもう1種《しゅ》、ペッカリーが存在《そんざい》することを知《し》っていた。3番目《ばんめ》のペッカリーは、肉《にく》や皮《かわ》がたくさんとれ、明《あき》らかに他《た》の2種《しゅ》とは異《こと》なることを認識《にんしき》していたのだ。

動物学者《どうぶつがくしゃ》が、この3番目《ばんめ》のペッカリーの存在《そんざい》に気《き》づき、新種《しんしゅ》「チャコペッカリー」として登録《とうろく》したのは1975年《ねん》。あらためて調《しら》べると、例《れい》の**200万年前《まんねんまえ》の化石《かせき》と同《おな》じもの**だということがわかったのである。

まさに生《い》きた化石《かせき》、チャコペッカリーも、今《いま》では絶滅《ぜつめつ》が危《あや》ぶまれるほど数《かず》を減《へ》らしている。狩猟《しゅりょう》、牧場《ぼくじょう》の拡大《かくだい》による食《た》べもの（サボテン）の減少《げんしょう》、家畜《かちく》からの感染症《かんせんしょう》……化石《かせき》になる日《ひ》が、刻々《こくこく》と近《ちか》づいている。

大佐《たいさ》が仕留《しと》めた幻《まぼろし》の巨大黒《きょだいくろ》ブタ

モリイノシシ

GIANT FOREST HOG

LC

モリイノシシは、**体長《たいちょう》2m、体重《たいじゅう》250kgにもおよぶ巨体《きょたい》**なのに、20世紀《せいき》まで見《み》つからなかった幻《まぼろし》の動物《どうぶつ》だった。幻《まぼろし》というのは、伝説《でんせつ》のように「**アフリカの密林《みつりん》に棲《す》むおそろしい巨大黒《きょだいくろ》ブタ**」の存在《そんざい》が噂《うわさ》されていたからだ。

最初《さいしょ》に文献《ぶんけん》に登場《とうじょう》するのは1668年《ねん》。アフリカを旅《たび》した人《ひと》の伝聞話《でんぶんばなし》『最新記述《さいしんきじゅつ》』に「大《おお》きな鋭《するど》い牙《きば》をもった巨大《きょだい》な黒《くろ》ブタ」のおそろしさが記《しる》されている。次《つぎ》は約《やく》200年後《ねんご》。ヘンリー・スタンレーというジャーナリストの探検記録《たんけんきろく》（1876〜1877）、そしてアフリカ研究家《けんきゅうか》ウィルヘルム・ユンカーの紀行記《きこうき》（1885〜1886）の中《なか》だ。だが、当時《とうじ》、本物《ほんもの》が見《み》つかることはなかった。

1903年《ねん》、ケニアに駐在《ちゅうざい》していた東《ひがし》アフリカ・ライフル隊隊長《たいたいちょう》のマイナーツァーゲン大佐《たいさ》は、村《むら》で子牛《こうし》ほどある獣《けもの》の皮《かわ》を発見《はっけん》する。続《つづ》いてケニア西部《せいぶ》ビクトリア湖《こ》のほとりで、1mを超《こ》える巨大《きょだい》な頭部《とうぶ》、それもまだ皮《かわ》がついているものを拾《ひろ》う。**角《かく》ばった額《ひたい》、奇妙《きみょう》な瘤《こぶ》、鋭《するど》く曲《ま》がった牙《きば》**……大佐《たいさ》の狩猟欲《しゅりょうよく》がわき上《あ》がった。「このどえらい奴《やつ》をぜひとも仕留《しと》めねば」。大佐《たいさ》は謎《なぞ》の黒《くろ》い怪物《かいぶつ》を求《もと》めて村々《むらむら》を調《しら》べ歩《ある》き、仕留《しと》めることに成功《せいこう》した。

イノシシだが見《み》たこともない。自《じ》分用《ぶんよう》の飾《かざ》りにするか迷《まよ》った挙句《あげく》、大《たい》佐《さ》はロンドンの動物学会《どうぶつがっかい》へと送《おく》った。

調査後《ちょうさご》、返事《へんじ》が届《とど》いた。新種《しんしゅ》のイノシシで、進化上貴重《しんかじょうきちょう》な種《しゅ》、さらに**学名《がくめい》に発見者《はっけんしゃ》である大佐《たいさ》の名《な》をつけた**、と書《か》かれていて、大佐《たいさ》は感激《かんげき》。

モリイノシシの棲息地《せいそくち》は人《ひと》が入《はい》れない深《ふか》い森《もり》。それゆえ見《み》つからずにきた。狩猟目的《しゅりょうもくてき》ではあったが、大佐《たいさ》の熱意《ねつい》と獲物《えもの》を学会《がっかい》に送《おく》る判断《はんだん》が、幻《まぼろし》の獣《けもの》を現実《げんじつ》のものに変《か》えたのだ。

珍メモ：イボ、カワ、モリのアフリカ産《さん》イノシシ3種《しゅ》は、アフリカ豚《ぶた》コレラの病原《びょうげん》ウイルスをもつ。彼《かれ》らは発病《はつびょう》しないが、ダニによって媒介《ばいかい》され、家畜《かちく》のブタに感染《かんせん》するため、野生《やせい》イノシシの撲滅作戦《ぼくめつさくせん》を展開《てんかい》する地域《ちいき》もある。

学名	*Hylochoerus meinertzhageni*
英名	Giant forest hog
分類	偶蹄目《ぐうていもく》(鯨《くじら》・偶蹄目《ぐうていもく》)イノシシ科《か》
大きさ	体長1.3〜2.1m、 尾長30〜45cm、 体重130〜275kg
分布	中央《ちゅうおう》アフリカのコンゴ盆地《ぼんち》、 西《にし》アフリカおよび東《ひがし》アフリカ

大佐《たいさ》が仕留《しと》めた個体《こたい》は、体長《たいちょう》2.1 m、尾長《びちょう》30 〜 45cm、体重《たいじゅう》275kg もある巨体《きょたい》だった。
オスの牙《きば》は 40 〜 130cm に達《たっ》する。
草原《そうげん》と森《もり》の間《あいだ》に出《で》てきて草《くさ》を食《た》べる。イネ科《か》植物《しょくぶつ》を食《た》べることに特殊化《とくしゅか》。鼻《はな》は原始的《げんしてき》でやわらかい。他《た》の雑食性《ざっしょくせい》のイノシシ類《るい》のように鼻《はな》で土《つち》を掘《ほ》り返《かえ》すことはあまりない。

新世界《しんせかい》の木登《きのぼ》りヤマアラシ

カナダヤマアラシ

NORTH AMERICAN PORCUPINE

“ヤマアラシ”の珍

LC

生後間《せいごま》もない子《こ》は毛《け》が生《は》えているが、数時間《すうじかん》～数日《すうじつ》たつと棘化《とげか》。ふわふわの下毛《したげ》とかたい上毛《うわげ》があり、長《なが》さは旧世界《きゅうせかい》のものより短《みじか》く3～4cm。約《やく》3万本《まんぼん》生《は》え、腰《こし》と尾《お》はとくに密生《みっせい》。

天敵《てんてき》はピューマなど。敵《てき》が近《ちか》づくと尻《しり》を向《む》け、棘《とげ》の少《すく》ない頭《あたま》を前足《まえあし》の間《あいだ》に突《つ》っ込《こ》む。敵《てき》に触《ふ》れられると尾《お》を横《よこ》に振《ふ》り、相手《あいて》の顔《かお》や前肢《ぜんし》に10本以上《ぼんいじょう》もの棘《とげ》を突《つ》き刺《さ》す。

木登《きのぼ》りのときにバランスをとる尾《お》。木登《きのぼ》りだけでなく泳《およ》ぎも上手《じょうず》。

学名	*Erethizon dorsatum*
英名	North american porcupine
分類	齧歯目《げっしもく》（ネズミ目《もく》） アメリカヤマアラシ科《か》
大きさ	体長64.5～68cm、尾長14.5～30cm、体重3.5～7kg
分布	北《きた》アメリカ（アラスカ北部《ほくぶ》からメキシコ北部《ほくぶ》）

珍メモ：2014年《ねん》にブラジルのリオデジャネイロで、アメリカヤマアラシが女性《じょせい》の頭《あたま》に落《お》ちてくる事件《じけん》が起《お》こった。頭《あたま》には270本《ぼん》もの棘《とげ》が刺《さ》さった。アメリカヤマアラシはそのまま遁走《とんそう》。女性《じょせい》は棘《とげ》を抜《ぬ》く治療《ちりょう》を受《う》けた。

カナダヤマアラシ

ヤマアラシといえば誰《だれ》もがトゲトゲの動物《どうぶつ》をイメージする。厳密《げんみつ》にいうと、ヤマアラシとつくものは2グループある。旧世界《きゅうせかい》（ユーラシア南部《なんぶ》からアフリカにかけて）のヤマアラシ科《か》と、新世界《しんせかい》（南北《なんぼく》アメリカ）のアメリカヤマアラシ科《か》だ。

どちらの科《か》のヤマアラシも、**全身《ぜんしん》に鋭《するど》くとがった棘《とげ》**が生《は》え、**先端《せんたん》に釣《つ》り針《ばり》のような返《かえ》し**がついている。この棘《とげ》は毛《け》が変化《へんか》したもので、抜《ぬ》けやすく、天敵《てんてき》の防衛《ぼうえい》に使《つか》う。〝返《かえ》し〟のおかげで刺《さ》さると簡単《かんたん》には抜《ぬ》けず、だんだん食《く》い込《こ》んでいく。天敵《てんてき》が棘《とげ》にやられ、足《あし》を負傷《ふしょう》しようものなら、そのまま餓死《がし》することも珍《めずら》しくない。

棘《とげ》をもつゆえにヤマアラシ同士《どうし》がそばに近《ちか》づけない「ヤマアラシのジレンマ」という言葉《ことば》がある。実際《じっさい》にはそんなことはない。**交尾《こうび》のときはメスが棘《とげ》を下方《かほう》に向《む》けてオスを受《う》け入《い》れる**。ケガをすることはない。

ヤマアラシと名《な》がつく動物《どうぶつ》に共通《きょうつう》する点《てん》は多々《たた》あるが、じつは旧世界《きゅうせかい》ヤマアラシと新世界《しんせかい》アメリカヤマアラシは、ネズミなどと同《おな》じ**齧歯類《げっしるい》であるという以上《いじょう》の類縁関係《るいえんかんけい》はない**。これだけ似《に》ているのに系統的《けいとうてき》には親戚《しんせき》でもなんでもないのだ。

旧世界《きゅうせかい》のものは穴掘《あなほ》りが得意《とくい》で尾《お》が短《みじか》いが、新世界《しんせかい》のものは木登《きのぼ》りが得意《とくい》で尾《お》が長《なが》い。骨《ほね》や歯《は》も異《こと》なる。

アメリカヤマアラシ類《るい》は哺乳類《ほにゅうるい》が栄《さか》え始《はじ》めた**約《やく》３０００万年前《まんねんまえ》の漸新世前期《ぜんしんせいぜんき》に、アジアからアメリカに渡《わた》った齧歯類《げっしるい》の子孫《しそん》**だと思《おも》われる。旧世界《きゅうせかい》の化石《かせき》が発見《はっけん》されたのは、ずっとあとの５００万年前《まんねんまえ》のものだ。

適応放散《てきおうほうさん》で地球《ちきゅう》をうめつくすネズミの仲間《なかま》たち

ヤマアラシが属《ぞく》する齧歯類《げっしるい》は哺乳類全《ほにゅうるいぜん》体《たい》の約《やく》4分《ぶん》の1を占《し》めるほど繁栄《はんえい》している。

基本的《きほんてき》に動物《どうぶつ》は、同《おな》じ場所《ばしょ》に同《おな》じ食《た》べものとねぐらをもつ種《しゅ》が複数《ふくすう》いることができない。そこにより適応《てきおう》した強《つよ》い種《しゅ》が生《い》き残《のこ》り、はじかれたものは新天地《しんてんち》に向《む》かうしかない。齧歯類《げっしるい》は、熱帯《ねったい》からツンドラ、低《てい》地《ち》から高山《こうざん》、都市《とし》から郊外《こうがい》と、約《やく》1700種《しゅ》にも姿形《すがたかたち》を変《か》えて分布《ぶんぷ》している。これを「適応放散《てきおうほうさん》」という。

アメリカヤマアラシやリス、ヤマネは樹《じゅ》上《じょう》へ、ウロコオリス（P72）は空《そら》、ヌートリアやビーバーは川《かわ》、デバネズミ（P42）は地下《ちか》へと分布《ぶんぷ》を広《ひろ》げていったのだ。

限《かぎ》りなく絶滅《ぜつめつ》に近《ちか》い太古《たいこ》のサイ

スマトラサイ

2本《ほん》角《づの》の珍

SUMATRAN RHINOCEROS

CR

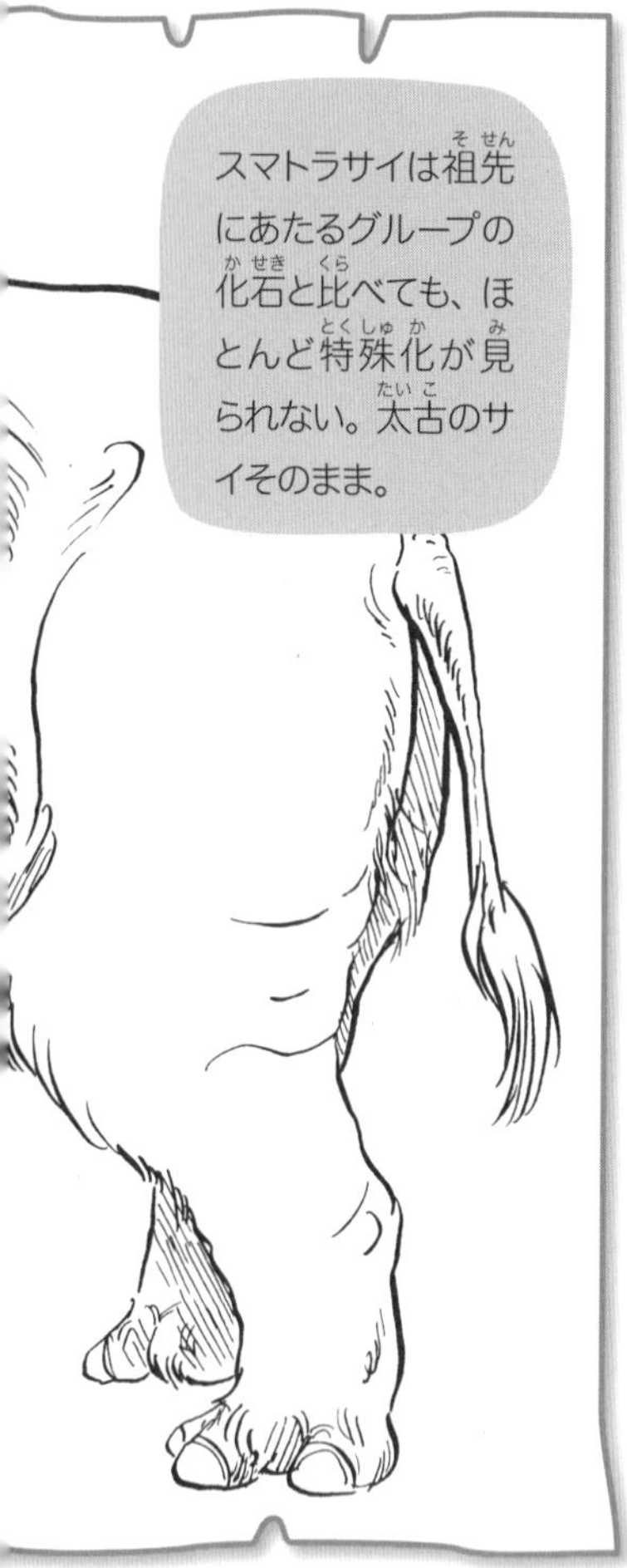
スマトラサイは祖先《そせん》にあたるグループの化石《かせき》と比《くら》べても、ほとんど特殊化《とくしゅか》が見《み》られない。太古《たいこ》のサイそのまま。

現《げん》在《ざい》、世界《せかい》に生《い》きているサイは5種《しゅ》いる。アジアにいるサイがジャワ、スマトラ、インドサイ。そしてアフリカにいるサイがクロサイとシロサイである。**どのサイも限《かぎ》りなく絶滅《ぜつめつ》に近《ちか》い珍獣《ちんじゅう》**である。種類《しゅるい》によって1～2本《ほん》の角《つの》がある。**ジャワとインドが一角《いっかく》で、アフリカの2種《しゅ》が二角《にかく》。スマトラサイはアジアでは異例《いれい》の二角《にかく》**だ。

サイ類《るい》を絶滅《ぜつめつ》に追《お》い込《こ》んだ原因《げんいん》は、この角《つの》にある。開発《かいはつ》による棲息地《せいそくち》の破壊《はかい》とともに、角《つの》を狙《ねら》った密猟《みつりょう》があとをたたない。古来《こらい》サイの角《つの》は媚《び》薬《やく》になるとされ、珍重《ちんちょう》されてきた。

サイの角《つの》は、人間《にんげん》の**髪《かみ》の毛《け》や爪《つめ》と同《おな》じで皮膚《ひふ》が角質化《かくしつか》してできたもの**で、一生《いっしょう》のび続《つづ》ける。角《つの》を粉末《ふんまつ》にして飲《の》んだところで、科学的《かがくてき》には何《なん》の効果《こうか》もない。

日本《にほん》でも1970年代《ねんだい》に入《はい》っても、1kg110万円《まんえん》もの値段《ねだん》で取引《とりひき》されていた。毎年《まいとし》1トンもの角《つの》を輸《ゆ》入《にゅう》し、ある大手製薬会社《おおてせいやくがいしゃ》ではそれを心臓病《しんぞうびょう》の薬《くすり》に加《くわ》えていたという。

日本《にほん》ではワシントン条約《じょうやく》批准後《ひじゅんご》、角《つの》の輸入《ゆにゅう》は禁止《きんし》された。しかし世界《せかい》のどこかでは密猟《みつりょう》が行《おこな》われている。

珍メモ：サイ類《るい》は飼育下《しいくか》での繁殖《はんしょく》が難《むずか》しい。スマトラサイは1889年《ねん》カルカッタ動物園《どうぶつえん》で繁殖《はんしょく》に成功《せいこう》したが、以降《いこう》、2001年《ねん》シンシナティ動物園《どうぶつえん》での人工繁殖《じんこうはんしょく》まで記録《きろく》は途《と》絶《だ》えた。野生《やせい》の生息数《せいそくすう》は150～300頭以下《とういか》だと考《かんが》えられている。

泥浴《どろあ》びが大好《だいす》き。昼間《ひるま》は泥地《どろち》や隠《かく》れ場《ば》にいる。
二角《にかく》。雌雄《しゆう》ともにある。敵《てき》からの防衛用《ぼうえいよう》に使《つか》う。切《き》りとられると致命傷《ちめいしょう》になる。
熱帯雨林《ねったいうりん》に単《たん》独《どく》で暮《く》らす。まれに雌雄《しゆう》のペアで過《す》ごす。
唇《くちびる》が発達《はったつ》。早朝《そうちょう》と夕方《ゆうがた》に、木《こ》の葉《は》、小枝《こえだ》、竹《たけ》、果実《かじつ》などをつまむようにしてとる。
体《からだ》には長《なが》い毛《け》が生《は》えている。

スマトラサイ

学名	*Dicerorhinus sumatrensis*
英名	Sumatran rhinoceros
分類	奇蹄目《きていもく》（ウマ目《もく》） サイ科《か》
大きさ	体長240～320cm、尾長約50cm、肩高112～145cm、体重約1000kg
分布	東南《とうなん》アジア（ミャンマーからタイ、ベトナム、マレー半島《はんとう》、スマトラ、ボルネオ）

二角《にかく》のスマトラサイは、サイ類《るい》のなかでは**もっとも小《ちい》さく、毛《け》が生《は》えている**。もっとも古《ふる》い哺乳類《ほにゅうるい》のひとつだ。サイ類《るい》は4000万年《まんねん》ほど前《まえ》の始新世《ししんせい》の時代《じだい》には存在《そんざい》し、北《きた》アメリカやヨーロッパで進化《しんか》していった。

3200万年《まんねん》ほど前《まえ》の漸新世《ぜんしんせい》のヨーロッパは、〝サイの国《くに》〟と呼《よ》べるほどサイだらけだった。スマトラサイの系統《けいとう》はこの時代《じだい》に登場《とうじょう》した。**〝マンモスの弟《おとうと》〟と称《しょう》されるケブカサイと同系統《どうけいとう》**だと考《かんが》えられている。

スマトラサイはその頃《ころ》から姿《すがた》も習《しゅう》性《せい》も変《か》わらずに生《い》き続《つづ》ける〝生《い》きた化石《かせき》〟。スマトラサイを調《しら》べると、太古《たいこ》のサイのことがわかるかもしれない。それほど貴重《きちょう》な種《しゅ》なのだ。

角《つの》の消費国《しょうひこく》だった日本《にほん》にも、サイを絶滅《ぜつめつ》から救《すく》う責任《せきにん》はあるだろう。

珍獣《ちんじゅう》Q&A

Q. 珍獣《ちんじゅう》に会《あ》うにはどうすればいい?

動物園《どうぶつえん》、市場《いちば》も狙《ねら》い目《め》

アマゾンやニューギニアの熱帯雨林《ねったいうりん》、ヒマラヤの高地《こうち》の森林《しんりん》、シベリアの酷寒《こっかん》のツンドラなどに行《い》かないと珍獣《ちんじゅう》にはお目《め》にかかれないと思《おも》うかもしれない。そういった地域《ちいき》に出《で》かけることも大切《たいせつ》だが、動物《どうぶつ》の勉強《べんきょう》をし、その知識《ちしき》をもって動物園《どうぶつえん》や水族館《すいぞくかん》から出《だ》される情報《じょうほう》に注意《ちゅうい》していると、国内《こくない》でも出会《であ》える。日本《にほん》にも卵《たまご》を産《う》む珍獣《ちんじゅう》ハリモグラ(P124)や、謎《なぞ》のマダガスカルマングース科《か》のフォッサ(P26)が来《き》ていたりする。公益社団法人日本動物園水族館協会《こうえきしゃだんほうじんにほんどうぶつえんすいぞくかんきょうかい》に加盟《かめい》している施設《しせつ》の動物《どうぶつ》は、インターネットで検索《けんさく》できる(http://jdb.jaza.jp/Animal/)。

もうひとつは市場《いちば》をまわるのだ。かつて魚《さかな》の専門家《せんもんか》が築地《つきじ》の魚市場《うおいちば》を毎朝訪《まいあさおとず》れて珍魚《ちんぎょ》を探《さが》していたそうだ。ラオスやベトナムの朝市《あさいち》でも珍獣《ちんじゅう》が発見《はっけん》されたりすることがよくある。

Q. 珍獣《ちんじゅう》を飼《か》うことはできるの?

できるが、まず目的《もくてき》が大事《だいじ》

種類《しゅるい》にもよるが、基本的《きほんてき》には珍《めずら》しい動物《どうぶつ》でも飼《か》うことはできる。

珍《めずら》しい動物《どうぶつ》は世界的《せかいてき》に保護《ほご》されているから難《むずか》しいが、さまざまな法律的《ほうりつてき》な手続《てつづ》きをすれば可能《かのう》だ。

飼育《しいく》して「何《なに》をするか」、が大切《たいせつ》だ。ただ漫然《まんぜん》と飼育《しいく》しても意味《いみ》がない。人《ひと》に見《み》せびらかして自慢《じまん》する、そんなことなら飼《か》うべきではない。

はっきりとした目的《もくてき》をもち、正《ただ》しく飼育《しいく》する技術《ぎじゅつ》と設備《せつび》を整《ととの》え、法的《ほうてき》な手続《てつづ》きをすれば、珍獣《ちんじゅう》を飼《か》うことはできる。

PART 4

僻地《へきち》に棲《す》む進化《しんか》の忘《わす》れもの

新《あたら》しい種《しゅ》の出現《しゅつげん》や地形《ちけい》の変動《へんどう》により、
高山《こうざん》、砂漠《さばく》、島《しま》などの僻地《へきち》に追《お》われ生《い》きのびた珍獣《ちんじゅう》たち

厳《きび》しい地域《ちいき》に生《い》きのびた珍獣《ちんじゅう》たち

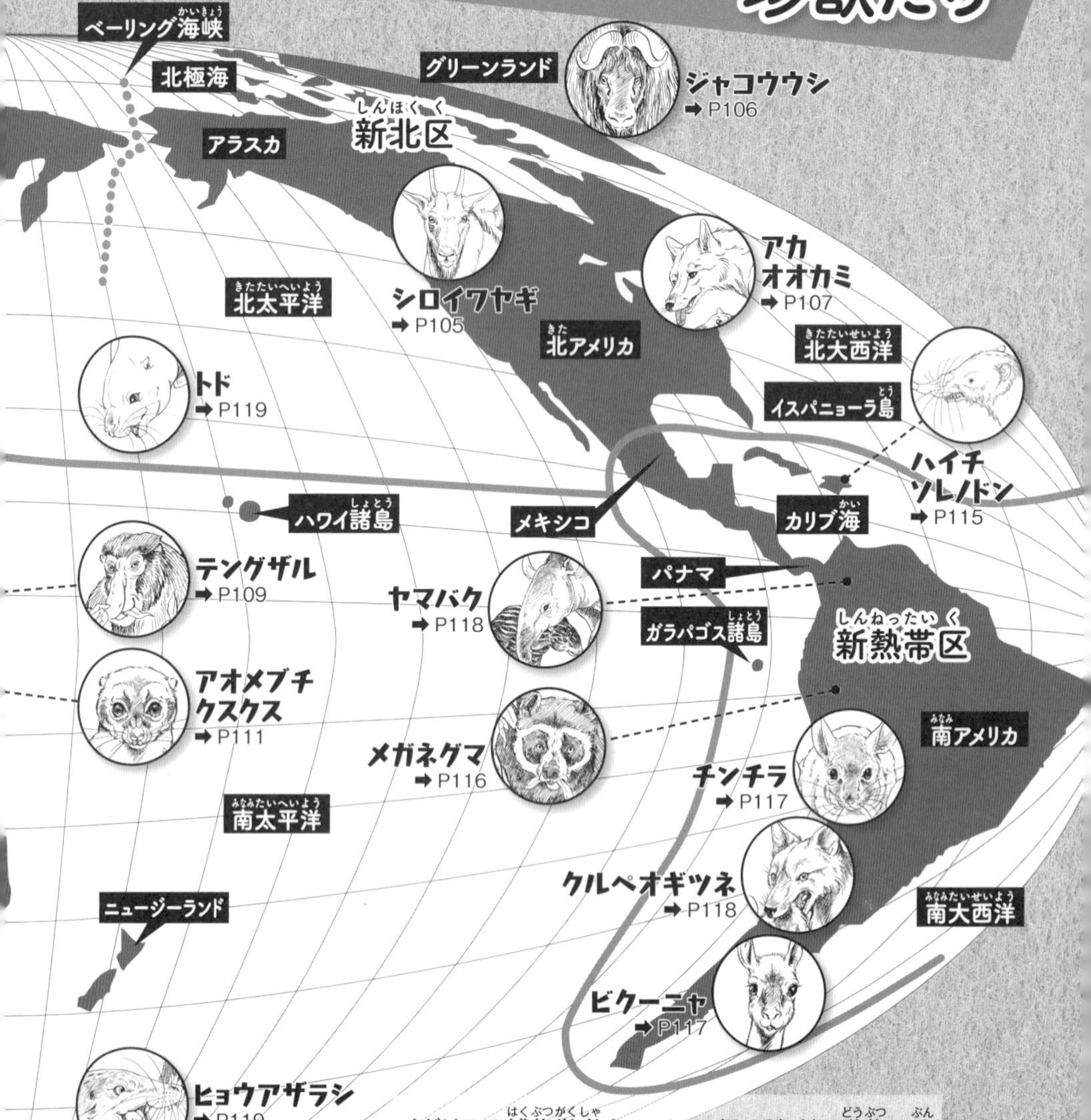

ベーリング海峡《かいきょう》
北極海
アラスカ
新北区《しんほくく》
グリーンランド
ジャコウウシ
➡P106
シロイワヤギ
➡P105
アカ
オオカミ
➡P107
北太平洋《きたたいへいよう》
北《きた》アメリカ
北大西洋《きたたいせいよう》
イスパニョーラ島《とう》
トド
➡P119
ハイチ
ソレノドン
➡P115
ハワイ諸島《しょとう》
メキシコ
カリブ海《かい》
テングザル
➡P109
パナマ
ヤマバク
➡P118
ガラパゴス諸島《しょとう》
新熱帯区《しんねったいく》
アオメブチ
クスクス
➡P111
南《みなみ》アメリカ
メガネグマ
➡P116
チンチラ
➡P117
南太平洋《みなみたいへいよう》
クルペオギツネ
➡P118
南大西洋《みなみたいせいよう》
ニュージーランド
ビクーニャ
➡P117
ヒョウアザラシ
➡P119

イギリスの博物学者《はくぶつがくしゃ》ウォーレス（P48）が、動物《どうぶつ》の分《ぶん》布《ぶ》を調《しら》べて動物《どうぶつ》たちの棲《す》む場所《ばしょ》を6つの大《おお》きな地区《ちく》に分けたものを動物地理区《どうぶつちりく》と言《い》う。各地区《かくちく》には、気候《きこう》によってさまざまな地域が生まれる。珍獣《ちんじゅう》は、生物《せいぶつ》がより生《い》きにくい厳《きび》しい地域《ちいき》に生《い》きのびたものが多《おお》い。

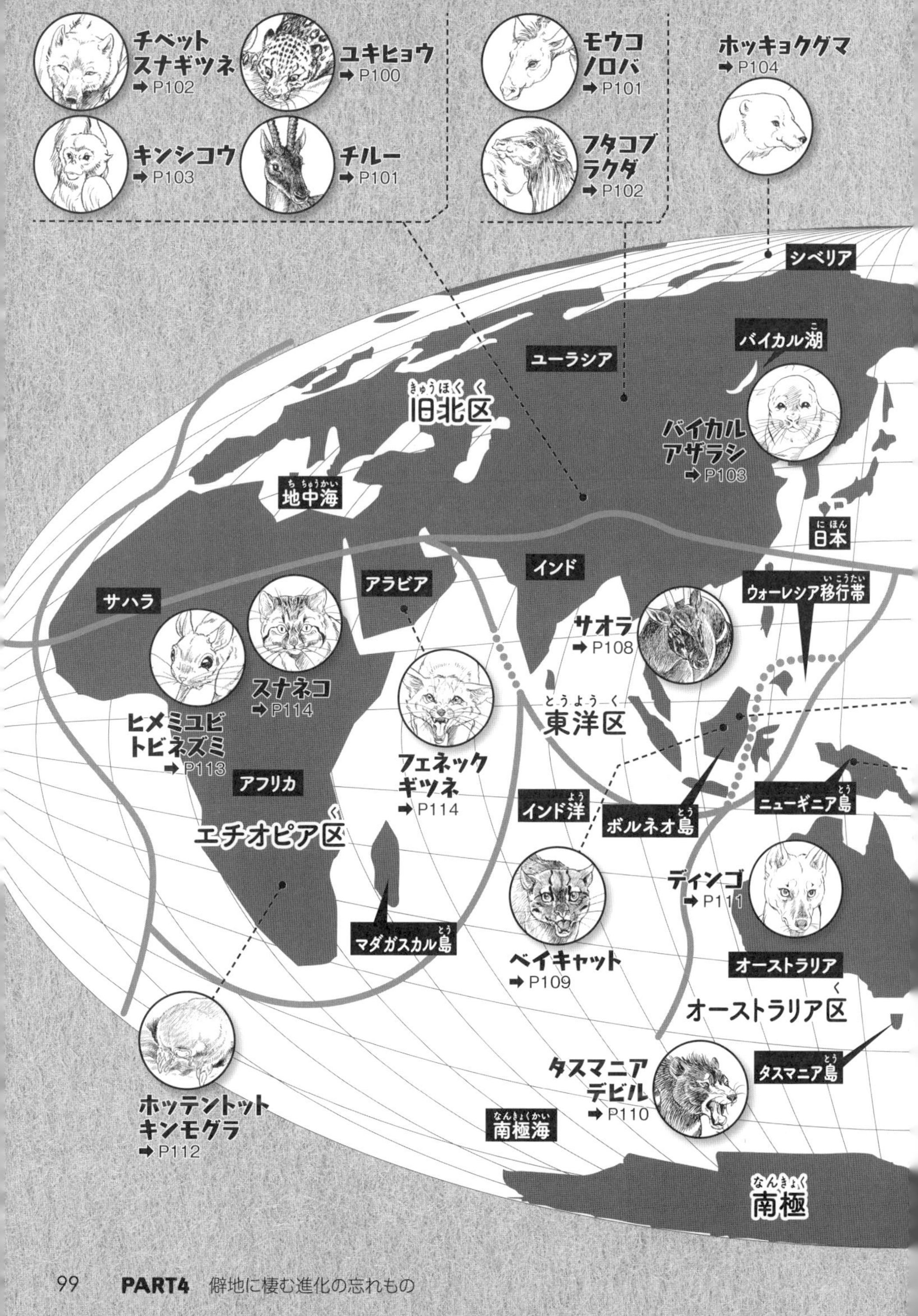

チベットスナギツネ
➡P102
ユキヒョウ
➡P100
キンシコウ
➡P103
チルー
➡P101
モウコノロバ
➡P101
フタコブラクダ
➡P102
ホッキョクグマ
➡P104
シベリア
バイカル湖《こ》
ユーラシア
旧北区《きゅうほくく》
バイカルアザラシ
➡P103
地中海《ちちゅうかい》
日本《にほん》
インド
アラビア
ウォーレシア移行帯《いこうたい》
サハラ
サオラ
➡P108
スナネコ
➡P114
東洋区《とうようく》
ヒメミユビトビネズミ
➡P113
アフリカ
フェネックギツネ
➡P114
インド洋《よう》
ボルネオ島《とう》
ニューギニア島《とう》
エチオピア区《く》
ディンゴ
➡P111
マダガスカル島《とう》
ベイキャット
➡P109
オーストラリア
オーストラリア区《く》
タスマニアデビル
➡P110
タスマニア島《とう》
ホッテントットキンモグラ
➡P112
南極海《なんきょくかい》
南極《なんきょく》

旧北区《きゅうほくく》の珍獣《ちんじゅう》たち

じつは雪男《ゆきおとこ》の正体《しょうたい》？

山岳地帯《さんがくちたい》

ユキヒョウ

EN

美《うつく》しい名《な》と体《からだ》をもつ猛獣《もうじゅう》。彼《かれ》らの棲《す》むエリアには、古《ふる》くから雪男《ゆきおとこ》（イエティ）伝説《でんせつ》が残《のこ》る。以前《いぜん》、雪男《ゆきおとこ》を探《さが》しに出《で》かけた日本《にほん》のテレビスタッフが、現地《げんち》の岩屋《いわや》に罠《わな》をしかけた。カメラは三脚《さんきゃく》ごと倒《たお》され、カメラストラップがちぎれ、映像《えいぞう》こそ残《のこ》らなかったものの、スタッフは「雪男《ゆきおとこ》の撮影《さつえい》に成功《せいこう》!」と喜《よろこ》び帰国《きこく》した。岩屋《いわや》の入《い》り口《ぐち》に太《ふと》い1本《ぽん》の糞《ふん》があり、それを持《も》ち帰《かえ》った。

私《わたし》は糞《ふん》の鑑定《かんてい》を依頼《いらい》された。そっと糞《ふん》をかぐと、伝《つた》わってきたのはネコ科《か》特有《とくゆう》の甘《あま》ったるいにおい。ユキヒョウのものだったのだ。雪男《ゆきおとこ》の足跡《あしあと》はユキヒョウのものではないかともいわれている。用心深《ようじんぶか》いユキヒョウこそ、雪男《ゆきおとこ》の正体《しょうたい》なのかもしれない。

東《ひがし》アジアからヨーロッパに至《いた》る広大《こうだい》な旧北区《きゅうほくく》。強風《きょうふう》&低温《ていおん》の山岳地帯《さんがくちたい》、寒冷《かんれい》で不毛《ふもう》な岩場《いわば》などで生《い》きのびた珍獣《ちんじゅう》だ。

険《けわ》しい岩山《いわやま》をバットのような太《ふと》く長《なが》い尾《お》でバランスをとり駆《か》け抜《ぬ》ける。
15 mの距離《きょり》がある断崖《だんがい》を跳《と》び越《こ》え、6mも垂直《すいちょく》に跳《と》び上《あ》がる。
獲物《えもの》は、アイベックス、バーラル、ジャコウジカなど。

学名	*Panthera uncia*
英名	Snow leopard
分類	食肉目《しょくにくもく》(ネコ目《もく》) ネコ科《か》
大きさ	体長100～130cm、尾長80～100cm、肩高約60cm、体重25～75kg
分布	ヒマラヤ、チベットから中央《ちゅうおう》アジア

山岳地帯《さんがくちたい》ってどんな場所《ばしょ》？

平均気温《へいきんきおん》10°C以下《いか》。岩《いわ》だらけの高山《こうざん》。強風《きょうふう》が吹《ふ》き乾燥《かんそう》。標高《ひょうこう》が 100 m上《あ》がるごとに 0.6°Cずつ気温《きおん》が低《ひく》くなり、夏《なつ》でも雪《ゆき》が降《ふ》り積《つ》もることも。分厚《ぶあつ》い毛皮《けがわ》におおわれ、岩登《いわのぼ》りが得意《とくい》な動物《どうぶつ》が多《おお》い。

珍メモ:ユキヒョウの体毛《たいもう》は厚《あつ》く、腹部《ふくぶ》で8～10cmもある。毛皮目的《けがわもくてき》の狩《か》り、家畜《かちく》を守《まも》るための捕殺《ほさつ》、開発《かいはつ》で、現在《げんざい》の頭数《とうすう》は2500頭《とう》を下《した》まわる。

交尾期《こうびき》の冬場《ふゆば》は、オスが10～20頭《とう》のメスを従《したが》える。他《た》のオスと角《つの》で闘《たたか》い、深《ふか》い傷《きず》を受《う》け、死《し》ぬものも。

上質《じょうしつ》な毛皮《けがわ》をもつ

チルー

高地《こうち》ステップ

EN

寒冷地《かんれいち》に棲《す》むチルーの毛皮《けがわ》は上質《じょうしつ》で、色《いろ》も美《うつく》しい。「シャトゥーシュ（〝毛織物《けおりもの》の王《おう》〞の意《い》でパシュミナを上まわる最高級《さいこうきゅう》の希少品《きしょうひん》）」という超高級《ちょうこうきゅう》ショールになる。1枚《まい》のショールに最低《さいてい》3頭《とう》のチルーの毛《け》皮《がわ》が必要《ひつよう》。現在《げんざい》では毛皮《けがわ》の取《とり》引《ひき》は禁止《きんし》されている。

それでも、猟《りょう》、密《みつ》輸《ゆ》は絶《た》えず、絶滅《ぜつめつ》の危機《きき》に瀕《ひん》している。

学名	*Pantholops hodgsonii*
英名	Chiru、Tibetan antelope
分類	偶蹄目《ぐうていもく》（鯨《くじら》・偶蹄目《ぐうていもく》）ウシ科《か》
大きさ	体長120～130cm、尾長18～30cm、肩高80～90cm、体重25～50kg、メスはやや小《ちい》さい
分布	チベット、青海《チンハイ》、およびインドのラダックの高原《こうげん》

ステップってどんな場所《ばしょ》？

シベリアから中央《ちゅうおう》アジアにかけて広《ひろ》がる温帯草原《おんたいそうげん》をステップと呼《よ》ぶ。夏《なつ》は乾燥《かんそう》し、冬《ふゆ》は寒冷《かんれい》で樹木《じゅもく》が育《そだ》たない。

臆病《おくびょう》で小心《しょうしん》。危険《きけん》を察知《さっち》すると時速《じそく》70kmで猛《もう》ダッシュ。

EN

砂漠地帯《さばくちたい》

野生馬《やせいば》の生《い》き残《のこ》り

モウコノロバ

野生《やせい》のロバでノロバ。ロバは額《ひたい》にたてがみがないので、ウマより間《ま》が抜《ぬ》けて見《み》えるが、ノロバは中間《ちゅうかん》的《てき》。ウマとの違《ちが》いは尾《お》。末端《まったん》だけ被毛《ひもう》におおわれている。ウマの仲間《なかま》はほとんどが絶滅《ぜつめつ》、または家畜化《かちくか》されたなか、ノロバは厳《きび》しい砂漠《さばく》で生《い》きのびてきた。

学名	*Equus hemionus hemionus*
英名	Mongolian wild ass
分類	奇蹄目《きていもく》（ウマ目《もく》）ウマ科《か》
大きさ	肩高約130cm、体重約260kg
分布	中国西北部《ちゅうごくせいほくぶ》とモンゴル

家畜化《かちくか》されていないラクダ

フタコブラクダ

砂漠地帯《さばくちたい》

CR

家畜化《かちくか》されていない。10 分間《ぶんかん》に 92 リットル以上《いじょう》もの水《みず》を飲《の》む。渇《かわ》きであばらが浮《う》き出《で》ても、すぐに回復《かいふく》。水《みず》は胃《い》にとどまらず、組織《そしき》の間《あいだ》に入《はい》り込《こ》む。夏《なつ》は水分《すいぶん》の少《すく》ない濃《こ》い尿《にょう》が少量《しょうりょう》（1日《にち》1リットル）。夜《よる》 34℃、日中《にっちゅう》 40℃に体温《たいおん》が変化《へんか》し、汗《あせ》をかかない。体重《たいじゅう》の 25％の水分《すいぶん》を失《うしな》っても生《い》きられる。

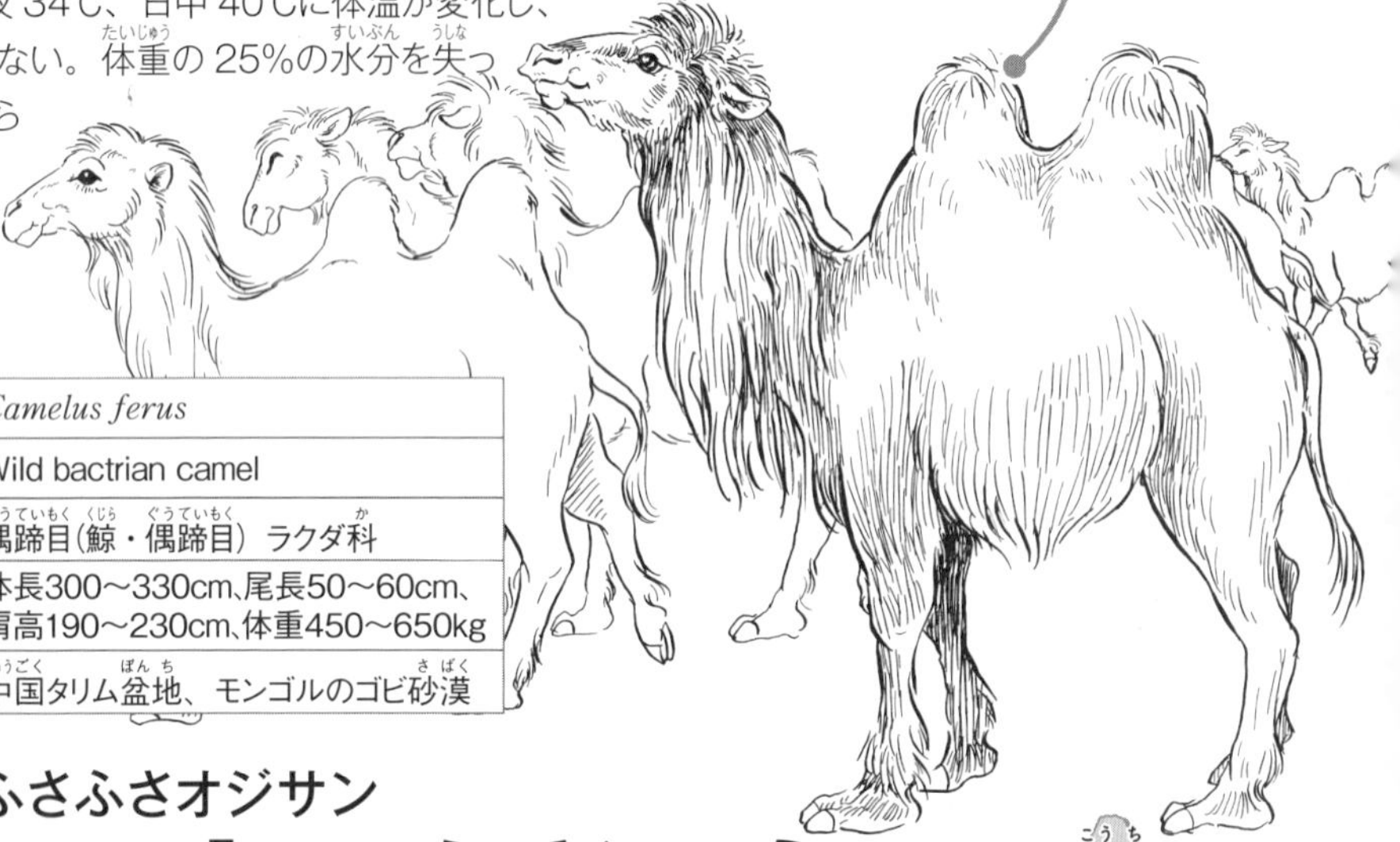
毛《け》や背《せ》のコブは断熱《だんねつ》
材《ざい》の役目《やくめ》。腹部《ふくぶ》には
脂肪《しぼう》がほとんどなく、
放熱《ほうねつ》しやすい。

学名	*Camelus ferus*
英名	Wild bactrian camel
分類	偶蹄目《ぐうていもく》(鯨《くじら》・偶蹄目《ぐうていもく》) ラクダ科《か》
大きさ	体長300～330cm、尾長50～60cm、肩高190～230cm、体重450～650kg
分布	中国《ちゅうごく》タリム盆地《ぼんち》、モンゴルのゴビ砂漠《さばく》

顔毛《かおげ》ふさふさオジサン

チベットスナギツネ

LC

高地《こうち》ステップ

標高《ひょうこう》 3000 m以上《いじょう》に達《たっ》する高山《こうざん》の高原《こうげん》や乾燥地《かんそうち》に棲《す》む。生態《せいたい》はよくわかっていない。コサックギツネによく似《に》ており、近縁《きんえん》。

コサックギツネとの競合《きょうごう》の果《は》てに、高地《こうち》にのみ生《い》き残《のこ》るようになったようだ。堆積《たいせき》した玉石《たまいし》の下《した》や大《おお》きな岩《いわ》の下《した》に巣穴《すあな》を設《もう》ける。齧歯類《げっしるい》、ナキウサギ類《るい》、地上《ちじょう》に巣《す》づくりをする鳥類《ちょうるい》とその卵《たまご》や雛《ひな》が獲物《えもの》。

学名	*Vulpes ferrilata*
英名	Tibetan fox
分類	食肉目《しょくにくもく》(ネコ目《もく》) イヌ科《か》
大きさ	体長57～70cm、尾長30～47.5cm、肩高約30cm、体重4～6.kg
分布	チベットとネパールの高山《こうざん》・高原《こうげん》

コサックより顔《かお》の毛《け》
が多《おお》い。オジサン顔《がお》
が日本《にほん》でも人気《にんき》。

娼婦《しょうふ》にも似《に》ている孫悟空《そんごくう》

キンシコウ

山岳地帯《さんがくちたい》

EN

　中国《ちゅうごく》の標高《ひょうこう》 3000m の地帯《ちたい》に棲息《せいそく》する金色《きんいろ》のサル。孫悟空《そんごくう》のモデルとして有名《ゆうめい》だが、学名《がくめい》のいわれは別《べつ》にある。発見《はっけん》された 1870 年《ねん》、反《そ》り返《かえ》った鼻《はな》をおもしろがった動物学者《どうぶつがくしゃ》のミルヌ＝エドヴァール教授《きょうじゅ》（P80）は、トルコ皇帝《こうてい》の宮廷《きゅうてい》にいたロシア人《じん》の娼婦《しょうふ》ロクセラーヌの肖像画《しょうぞうが》を思《おも》い出《だ》した。後《のち》に結婚《けっこん》して王妃《おうひ》となった人物《じんぶつ》だ。彼女《かのじょ》は赤《あか》みがかった金髪《きんぱつ》で、上《うえ》を向《む》いた鼻《はな》……彼《かれ》は美《うつく》しくも鼻《はな》が空《そら》を向《む》いたサルに「ロクセラーヌの鼻《はな》をもったサル」と名《な》づけて発表《はっぴょう》したのだ。

学名	*Rhinopithecus roxellana*
英名	Golden snub-nosed monkey
分類	霊長目《れいちょうもく》（サル目《もく》）オナガザル科《か》
大きさ	体長58～76cm、尾長53～72cm、体重8.5～21kg
分布	中国《ちゅうごく》の四川省《しせんしょう》、カンスー省《しょう》、雲南省《うんなんしょう》、チベット

特徴的《とくちょうてき》な反《そ》り返《かえ》った鼻《はな》は、口吻《こうふん》より奥《おく》まったところにある。

湖《みずうみ》に迷《まよ》い込《こ》んだ

バイカルアザラシ

LC

湖《みずうみ》

　バイカル湖《こ》は 300 本以上《ぼんいじょう》の川《かわ》が注《そそ》ぐ世界一深《せかいいちふか》い湖《みずうみ》だ。流出《りゅうしゅつ》するのは、北極海《ほっきょくかい》に続《つづ》くエニセイ川《がわ》につながるアンガラ川《がわ》のみ。バイカルアザラシがこの湖《みずうみ》に棲《す》みついたのは氷河時代《ひょうがじだい》のことだ。祖先《そせん》は北極海《ほっきょくかい》に棲《す》んでいた。寒冷期《かんれいき》に南下《なんか》したものの、誤《あやま》ってエニセイ川《がわ》に入《はい》り込《こ》み、バイカル湖《こ》に達《たっ》した。温暖《おんだん》になっても、彼《かれ》らは唯一《ゆいいつ》の淡水《たんすい》アザラシとして居続《いつづ》けているのだ。

学名	*Pusa sibirica*
英名	Baikal seal
分類	食肉目《しょくにくもく》（ネコ目《もく》）アザラシ科《か》
大きさ	全長110～142cm、体重50～130kg
分布	アジア東部《とうぶ》のバイカル湖《こ》

冬場《ふゆば》は水中《すいちゅう》のほうが陸《りく》よりあたたかいため、湖《みずうみ》の氷《こおり》に穴《あな》を開《あ》け水中《すいちゅう》で過《す》ごす。最長《さいちょう》 20 ～ 25 分《ふん》に 1 回《かい》、穴《あな》から顔《かお》を出《だ》して呼吸《こきゅう》するので、穴《あな》はふさがらない。

もはや珍獣《ちんじゅう》になりつつある

グリズリーとの愛《あい》に走《はし》るか?

ホッキョクグマ

VU

ホッキョクグマは、数十万年前《すうじゅうまんねんまえ》にヒグマから分《わ》かれ、北極圏《ほっきょくけん》という氷《こおり》の世界《せかい》に適《てき》応《おう》し、グリズリー（ハイイログマ、ヒグマの亜種《あしゅ》）などとはまったく違《ちが》う外見《がいけん》になった珍《めずら》しい動物《どうぶつ》である。

クマの仲間《なかま》はアジアで発展《はってん》し、ヒグマがアジアから北《きた》アメリカへと進出《しんしゅつ》したとき、あぶれて極寒《ごっかん》の地《ち》に生《い》きのびたのが彼《かれ》らだ。北極圏《ほっきょくけん》には肉食《にくしょく》の大形獣《おおがたじゅう》がいなかったため、ホッキョクグマは生態系《せいたいけい》の王者《おうじゃ》として、アザラシなどを狩《か》って繁栄《はんえい》してきた。

北極《ほっきょく》は、大陸《たいりく》に囲《かこ》まれた海《うみ》の中心《ちゅうしん》に氷《こおり》が浮《う》いた状態《じょうたい》。ホッキョクグマの狩《か》りにはこの浮氷《ふひょう》が欠《か》かせない。浮氷《ふひょう》に乗《の》ってアザラシに近《ちか》づき、襲《おそ》いかかる。

地球温暖化《ちきゅうおんだんか》によって氷《こおり》が少《すく》なくなると、ホッキョクグマは狩《か》りができなくなる。氷《こおり》の世界《せかい》が消《き》えれば、そこに適応《てきおう》したホッキョクグマは絶滅《ぜつめつ》に追《お》いやられる。

獲物《えもの》をとれなくなった彼《かれ》らは、食《た》べものを求《もと》め、内陸《ないりく》を目指《めざ》す。最近報《さいきんほう》じられるグリズリーとの交雑《こうざつ》は、ホッキョクグマとグリズリーの棲息圏《せいそくけん》が重《かさ》なってきたためだ。

氷《こおり》の世界《せかい》への適応《てきおう》は氷《こおり》がなくなれば絶《ぜつ》滅《めつ》という袋小路《ふくろこうじ》への進化《しんか》だが、ホッキョクグマは温暖化《おんだんか》により種《しゅ》の絶滅《ぜつめつ》か、雑種化《ざっしゅか》して遺伝子《いでんし》の一部《いちぶ》を残《のこ》すのかの選択《せんたく》を迫《せま》られている。

学名	*Ursus maritimus*
英名	Polar bear
分類	食肉目《しょくにくもく》（ネコ目《もく》） クマ科《か》
大きさ	体長200～250cm、尾長7.6～12.7cm、肩高160cm、体重オスは300～800kg、メスは150～300kg
分布	北極圏《ほっきょくけん》とその流氷域《りゅうひょういき》

新北区《しんほくく》の珍獣《ちんじゅう》たち

メキシコ以北《いほく》のアメリカ大陸《たいりく》・新北区《しんほくく》・西端《せいたん》はベーリング海峡《かいきょう》。氷河期《ひょうがき》のたびにこの海峡《かいきょう》が旧北区《きゅうほくく》とつながり陸橋《りくばし》がかかった。両地区《りょうちく》には共通《きょうつう》の種《しゅ》が多《おお》いなか、新北区《しんほくく》にしかいない珍獣《ちんじゅう》たち。

冬《ふゆ》は分厚《ぶあつ》い毛《け》におおわれる。白《しろ》が雪《ゆき》の中《なか》で保護色《ほごしょく》になる。
蹄《ひづめ》で岩場《いわば》をしっかりつかむことができる。

垂直《すいちょく》の岩場《いわば》でジャンプ

シロイワヤギ

山岳地帯《さんがくちたい》

LC

北《きた》アメリカ大陸《たいりく》を北西《ほくせい》から南東《なんとう》にかけて走《はし》るロッキー山脈《さんみゃく》。シロイワヤギは3000m級《きゅう》の山々《やまやま》に囲《かこ》まれた山岳地帯《さんがくちたい》で生《い》きる。白《しろ》く長《なが》い毛《け》におおわれ、140kg近《ちか》い大《おお》きさのものも。断崖絶壁《だんがいぜっぺき》をほぼ垂直《すいちょく》に駆《か》け下《お》りることができるほど、発達《はったつ》した足腰《あしこし》と蹄《ひづめ》をもつ。

天敵《てんてき》はほとんどいない。子《こ》どもはピューマやコヨーテなどに狙《ねら》われることもあるが、彼《かれ》らの跳躍《ちょうやく》には誰《だれ》もかなわない。

学名	*Oreamnos americanus*
英名	Mountain goat
分類	偶蹄目《ぐうていもく》(鯨《くじら》・偶蹄目《ぐうていもく》) ウシ科《か》
大きさ	体長120～160cm、 尾長10～20cm、 肩高90～120cm、 体重46～140kg
分布	北《きた》アメリカ北西部《ほくせいぶ》の高山《こうざん》

ツンドラってどんな場所《ばしょ》?

平坦《へいたん》でコケや地衣類《ちいるい》しかない。寒冷《かんれい》で夏《なつ》でも0°Cにしかならず、表面《ひょうめん》は氷結《ひょうけつ》し、地下《ちか》に万年凍結《まんねんとうけつ》の地層《ちそう》がある。トナカイやホッキョクオオカミなどがいる。

円陣《えんじん》をつくると動《うご》かない。オオカミには効果《こうか》的《てき》だが、武器《ぶき》をもつ人間《にんげん》には動《うご》かないことが仇《あだ》になり、激減《げきげん》をはやめることになった。
とても毛《け》が長《なが》い。頸《くび》、胸元《むなもと》、後半身《こうはんしん》の毛《け》は60～90cm。
繁殖期《はんしょくき》になるとオスの眼《め》の下《した》の腺《せん》（眼下腺《がんかせん》）から麝香《じゃこう》のようなにおいが出《で》る。

円陣《えんじん》を組《く》んで子《こ》を守《まも》る

ジャコウウシ

ツンドラ

LC

学名	*Ovibos moschatus*
英名	Musk ox
分類	偶蹄目《ぐうていもく》（鯨《くじら》・偶蹄目《ぐうていもく》）ウシ科《か》
大きさ	体長190～230cm、尾長9～10cm、肩高120～151cm、体重200～410kg
分布	グリーンランド、北《きた》アメリカ北部《ほくぶ》

ジャコウウシの天敵《てんてき》はホッキョクオオカミだ。群《む》れから外《はず》れた子《こ》どもは真《ま》っ先《さき》に狙《ねら》われる。オオカミが来《く》ると、おとなは顔《かお》を外《そと》に向《む》けて円陣《えんじん》をつくり、その中《なか》に子《こ》を入《い》れて守《まも》る。

対《たい》オオカミだけでなく寒《さむ》さが厳《きび》しいときもこの方法《ほうほう》をとる。彼《かれ》らの毛《け》は地面《じめん》まで垂《た》れ下《さ》がっているため、円陣《えんじん》の中《なか》はあたたかいテントのようになる。ジャコウウシはこうして円陣《えんじん》によって子《こ》どもを失《うしな》うことなく、極寒《ごっかん》の地《ち》で生《い》きのびてきたのである。

オオカミとコヨーテの中間形《ちゅうかんけい》

湿地帯《しっちたい》 CR

アカオオカミ

学名	*Canis rufus*
英名	Red wolf
分類	食肉目《しょくにくもく》(ネコ目《もく》) イヌ科《か》
大きさ	体長110～130cm、 尾長30～42cm、 肩高66～79cm、体重20～40kg
分布	ノースカロライナ州《しゅう》の保護地区《ほごちく》

新北区《しんほくく》に広《ひろ》く分布《ぶんぷ》するハイイロオオカミより小《ちい》さく、コヨーテより大きい。2者《しゃ》の中間的《ちゅうかんてき》な北米《ほくべい》の特産種《とくさんしゅ》。開発《かいはつ》が進《すす》み、コヨーテと棲息《せいそく》地《ち》がかぶるようになり、交雑《こうざつ》が増《ふ》えた。

また家畜《かちく》を襲《おそ》う理由《りゆう》で駆除対象《くじょたいしょう》となり、一時《いちじ》期《き》14頭《とう》まで減《へ》ってしまった。

齧歯類《げっしるい》やシカ類《るい》を獲物《えもの》とするが、個体数《こたいすう》が減《へ》ったため、これらが増《ふ》えすぎて生態系《せいたいけい》が破壊《はかい》されるおそれが出《で》た。ノースカロライナ州政府《しゅうせいふ》が協力《きょうりょく》し、1970年代《ねんだい》からアカオオカミ回復計《かいふくけい》画《かく》を実施《じっし》。2002年《ねん》は野生《やせい》と飼育下《しいくか》合《あ》わせて250～285頭《とう》まで数《かず》を増《ふ》やしている。

湿地帯《しっちたい》ってどんな場所《ばしょ》?

湿地《しっち》とは、定期的《ていきてき》に水《みず》におおわれる低地《ていち》を指《さ》し、コケ類《るい》や藻類《そうるい》、プランクトンなどが豊富《ほうふ》。浸水《しんすい》するため人間《にんげん》の開発《かいはつ》を免《まぬが》れ、野生生物《やせいせいぶつ》の棲息地《せいそくち》だ。

群《む》れ(パック)はつくらず、終身《しゅうしん》ペアで生《せい》活《かつ》する。年《ねん》1回《かい》春先《はるさき》に3～4頭《とう》の子《こ》を産《う》む。

角《つの》はまっすぐで50cm程度《ていど》ある。
体色《たいしょく》は美《うつく》しいチョコレート色《いろ》。顔《かお》、足先《あしさき》、尻《しり》に白斑《はくはん》があり華《はな》やか。

東洋区《とうようく》の珍獣《ちんじゅう》たち

東南《とうなん》アジアの熱帯《ねったい》の島々《しまじま》・東洋区《とうようく》。陸地《りくち》から隔離《かくり》された島《しま》や、森林《しんりん》の奥深《おくふか》く、チベットから続《つづ》く高地《こうち》に取《と》り残《のこ》された珍獣《ちんじゅう》だ。

20世紀《せいき》に発見《はっけん》された森《もり》の乙女《おとめ》

サオラ

森林地帯《しんりんちたい》　CR

ベトナム中部《ちゅうぶ》の猟師《りょうし》の間《あいだ》で、昔《むかし》から“森《もり》の乙女《おとめ》”と呼《よ》ばれる美《うつく》しいヤギがいるといわれてきた。1993年《ねん》にようやく発見《はっけん》され新種《しんしゅ》と認定《にんてい》。DNA分析《ぶんせき》によるとヤギではなくジャコウウシ（P106）と近縁《きんえん》だとわかった。500万《まん》～100万年前《まんねんまえ》にこの周辺《しゅうへん》にもオリックス類《るい》の祖先《そせん》がいて、一部《いちぶ》インドシナの森《もり》に逃《に》げ生《い》きのびたのだろう。

近辺《きんぺん》では、20世紀《せいき》に入《はい》り、サオラ以外《いがい》にもカニョウ（P17）やネジツノカモシカなどの新種《しんしゅ》が見《み》つかっている。ラオスは陸《りく》の孤島《ことう》で、氷河期《ひょうがき》に隔離《かくり》されていたエリア。奥地《おくち》でひっそり生《い》きる珍獣《ちんじゅう》が今《いま》も残《のこ》っているのだ。

学名	*Pseudoryx nghetinhensis*
英名	Saola
分類	偶蹄目《ぐうていもく》（鯨《くじら》・偶蹄目《ぐうていもく》）ウシ科《か》
大きさ	体長150cm、肩高80～90cm、体重約100kg
分布	ベトナムからラオスの森林奥地《しんりんおくち》

長《なが》い鼻《はな》はモテの秘訣《ひけつ》

テングザル

島《しま》 EN

　ボルネオ島《とう》だけに棲《す》む立派《りっぱ》な鼻《はな》のサル。葉《は》しか食《た》べないリーフモンキーだ。食事時《しょくじどき》には鼻《はな》を持《も》ち上《あ》げながら、主食《しゅしょく》であるマングローブなどの木《き》の若葉《わかば》や新芽《しんめ》を口《くち》に運《はこ》ぶことも。鼻《はな》はメスへの性的《せいてき》アピールで、巨《きょ》大《だい》なほどモテる。モテると子孫《しそん》が残《のこ》せるため、代々鼻《だいだいはな》が巨大化《きょだいか》していったのだろう。

学名	*Nasalis larvatus*
英名	Proboscis monkey
分類	霊長目《れいちょうもく》(サル目《もく》) オナガザル科《か》
大きさ	オスは体長66〜76cm、尾長約67cm、体重12〜24kg、メスは体長53〜61cm、尾長約57cm、体重7〜12kg
分布	ボルネオ島《とう》

植物《しょくぶつ》の繊維質《せんいしつ》を消化《しょうか》するためウシのようにくびれた大《おお》きな胃《い》をもち布袋腹《ほていばら》をしている。

別名《べつめい》ボルネオヤマネコ。胸《むね》にぼんやりとした斑点《はんてん》、腹《はら》に斑点《はんてん》、顔《かお》と額《ひたい》にかすかな線《せん》がある。

島《しま》 EN

ヤマネコの進化《しんか》のカギ

ベイキャット

　ボルネオ島《とう》にだけ棲《す》むヤマネコ。大《おお》きさ以外《いがい》はアジアゴールデンキャットにそっくり。ゴールデンキャットの祖先《そせん》に近《ちか》い原始的《げんしてき》な種《しゅ》。島《しま》ができたときに周囲《しゅうい》から隔離《かくり》されて生《い》き残《のこ》ったのではないか。ヤマネコの進《しん》化《か》のカギをにぎる重要《じゅうよう》な種《しゅ》だと考《かんが》えられている。

　私《わたし》が90年代後半《ねんだいこうはん》にラオスを訪《おとず》れたときに、ラオスにもベイキャットが棲息《せいそく》しているかもしれないという情《じょう》報《ほう》を得《え》た。残念《ざんねん》ながらその後《ご》、ボルネオ島《とう》でもラオスでもベイキャットの詳細《しょうさい》は明《あき》らかになっていない。

学名	*Pardofelis badia*
英名	Bay cat
分類	食肉目《しょくにくもく》(ネコ目《もく》) ネコ科《か》
大きさ	体長50〜60cm、尾長35〜40cm、推定体重2〜3kg
分布	ボルネオ島《とう》

オーストラリア区《く》の珍獣《ちんじゅう》たち

オーストラリア、ニュージーランドを含《ふく》むエリア。大陸移動《たいりくいどう》の時代《じだい》に孤立《こりつ》しているため島《しま》と同《おな》じ現象《げんしょう》が見《み》られる。哺乳類中《ほにゅうるいちゅう》の珍《ちん》・単孔類《たんこうるい》や有袋類《ゆうたいるい》が生《い》き残《のこ》った。

屍肉《しにく》のお掃除部隊《そうじぶたい》　島《しま》　EN

タスマニアデビル

　タスマニア島《とう》の悪魔《あくま》、タスマニアデビルは小《ちい》さいが獰猛《どうもう》。フクロオオカミ（タスマニアンタイガー）絶滅後《ぜつめつご》、有袋類最大《ゆうたいるいさいだい》の肉食獣《にくしょくじゅう》。

　変《か》わっているのは交尾《こうび》の仕方《しかた》。4月《がつ》にペアになり、交尾《こうび》までの2週間《しゅうかん》の準備期間《じゅんびきかん》、オスがメスを巣穴《すあな》に閉《と》じ込《こ》める。交尾《こうび》になると、メスが反撃《はんげき》。うなり咬《か》みつき追《お》い払《はら》う。

　子育《こそだ》ては丁寧《ていねい》だ。子《こ》は袋《ふくろ》で育《そだ》ったあとも、やわらかい草《くさ》を敷《し》き詰《つ》めた巣穴《すあな》で大事《だいじ》に育《そだ》てられる。袋《ふくろ》と巣穴両方《すあなりょうほう》で子育《こそだ》てする有袋類《ゆうたいるい》は珍《めずら》しく、意外《いがい》と愛情深《あいじょうぶか》い悪魔《あくま》なのだ。

学名	*Sarcophilus harrisii*
英名	Tasmanian devil
分類	有袋目《ゆうたいもく》(カンガルー目《もく》) フクロネコ科《か》
大きさ	体長53～80cm、 尾長23～30cm、 体重4～12kg
分布	オーストラリアのタスニア島《とう》

スカベンジャー（腐肉《ふにく》あさり屋《や》）だが、狩《か》りもする。カエルやカニのほかに家畜類《かちくるい》、鳥類《ちょうるい》も食《た》べる。

ワラビーやカンガルーの死体《したい》をむさぼることも。うなり声《ごえ》を上《あ》げながら食《た》べる。

クスクス類《るい》は毛皮《けがわ》や肉《にく》が狩猟対象《しゅりょうたいしょう》となる。

学名	*Spilocuscus wilsoni*
英名	Blue-eyed spotted cuscus
分類	有袋目《ゆうたいもく》(カンガルー目《もく》) クスクス科《か》
大きさ	(ブチクスクス)体長34.8〜65cm、尾長31.5〜60cm、体重1.5〜6kg
分布	ニューギニア島《とう》インドネシア領《りょう》

青《あお》い瞳《ひとみ》の新種《しんしゅ》 島《しま》 CR

アオメブチクスクス

2004年《ねん》に発見《はっけん》された新種《しんしゅ》。美《うつく》しい淡《あわ》いブルーの眼《め》をもち、体《からだ》にまだら模様《もよう》がある。ブチクスクスの仲間《なかま》だが、ほかの種《しゅ》よりは小形《こがた》。発見後《はっけんご》も野生《やせい》の個体《こたい》があまり見《み》つからないため、詳細《しょうさい》がわかっていない。

ちなみに、「クスクス」とは現地《げんち》の言葉《ことば》で〝悪臭《あくしゅう》〟の意味《いみ》。クスクス類《るい》のオスは、スカンクに負《ま》けない悪臭《あくしゅう》を放《はな》つ。

赤褐色《せきかっしょく》で尾先《おさき》や足《あし》先《さき》は白色《はくしょく》。

学名	*Canis dingo*
英名	Dingo
分類	食肉目《しょくにくもく》(ネコ目《もく》) イヌ科《か》
大きさ	体長約86〜98cm、尾長26〜36cm、肩高約55cm、体重9.6〜19.4kg
分布	オーストラリア大陸《たいりく》

元祖《がんそ》イヌ

ディンゴ

島《しま》 評価なし

オーストラリア土着《どちゃく》の、一見紀州犬《いっけんきしゅういぬ》のように見《み》える中形《ちゅうがた》のイヌ。イヌよりも口吻《こうふん》が長《なが》く、聴胞《ちょうほう》が大《おお》きい。長《なが》く細《ほそ》い犬歯《けんし》に大《おお》きな裂肉歯《れつにくし》。石器時代《せっきじだい》のイヌの原種《げんしゅ》に酷似《こくじ》している。オーストラリア先住民《せんじゅうみん》が、9000年前《ねんまえ》に連《つ》れていた家畜《かちく》が野生化《やせいか》したカイイヌだと考《かんが》えられている(そのため生息数《せいそくすう》の評価《ひょうか》なし)が、一方《いっぽう》で一度《いちど》も家畜化《かちくか》されていない野生《やせい》だという説《せつ》もある。

エチオピア区《く》の珍獣《ちんじゅう》たち

サハラ以南《いなん》のアフリカ大陸《たいりく》、エチオピア区《く》。生存条件《せいぞんじょうけん》が厳《きび》しい砂漠地帯《さばくちたい》に見事《みごと》に適応《てきおう》した珍獣《ちんじゅう》たちだ。

砂漠《さばく》のトンネル前進《ぜんしん》あるのみ

ホッテントットキンモグラ

砂漠地帯《さばくちたい》

LC

外見《がいけん》はモグラにそっくりだが、分子《ぶんし》レベルの研究《けんきゅう》ではモグラとの類縁《るいえん》はない。砂漠《さばく》にトンネルをつくり、ミミズを丸呑《まるの》みする。鼻《はな》と頭《あたま》と前足《まえあし》を使《つか》ってトンネルを掘《ほ》る。ふつうのモグラは手《て》でトンネルを掘《ほ》り、バックもできる。でもこのトンネルは砂漠《さばく》に掘《ほ》るため、通過《つうか》するそばから崩《くず》れて消《き》えていく。前進《ぜんしん》あるのみ。地表《ちひょう》にうねうね浅《あさ》い溝《みぞ》が残《のこ》る。

体温調整《たいおんちょうせい》が不完全《ふかんぜん》で、じっとしていると体温《たいおん》が下《さ》がり死《し》んでしまう。寝《ね》るときもいつも筋肉《きんにく》をピクつかせる。

トンネルが崩《くず》れていったあとがうねうねに。
ふつうのモグラの体毛《たいもう》は、毛《け》並《な》みがなくビロード状《じょう》だが、他《た》の動物《どうぶつ》のように後方《こうほう》に向《む》いている。毛《け》づくろいはしない。

濃《こ》い赤茶色《あかちゃいろ》の毛《け》で青銅色《せいどうしょく》の金属光沢《きんぞくこうたく》がある。

学名	*Amblysomus hottentotus*
英名	Hottentot golden mole
分類	食虫目《しょくちゅうもく》(テンレック目《もく》) キンモグラ科《か》
大きさ	体長9.5〜14.5cm、尾はない、 体重40〜105g
分布	アフリカ南部《なんぶ》

珍メモ：カリフォルニア大学《だいがく》の生物学者《せいぶつがくしゃ》スプリンガー氏《し》は「キンモグラの祖先《そせん》は恐竜《きょうりゅう》が徘徊《はいかい》していた白亜紀《はくあき》にあらわれ、恐竜絶滅後《きょうりゅうぜつめつご》にハイラックスやゾウなどアフリカ特有《とくゆう》の哺乳類《ほにゅうるい》に分化《ぶんか》したのではないか」という説《せつ》をあげている。

ちびっ子《こ》カンガルー

ヒメミユビトビネズミ

砂漠地帯《さばくちたい》

LC

学名	*Jaculus jaculus*
英名	Lesser egyptian jerboa
分類	齧歯目《げっしもく》（ネズミ目《もく》） トビネズミ科《か》
大きさ	体長9.5～16cm、尾長13～25cm、体重55～135g
分布	サハラ砂漠《さばく》、アラビア半島《はんとう》

ペットショップでも見《み》かける。カンガルーのように跳《は》ねるのが上手《じょうず》なトビネズミのなかでも、もっとも知《し》られている種《しゅ》だ。

トビネズミのグループは北《きた》アフリカから東《ひがし》アフリカの乾燥地帯《かんそうちたい》に分布《ぶんぷ》する。砂漠《さばく》には隠《かく》れる場所《ばしょ》が少《すく》なく、食《た》べものもあまりない。ジャンプ力《りょく》に優《すぐ》れたものが、効率《こうりつ》よく安全《あんぜん》に広範囲《こうはんい》を移動《いどう》でき、生《い》きのびた。現在《げんざい》では40種《しゅ》ほどに繁栄《はんえい》している。

ルーツは3390万《まん》～2300万年前《まんねんまえ》の漸新世《ぜんしんせい》。アジア原《げん》産《さん》。約《やく》530万年前《まんねんまえ》からの鮮新世《せんしんせい》に入《はい》ると一気《いっき》に栄《さか》えた。ユーラシアのステップを古代《こだい》のウマが走《はし》りまわっていた時《じ》代《だい》に、彼《かれ》らの足元《あしもと》を跳《と》びまわっていたのである。

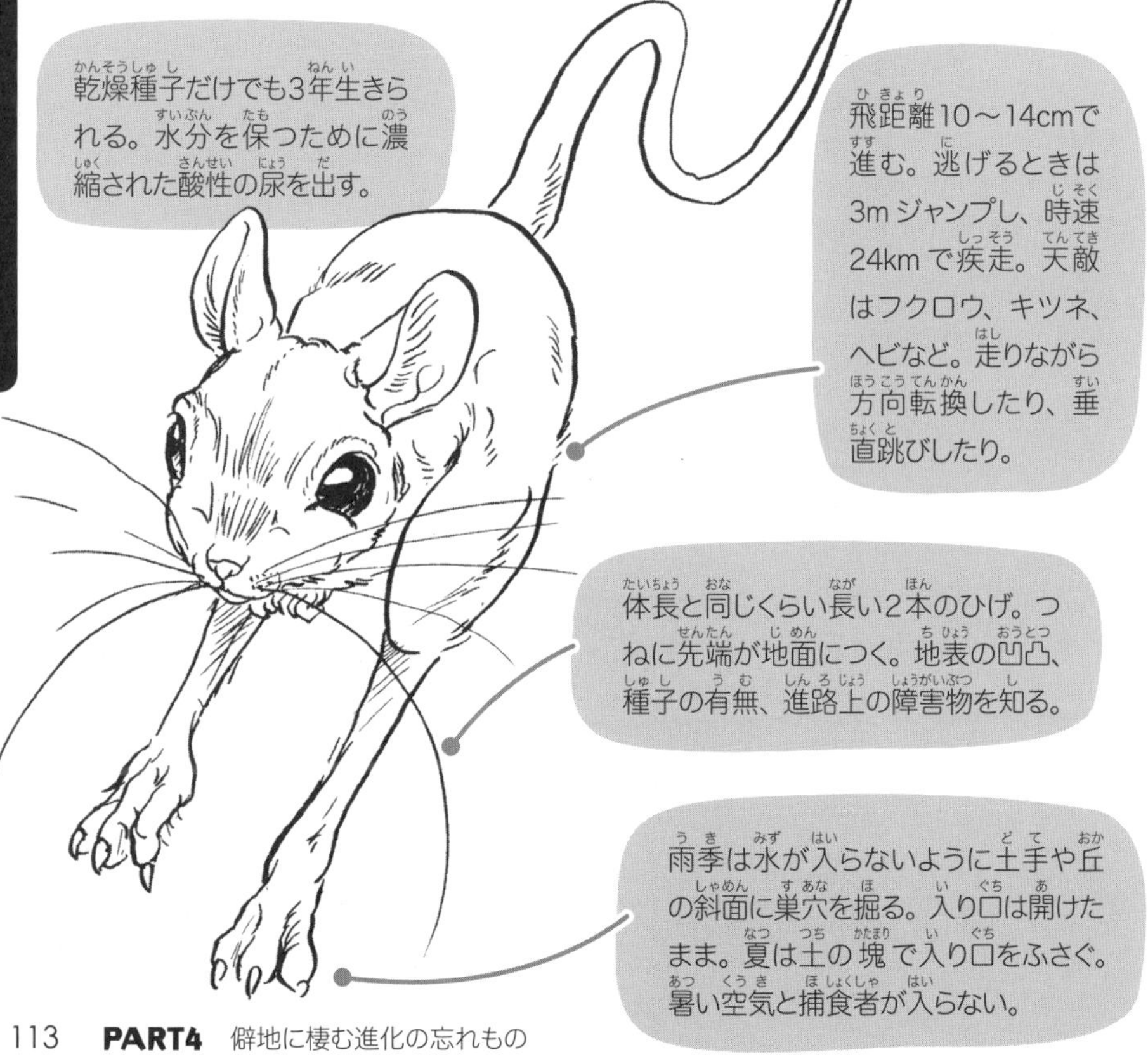
乾燥種子《かんそうしゅし》だけでも3年《ねん》生《い》きられる。水分《すいぶん》を保《たも》つために濃《のう》縮《しゅく》された酸性《さんせい》の尿《にょう》を出《だ》す。
飛距離《ひきょり》10～14cmで進《すす》む。逃《に》げるときは3mジャンプし、時速《じそく》24kmで疾走《しっそう》。天敵《てんてき》はフクロウ、キツネ、ヘビなど。走《はし》りながら方向転換《ほうこうてんかん》したり、垂《すい》直《ちょく》跳《と》びしたり。
体長《たいちょう》と同《おな》じくらい長《なが》い2本《ほん》のひげ。つねに先端《せんたん》が地面《じめん》につく。地表《ちひょう》の凹凸《おうとつ》、種子《しゅし》の有無《うむ》、進路上《しんろじょう》の障害物《しょうがいぶつ》を知《し》る。
雨季《うき》は水《みず》が入《はい》らないように土手《どて》や丘《おか》の斜面《しゃめん》に巣穴《すあな》を掘《ほ》る。入《い》り口《ぐち》は開《あ》けたまま。夏《なつ》は土《つち》の塊《かたまり》で入《い》り口《ぐち》をふさぐ。暑《あつ》い空気《くうき》と捕食者《ほしょくしゃ》が入《はい》らない。

砂漠適応不思議《さばくてきおうふしぎ》ネコ

砂漠地帯《さばくちたい》　NT

スナネコ

　砂《すな》に棲《す》むネコでスナネコ。不毛《ふもう》の地《ち》に完璧《かんぺき》に適応《てきおう》している。ほぼ夜行性《やこうせい》。齧歯類《げっしるい》、鳥類《ちょうるい》、爬虫類《はちゅうるい》、昆虫《こんちゅう》などの獲物《えもの》に含《ふく》まれる水分《すいぶん》だけで生《い》きている。広《ひろ》い範囲《はんい》を歩《ある》きまわるが、尿《にょう》マーキングはしないらしい（行動圏《こうどうけん》が何《なに》によって示《しめ》されるかはわかっていない）。

　さらに不思議《ふしぎ》なのは繁殖《はんしょく》。3～4月《がつ》、10月《がつ》の２回《かい》も出産《しゅっさん》する。食物《しょくもつ》が豊《ゆた》かなイエネコ以外《いがい》は通常《つうじょう》1回《かい》。極《きわ》めて稀《まれ》なケースなのである。

学名	*Felis margarita*
英名	Sand cat
分類	食肉目《しょくにくもく》(ネコ目《もく》) ネコ科《か》
大きさ	体長45～57cm、尾長28～35cm、肩高20～26cm、体重1.5～3.4kg
分布	サハラ砂漠《さばく》、アラビア半島《はんとう》から中東《ちゅうとう》を経《へ》てパキスタンまで

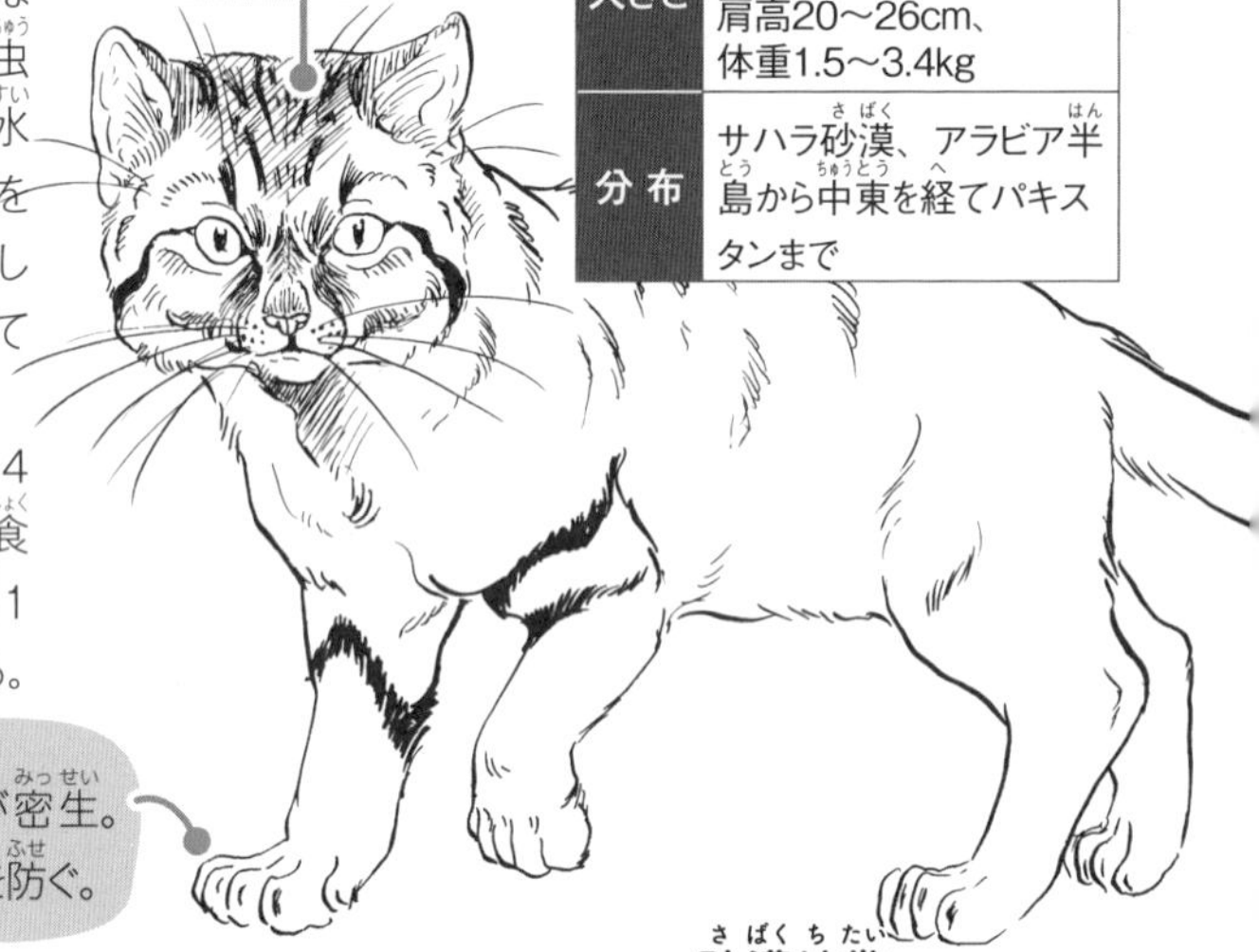
正三角形《せいさんかっけい》の耳《みみ》が離《はな》れてついている。顔《かお》は横長《よこなが》。
足《あし》の裏《うら》に長毛《ちょうもう》が密生《みっせい》。砂《すな》にめり込《こ》むのを防《ふせ》ぐ。

砂漠適応《さばくてきおう》デカ耳《みみ》キツネ

砂漠地帯《さばくちたい》　LC

フェネックギツネ

　砂漠適応《さばくてきおう》のイヌ科《か》。耳《みみ》の長《なが》さは 15cm 以上《いじょう》あり、灼熱《しゃくねつ》の砂漠地帯《さばくちたい》で熱《ねつ》を放散《ほうさん》するのに役立《やくだ》っている。足《あし》の裏《うら》の毛《け》も密生《みっせい》しており、砂地《すなち》に沈《しず》み込《こ》むことなく、音《おと》も立《た》たない。

　雑食性《ざっしょくせい》で昆虫《こんちゅう》からアレチネズミやノウサギ、トカゲやヘビ、また植物《しょくぶつ》の塊茎《かいけい》や球根《きゅうこん》などを食《た》べる。植物質《しょくぶつしつ》は水分供給《すいぶんきょうきゅう》源《げん》になっている。尿《にょう》によるマーキングも行《おこな》う。

学名	*Vulpes zerda*
英名	Fennec fox
分類	食肉目《しょくにくもく》(ネコ目《もく》) イヌ科《か》
大きさ	体長35.7～40.7cm、尾長17.8～30.5cm、肩高15～17.5cm、体重1.0～1.5kg
分布	サハラ砂漠《さばく》、シナイ半島《はんとう》、アラビア半島《はんとう》

威嚇《いかく》するときは「ニャーッ」とネコに似《に》た声《こえ》を出《だ》す。

新熱帯区《しんねったいく》の珍獣《ちんじゅう》たち

南米《なんべい》、ガラパゴス諸島《しょとう》を含《ふく》む新熱帯区《しんねったいく》。島《しま》や高地《こうち》、山間《さんかん》に大小《だいしょう》さまざまな珍獣《ちんじゅう》が生《い》き残《のこ》る。

カリブの有毒《ゆうどく》モグラ　島《しま》　EN

ハイチソレノドン

ソレノドンとは“溝《みぞ》のある歯《は》”という意味《いみ》で、40本《ぼん》もある歯《は》の上顎《うわあご》の真《ま》ん中《なか》の門歯《もんし》と、下顎《したあご》の前《まえ》から2番目《ばんめ》の門歯《もんし》の裏側《うらがわ》に溝《みぞ》がある。溝《みぞ》をたどると歯《は》の根元《ねもと》に達《たっ》し、そこに毒腺《どくせん》が発達《はったつ》している。咬《か》みつくと溝《みぞ》をつたって毒《どく》が流《なが》れる。ヘビの毒牙《どくが》のようなしくみになっているのだ。

しかし、獲物《えもの》は甲虫《こうちゅう》やシロアリなどで、毒《どく》を使《つか》う必要《ひつよう》がないから不思議《ふしぎ》である。おそらく鳥類《ちょうるい》やカエル、トカゲなどをとらえるために発達《はったつ》したのだろうが、いまだこれらの捕食《ほしょく》は確認《かくにん》されていない。

つかまるとブーブー声《こえ》を出《だ》して怒《おこ》り、脇《わき》の下《した》、後足《あとあし》の付《つ》け根《ね》の臭腺《しゅうせん》から、ヤギのにおいを数百倍《すうひゃくばい》濃《こ》くしたような強烈《きょうれつ》な悪臭《あくしゅう》を放《はな》つ。

学名	*Solenodon paradoxus*
英名	Hispaniolan solenodon
分類	食虫目《しょくちゅうもく》（トガリネズミ目《もく》） ソレノドン科《か》
大きさ	体長28〜33cm、尾長22〜25cm、体重700〜1000g
分布	イスパニョーラ島《とう》

子《こ》は生後《せいご》2か月《げつ》までは乳首《ちくび》にぶら下《さ》がってついていく。このとき敵《てき》に見《み》つかると、一家全滅《いっかぜんめつ》。
これまで天敵《てんてき》がいなかったが、人間《にんげん》が持《も》ち込《こ》んだイヌ、ネコ、マングースによって絶滅寸前《ぜつめつすんぜん》。
動《うご》きは遅《おそ》く、ジグザグ歩《ある》き。敵《てき》に出会《であ》うと、穴《あな》を探《さが》し、頭《あたま》だけを突《つ》っ込《こ》みじっとしている。

南半球唯一《みなみはんきゅうゆいいつ》のクマ

メガネグマ

高地森林《こうちしんりん》

VU

　現生《げんせい》のクマはほとんど北半球《きたはんきゅう》に棲《す》む。アフリカ大陸《たいりく》にクマはいない。南《みなみ》アメリカに唯一《ゆいいつ》メガネグマがいるだけである。

　メガネグマの目《め》のまわりには、メガネをかけたような白線《はくせん》が走《はし》る。彼《かれ》らはアンデス山脈《さんみゃく》の標高《ひょうこう》1000～3000m の山地《さんち》の森林《しんりん》に棲《す》む。ときに 4000 mを超《こ》える高地《こうち》や、低地《ていち》の草原《そうげん》、サバンナや低木林《ていぼくりん》にもあらわれる。

　氷河時代《ひょうがじだい》までは、仲間《なかま》が南北《なんぼく》アメリカ大陸《たいりく》に広《ひろ》く分布《ぶんぷ》していた。だが、北《きた》アメリカに棲《す》んでいたものは、より進化《しんか》したヒグマとの競合《きょうごう》に負《ま》けた。さらに人類《じんるい》の出現《しゅつげん》で絶滅《ぜつめつ》。南《みなみ》アメリカに棲息《せいそく》していたものが残《のこ》った。

　南米《なんべい》ではブルドッググマと呼《よ》ばれる強大《きょうだい》なクマの化石《かせき》が出《で》ているが、メガネグマはこのグループの生《い》き残《のこ》りなのである。

木登《きのぼ》りが得意《とくい》で、食《た》べものを求《もと》めて 20 ～ 30 m の高《たか》さまで登《のぼ》る。ほぼ植物食性《しょくぶつしょくせい》。主食《しゅしょく》はヤシなど。甘《あま》くて養分豊富《ようぶんほうふ》なブロメリアなどが好《この》み。

メガネ模様《もよう》の形《かたち》は、1頭《とう》ずつ異《こと》なる。

鳴《な》き始《はじ》めるときには「ろろろろろ～」と高《たか》い声《こえ》を出《だ》す。

樹上《じゅじょう》に小枝《こえだ》で巣《す》をつくるといわれている。力《ちから》が強《つよ》く、直径《ちょっけい》7.5cm 程度《ていど》の若木《わかぎ》なら折《お》ることができる。

学名	*Tremarctos ornatus*
英名	Spectacled bear
分類	食肉目《しょくにくもく》（ネコ目《もく》） クマ科《か》
大きさ	体長1.5～1.8m、尾長5～7.5cm、肩高約75cm、体重80～136kg
分布	南《みなみ》アメリカ（ベネズエラ西部《せいぶ》、コロンビア、エクアドル、ペルー、ボリビア西部《せいぶ》の、標《ひょう》高《こう》 3000m までのアンデス山地《さんち》の森林《しんりん》）

野生種《やせいしゅ》は絶滅《ぜつめつ》の危機《きき》

チンチラ

高地《こうち》 パンパス

CR

　毛皮《けがわ》で有名《ゆうめい》な齧歯類《げっしるい》。毛《け》は絹糸《きぬいと》のようでやわらかい。ひとつの毛根《もうこん》から60本程度《ぼんていど》の綿毛《わたげ》が密生《みっせい》し、保温性《ほおんせい》も高《たか》い。昔《むかし》からインカ人《じん》が衣類《いるい》や毛布《もうふ》として利用《りよう》してきた。ヨーロッパ人《じん》が毛皮《けがわ》に目《め》をつけ乱獲《らんかく》が始《はじ》まり、数《かず》が激減《げきげん》。家畜《かちく》として繁殖《はんしょく》に成功《せいこう》し絶滅《ぜつめつ》は免《まぬが》れたが、野生《やせい》の個体数《こたいすう》は極《きわ》めて少《すく》ない。

学名	*Chinchilla lanigera*
英名	Chinchilla
分類	齧歯目《げっしもく》（ネズミ目《もく》） チンチラ科《か》
大きさ	体長25〜35cm、尾長15〜20cm、体重400〜500g
分布	南《みなみ》アメリカのチリ北部《ほくぶ》のアンデス山地《さんち》

求婚《きゅうこん》するときはオス、メスのどちらかが相手《あいて》の毛《け》を引《ひ》っ張《ぱ》る。

妊娠期間《にんしんきかん》は高地《こうち》に棲《す》むものほど長《なが》い。子《こ》は生後《せいご》2〜3時間《じかん》で走《はし》りまわる。

パンパスってどんな場所《ばしょ》？

南《みなみ》アメリカのアルゼンチンやウルグアイに広《ひろ》がる温帯草原《おんたいそうげん》のことをパンパスと呼《よ》ぶ。平坦《へいたん》な平原《へいげん》で水《みず》はけがわるく、大雨《おおあめ》で冠水《かんすい》することも。

アルパカの祖先《そせん》・神《かみ》の糸《いと》

ビクーニャ

高地《こうち》 パンパス

LC

　ビクーニャはラクダの仲間《なかま》だ。ラクダ類《るい》は3700万年前《まんねんまえ》に北《きた》アメリカにあらわれた。300万年前《まんねんまえ》にユーラシアに移動《いどう》したものから、フタコブラクダとヒトコブラクダが、南《みなみ》アメリカに移動《いどう》したものから、ビクーニャ、グァナコができた。

　南米《なんべい》のビクーニャとグァナコのほかに、家畜化《かちくか》されたラマとアルパカがいる。アルパカはビクーニャからつくられたと考《かんが》えられる。毛《け》は“神《かみ》の糸《いと》”と呼《よ》ばれるほど高品質《こうひんしつ》。

アンデスの高地《こうち》、標高《ひょうこう》3700〜4800mの草原《そうげん》に群《む》れで棲《す》む。

グァナコよりやや小形《こがた》。耳《みみ》はグァナコより長《なが》く、顔《かお》は短《みじか》い。毛《け》は長《なが》く絹糸状《きぬいとじょう》。頸《くび》の付《つ》け根《ね》から前胸部《ぜんきょうぶ》にかけて長《なが》い房毛《ふさげ》。

学名	*Vicugna vicugna*
英名	Vicuna
分類	偶蹄目《ぐうていもく》（鯨《くじら》・偶蹄目《ぐうていもく》）ラクダ科《か》
大きさ	体長125〜190cm、尾長15〜25cm、肩高70〜110cm 体重35〜60kg
分布	ペルー、ボリビア、チリ、アルゼンチンの高山《こうざん》の草原《そうげん》

狙《ねら》われても隠《かく》れない

高原地帯《こうげんちたい》

LC

クルペオギツネ

クルペオというのはチリの言葉《ことば》で「狂気《きょうき》」「愚《ぐ》劣《れつ》」に由来《ゆらい》する。彼《かれ》らは警戒心《けいかいしん》が薄《うす》く、毛皮狙《けがわねら》いのハンターがいても、隠《かく》れたりしない。

もともと適応力《てきおうりょく》が強《つよ》く、寒冷《かんれい》な砂漠地帯《さばくちたい》から標高《ひょうこう》4500m以上《いじょう》の高地《こうち》まで分布《ぶんぷ》する。もっとも好《す》きなのは高原地帯《こうげんちたい》だ。棲息地《せいそくち》で1915年《ねん》にヒツジの放牧《ほうぼく》とアナウサギの移入《いにゅう》が行《おこな》われて以《い》降《こう》、クルペオギツネの数《かず》は増加《ぞうか》している。

牧羊業《ぼくようぎょう》にとっては害《がい》となるが、アナウサギの過度《かど》な増殖《ぞうしょく》を調節《ちょうせつ》するには欠《か》かせない捕食者《ほしょくしゃ》なのである。

学名	*Pseudalopex culpaeus*
英名	Culpeo
分類	食肉目《しょくにくもく》（ネコ目《もく》） イヌ科《か》
大きさ	体長52〜120cm、尾長30〜51cm、体重4〜13kg
分布	南米大陸西部《なんべいたいりくせいぶ》

季節《きせつ》ごとに獲物《えもの》となるヒツジやウサギ類《るい》などを追《お》って移動《いどう》するものもいる。

山間《さんかん》でひっそり

高地《こうち》

EN

ヤマバク

長毛《ちょうもう》で寒《さむ》さに強《つよ》い。

子《こ》はウリンボ柄《がら》。カムフラージュになる。

現生《げんせい》のバクは、マレー半島《はんとう》にマレーバク、中南米《ちゅうなんべい》にヤマバク、アメリカバク、ベアードバクの計《けい》4種《しゅ》。飛《と》び地的《ちてき》に存在《そんざい》する。

どれも姿形《すがたかたち》が似《に》ていて、太古《たいこ》のまま。祖先《そせん》は3000万《まん》〜2000万年前《まんねんまえ》にユーラシア大陸《たいりく》に登場《とうじょう》。一部《いちぶ》がマレー半島《はんとう》に、一部《いちぶ》が北米経由《ほくべいけいゆ》で中南米《ちゅうなんべい》へ。生《い》きのびたのは4種《しゅ》で、そのほかは絶滅《ぜつめつ》した。

ヤマバクはもっとも高地《こうち》の標高《ひょうこう》2000〜4000mの林《はやし》や薮地《やぶち》でひっそりと生《い》きている。

学名	*Tapirus pinchaque*
英名	Mountain tapir
分類	奇蹄目《きていもく》（ウマ目《もく》） バク科《か》
大きさ	体長約180cm、肩高75〜80cm、体重225〜250kg
分布	コロンビア、エクアドルからペルーのアンデス山地《さんち》

海《うみ》の珍獣《ちんじゅう》たち

海《うみ》を生活圏《せいかつけん》として暮《く》らすもののなかで北半球《きたはんきゅう》と南半球《みなみはんきゅう》、それぞれにしか見《み》られない二大珍獣《にだいちんじゅう》。

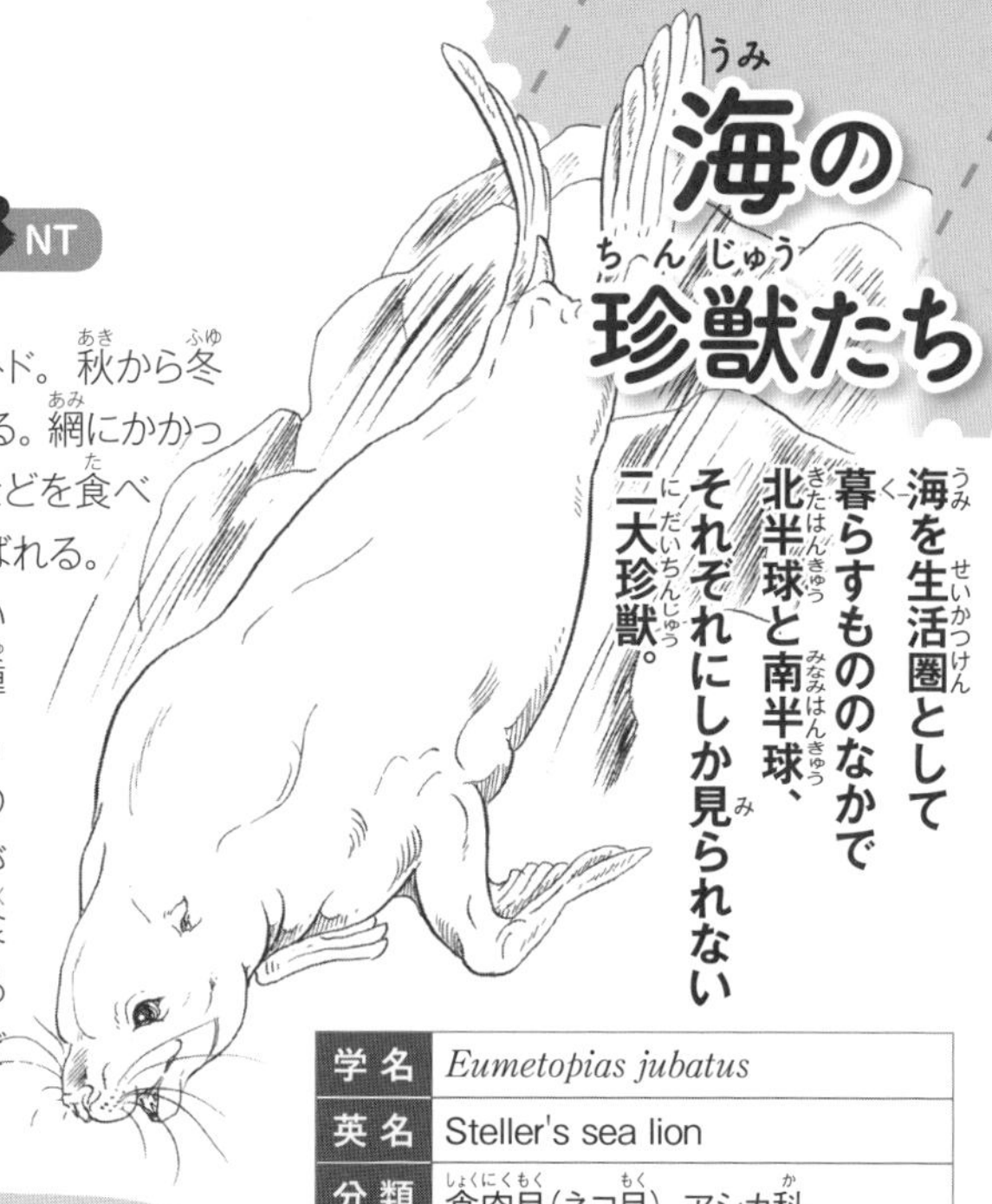

北《きた》の海《うみ》のギャング

トド

北半球《きたはんきゅう》の海《うみ》　NT

アシカの仲間《なかま》のなかで最大《さいだい》のトド。秋《あき》から冬《ふゆ》にかけて北海道沿岸《ほっかいどうえんがん》にもやってくる。網《あみ》にかかったサケ、ホッケ、タラ、カレイなどを食《た》べてしまうため、海《うみ》のギャングと呼《よ》ばれる。

しかしトドは北半球《きたはんきゅう》にしかいない珍獣《ちんじゅう》で、国際的《こくさいてき》には絶滅危惧種《ぜつめつきぐしゅ》に指定《してい》され、保護《ほご》の流《なが》れにある。

ロシアの調査《ちょうさ》では、個体数《こたいすう》の減少《げんしょう》の背景《はいけい》に日本《にほん》の駆除問題《くじょもんだい》が指摘《してき》されている。トドは海《うみ》の捕食者《ほしょくしゃ》だ。トドの減少《げんしょう》は、捕食《ほしょく》される魚介類《ぎょかいるい》、さらにプランクトンなど海《うみ》の生態系全体《せいたいけいぜんたい》に影響《えいきょう》がおよぶ。

陸上《りくじょう》で休息《きゅうそく》することが多《おお》く、泳《およ》ぐのは食《た》べものを探《さが》すときくらい。泳《およ》ぎはアシカよりはやく、時速《じそく》50kmに達《たっ》する。

学名	*Eumetopias jubatus*
英名	Steller's sea lion
分類	食肉目《しょくにくもく》（ネコ目《もく》） アシカ科《か》
大きさ	オス全長 320cm、体重約1000kg、メス全長200cm、体重約300kg
分布	北太平洋《きたたいへいよう》のアリューシャン、千島列島《ちしまれっとう》、アラスカ沿海《えんかい》

南半球《みなみはんきゅう》の海《うみ》　LC

南極海《なんきょくかい》のけんか番長《ばんちょう》

ヒョウアザラシ

ヒョウのような斑点《はんてん》がある。南極海《なんきょくかい》の獰猛《どうもう》なアザラシで、他《た》のアザラシやペンギンなどをとる。2003年《ねん》には、スノーケリングで調査中《ちょうさちゅう》の海洋生物学者《かいようせいぶつがくしゃ》が襲《おそ》われ亡《な》くなっている。獲物《えもの》と間違《まちが》えたか、驚《おどろ》いたのだと考《かんが》えられる。シャチと並《なら》び、南極生態系《なんきょくせいたいけい》の最上位《さいじょうい》に位置《いち》する。

氷《こおり》と海《うみ》の境目《さかいめ》に隠《かく》れて、氷上《ひょうじょう》から海《うみ》へ飛《と》び込《こ》んできたペンギンを襲《おそ》う。

学名	*Hydrurga leptonyx*
英名	Leopard seal
分類	食肉目《しょくにくもく》（ネコ目《もく》） アザラシ科《か》
大きさ	オス全長約280cm、体重約325kg、メス全長約300cm、体重約370kg
分布	南極海《なんきょくかい》

世界のくさ〜いイタチたち

腐《くさ》ったドブ川《がわ》のにおいの、さらにくさい液体《えきたい》を顔《かお》めがけてかけられたらどうだろう。
ドブ川《がわ》と同《おな》じブチルメルカプタンを成分《せいぶん》とする分泌液《ぶんぴつえき》を噴射《ふんしゃ》し、
敵《てき》から防御《ぼうぎょ》するくさい動物《どうぶつ》がいる。

LC

サバンナの毒《どく》ガス野郎《やろう》 ゾリラ

体長《たいちょう》28～39cm程度《ていど》のアフリカ固《こ》有《ゆう》のイタチ。分泌液《ぶんぴつえき》のにおいは1km先《さき》まで届《とど》くほどくさい。液《えき》を噴射《ふんしゃ》しても相《あい》手《て》が攻撃《こうげき》する場合《ばあい》、コロッと死《し》んだふりをする。たいていの敵《てき》はにおいで食欲《しょくよく》が失《う》せるため、これは効果的《こうかてき》なのだ。

イワン・サンダースンという20世紀前《せいきぜん》半《はん》の有名《ゆうめい》ハンターが「9頭《とう》のライオンが1頭《とう》のゾリラのために死《し》んだシマウマに近《ちか》づけなかった」という話《はなし》を残《のこ》している。ゾリラは死《し》んだシマウマをひとり占《じ》めし、あげくシマウマの背《せ》で居眠《いねむ》りしたという。

敵《てき》に襲《おそ》われそうになると、尾《お》を上《あ》げ、尻《しり》から強烈《きょうれつ》なにおいの液《えき》を噴射《ふんしゃ》。おならで相手《あいて》をやっつける代《だい》表選手《ひょうせんしゅ》はスカンクだが、世界《せかい》にはこの手《て》の動物《どうぶつ》がまだいる。

液《えき》は肛門腺《こうもんせん》という、肛門《こうもん》の両側《りょうがわ》に開口《かいこう》する小《ちい》さな袋《ふくろ》から出《で》る。イヌやネコを含《ふく》む食肉類《しょくにくるい》にはふつうに見《み》られる。小袋《こぶくろ》に貯蔵《ちょぞう》され、小袋《こぶくろ》の外側《そとがわ》の筋肉《きんにく》を収縮《しゅうしゅく》させることで、飛《と》び出《だ》す。多《おお》くの食肉類《しょくにくるい》は、縄張《なわば》りや発情《はつじょう》を知《し》らせるとき、尿《にょう》や便《べん》とともに出《だ》す。

これを防御《ぼうぎょ》の武器《ぶき》に使《つか》うのがスカンクをはじめとする広義《こうぎ》のイタチの仲間《なかま》だ。ゾリラ、ラーテル、アナグマ、スカンクが、各大陸《かくたいりく》に存《そん》在《ざい》する。彼《かれ》らは肛門腺《こうもんせん》から敵《てき》の顔《がん》面《めん》に正確《せいかく》に分泌液《ぶんぴつえき》を発射《はっしゃ》する。

たいてい白黒《しろくろ》の模様《もよう》をもつ。敵《てき》に対《たい》する警戒色《けいかいしょく》で「近寄《ちかよ》るな」と警告《けいこく》。一度《いちど》噴射《ふんしゃ》され痛《いた》い目《め》にあった敵《てき》は、次《つぎ》に白黒《しろくろ》を見《み》ても近寄《ちかよ》らない。警告《けいこく》を無視《むし》して近《ちか》づいてきた相手《あいて》にのみ、噴射《ふんしゃ》するのだ。

LC

獰猛《どうもう》な スーパーイタチ クズリ

アジア、ヨーロッパから北《きた》アメリカ北部《ほくぶ》に棲息《せいそく》する。大《おお》きいもので体長《たいちょう》105cm、体重《たいじゅう》32kgもある。獰《どう》猛《もう》さも動物界《どうぶつかい》で群《ぐん》を抜《ぬ》き、スーパーイタチと呼《よ》ばれる。オオカミやコヨーテ、クマ、ピューマからですら獲物《えもの》を奪《うば》いとる。獲物《えもの》が大《おお》きくても、自分《じぶん》の体重《たいじゅう》の5倍《ばい》くらいまでならくわえて走《はし》ることができる。

猟師《りょうし》がかけた罠《わな》にかかったテンやキツネを食《く》い荒《あ》らし、お腹《なか》がいっぱいになると食《た》べ残《のこ》しにくさい液《えき》を散《さん》布《ぶ》する。うっかり自分《じぶん》が罠《わな》にかかったら、足《あし》を切《き》ってでも逃《に》げ出《だ》す。

LC

怖《こわ》いもの知《し》らず アフリカラーテル

アフリカからインドの乾燥地帯《かんそうちたい》に棲《す》む（アフリカラーテルはアフリカに棲《す》む種《しゅ》）。別名《べつめい》をミツアナグマという。ミツオシエという鳥《とり》と協力《きょうりょく》し、ハチの巣《す》を探《さが》し出《だ》し、破壊《はかい》して食《た》べる。鳥《とり》はおこぼれにあずかる。体《たい》長《ちょう》は75cm程度《ていど》だが、ライオンや人間《にんげん》にも立《た》ち向《む》かう怖《こわ》いもの知《し》らずとして、ギネスブックにも登録《とうろく》。背中《せなか》には灰色《はいいろ》の皮《かわ》をもち、鎧《よろい》の役割《やくわり》を果《は》たす。また毒《どく》ヘビの毒《どく》への免疫《めんえき》があるため、毒《どく》ヘビも好物《こうぶつ》。

珍獣《ちんじゅう》Q&A

Q. 絶滅《ぜつめつ》したかどうかは誰《だれ》が決《き》めるの?

確《たし》かな記録《きろく》から50年情報《ねんじょうほう》がないとき

　絶滅《ぜつめつ》とは種《しゅ》がこの世《よ》から消《き》えてしまったことを意味《いみ》する。消《き》えてしまった動物《どうぶつ》は確《かく》認《にん》できないので、IUCN（国際自然保護連合《こくさいしぜんほごれんごう》）ではひとつの基準《きじゅん》をつくっている。とりあえず、その種《しゅ》の最後《さいご》の確《たし》かな記録《きろく》があってから50年間《ねんかん》、一切《いっさい》の情報《じょうほう》がもたらされなかったとき、その種《しゅ》は絶滅《ぜつめつ》したとみなすのだ。

　最近《さいきん》、日本《にほん》ではニホンカワウソには50年《ねん》たたないうちに絶滅宣言《ぜつめつせんげん》が出《だ》されたが、詳細《しょうさい》な調査《ちょうさ》も行《おこな》われなかった。これは明《あき》らかに基準違反《きじゅんいはん》だ。

Q. 絶滅《ぜつめつ》したはずなのに生《い》きていることもある?

100年後《ねんご》に再発見《さいはっけん》ということも

　50年間《ねんかん》見《み》つからなかったら、いちおう絶滅《ぜつめつ》ということになっている。

　しかし、51年目《ねんめ》、あるいはもっと経過《けいか》して100年後《ねんご》に再発見《さいはっけん》されたということは少《すく》なくない。

　たとえば2002年《ねん》にはオーストラリアでハナナガネズミカンガルーが114年《ねん》ぶりに、2008年《ねん》にはスラウェシ島《とう》でピグミーメガネザルが87年《ねん》ぶりに、スマトラ島《とう》でスマトラホエジカが約《やく》80年《ねん》ぶりに再発見《さいはっけん》されている。また、2011年《ねん》にはボルネオ島《とう》のウェヘア保護林《ほごりん》で、絶滅《ぜつめつ》したと考《かんが》えられていたサル、ミラーズ・グリズルト・ラングールが確認《かくにん》されている。

PART 5

進化《しんか》と絶滅《ぜつめつ》のカギをにぎる生《い》きた化石《かせき》

太古《たいこ》から生《い》きのび、現生《げんせい》の種《しゅ》とその祖先《そせん》とをつなぐ

ミッシングリンク（失《うしな》われた環《わ》）の役割《やくわり》を果《は》たす最重要珍獣《さいじゅうようちんじゅう》

モグラじゃない！カモノハシの仲間《なかま》

ハリモグラ

卵《たまご》を産《う》む 珍

SHORT-BEAKED ECHIDNA

LC

ハリモグラは、オーストラリアにイギリス人《じん》が本格的《ほんかくてき》に入植《にゅうしょく》する前《まえ》の1770年代《ねんだい》に発見《はっけん》された動物《どうぶつ》だ。

当時《とうじ》の人々《ひとびと》はヤマアラシの一種《いっしゅ》だと考《かんが》えていたようだ。調《しら》べてみると、排泄《はいせつ》の孔《あな》と子《こ》を産《う》むための生殖《せいしょく》の孔《あな》がひとつしかなく（総排泄腔《そうはいせつこう》）、五大珍獣《ごだいちんじゅう》に挙《あ》げたカモノハシ（P18）と同《おな》じく**卵《たまご》を産《う》む超原始的《ちょうげんしてき》な哺乳類《ほにゅうるい》**のグループであることがわかった。

珍獣度《ちんじゅうど》の高《たか》さは、卵《たまご》を産《う》むだけにとどまらない。卵《たまご》を1個《こ》産《う》むのだが、その**卵《たまご》をお腹側《なかがわ》にある孵卵嚢《ふらんのう》という、ちょっとしたポケットのような場所《ばしょ》に押《お》し込《こ》める**。このポケットは、カンガルーなどの有袋類《ゆうたいるい》ほどしっかりしたものではない。お腹《なか》の筋肉《きんにく》を収《しゅう》縮《しゅく》させて腹壁《ふくへき》をへこませただけのもので、たとえば**麻酔《ますい》などかけて腹筋《ふっきん》がゆるむと、袋《ふくろ》は消《き》えてしまう**のである。

卵《たまご》は粘液《ねんえき》でぬれている。それが空《くう》気《き》に触《ふ》れると孵卵嚢内《ふらんのうない》の毛《け》につく。ハリモグラの祖先《そせん》は、大昔《おおむかし》、お腹《なか》に卵《たまご》を貼《は》りつけたまま行動《こうどう》していたのだろう。貼《は》りつけただけでは落《お》ちやすい。おそらくその部分《ぶぶん》にシワができ、袋状《ふくろじょう》へと変化《へんか》したのだ。

卵《たまご》で子《こ》を産《う》むが、乳《ちち》は出《だ》す。しかし、乳首《ちくび》はもたない。子《こ》は、お腹《なか》に汗《あせ》のようににじみ出《で》た乳《ちち》をなめとり大《おお》きくなる。

また、哺乳類《ほにゅうるい》なのにまわりの気温《きおん》によって**変温動物《へんおんどうぶつ》の爬虫類《はちゅうるい》のように体温《たいおん》が変化《へんか》する**。手足《てあし》も奇妙《きみょう》だ。オスのかかとの内側《うちがわ》には、鳥類《ちょうるい》のような蹴爪《けづめ》がある。かつてはここから毒《どく》を分泌《ぶんぴつ》していたと考《かんが》えられている。

ハリモグラは、動物《どうぶつ》が爬虫類《はちゅうるい》から哺乳類《ほにゅうるい》へと進化《しんか》していった過程《かてい》を証《しょう》明《めい》する、「生《い》きた化石《かせき》」なのである。

珍メモ：ニューギニアの高地《こうち》に棲《す》むミユビハリモグラは、ハリモグラほど針《はり》がなく、黒《くろ》い毛《け》でおおわれている。最大《さいだい》10kgでネコより大《おお》きい。ゾウのように長《なが》い鼻《はな》をもち、全体的《ぜんたいてき》な見《み》た目《め》は鳥《とり》のキーウィにそっくり。

視覚《しかく》は弱《よわ》いが、嗅覚《きゅうかく》は大変《たいへん》鋭《するど》い。鼻先《はなさき》をヒクヒクさせて地面《じめん》をつつく。鼻先《はなさき》から長《なが》い舌《した》をのばし、アリやシロアリをなめとる。

大《おお》きな爪《つめ》がある。攻《こう》撃用《げきよう》ではなく、逃亡《とうぼう》用《よう》の穴《あな》掘《ほ》りに使《つか》われる。

メスは乳腺《にゅうせん》のまわりに腹筋《ふっきん》を収縮《しゅうしゅく》させた袋《ふくろ》をつくり、卵《たまご》を押《お》し込《こ》み、かえす。

危険《きけん》を察知《さっち》すると、すぐさまお腹側《なかがわ》の土《つち》をものすごい勢《いきお》いでかき出《だ》して、2〜3分《ぷん》で体《からだ》を沈《しず》めてしまう。

最終的《さいしゅうてき》に地表《ちひょう》には背中側《せなかがわ》の針《はり》だけがこんもり。敵《てき》からの攻撃《こうげき》を避《さ》けることができる。ふだんも岩《いわ》の下《した》や割《わ》れ目《め》、倒木《とうぼく》の下《した》などを隠《かく》れ家《が》にする。卵《たまご》を産《う》むときも、とくに巣《す》をつくるわけではない。

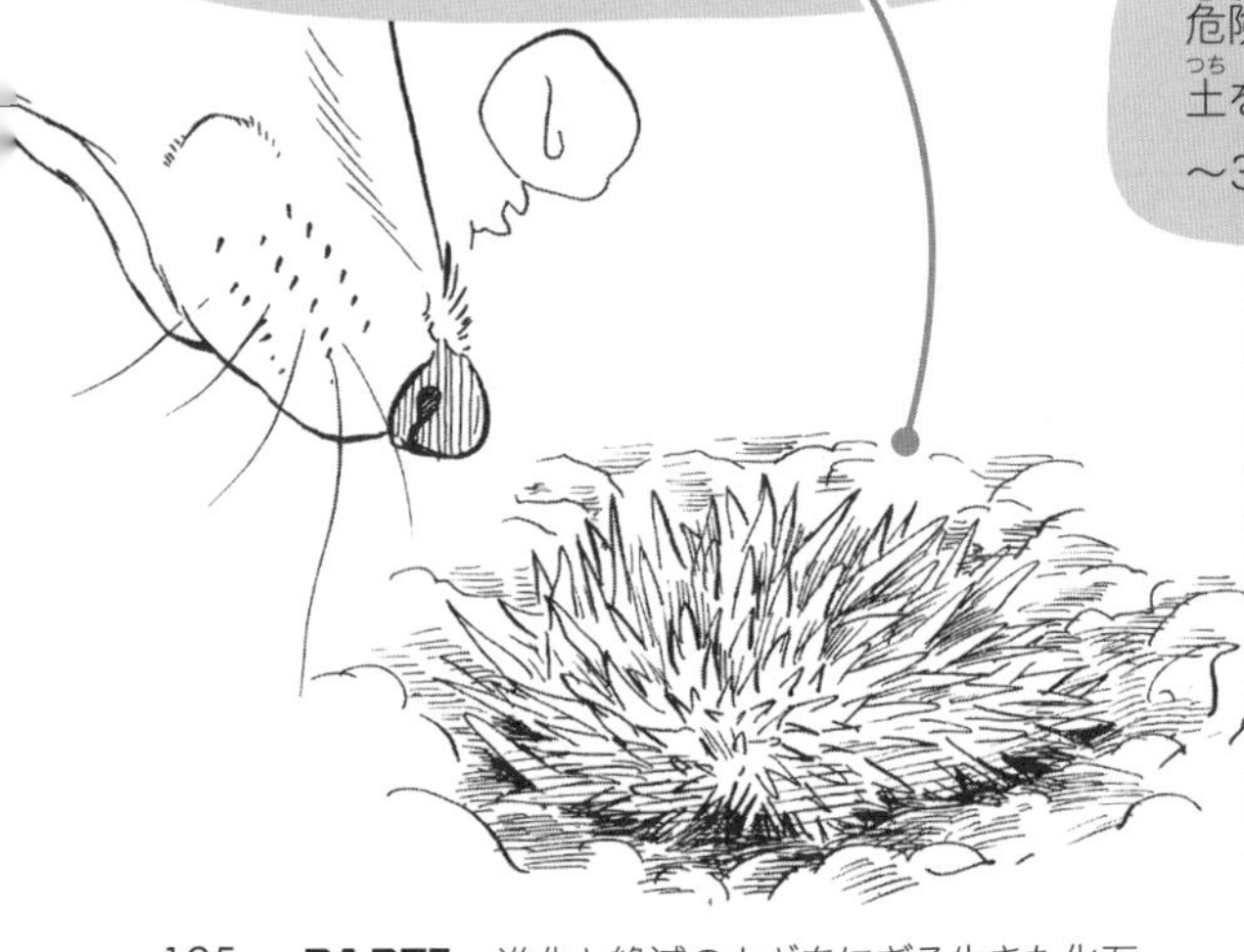

学名	*Tachyglossus aculeatus*
英名	Short-beaked echidna
分類	単孔目《たんこうもく》(カモノハシ目《もく》) ハリモグラ科《か》
大きさ	体長35〜53cm、尾長約9cm、 体重2.5〜6kg、 オスはメスより25%大きい
分布	ニューギニアの南東部《なんとうぶ》、 オーストラリア、タスマニア

生《い》きる有袋類《ゆうたいるい》の進化地図《しんかちず》

チロエオポッサム

1目《もく》1科《か》1種《しゅ》の珍

MONITO DEL MONTE

NT

お腹《なか》に袋《ふくろ》をもつ有袋類《ゆうたいるい》は、オーストラリアやニューギニアにだけいる動物《どうぶつ》だと思《おも》われがちだが、オポッサムという有袋類《ゆうたいるい》はアメリカ大陸《たいりく》に77種《しゅ》も棲《す》んでいる。

ドブネズミのような容姿《ようし》をしていて、多産《たさん》のものが多《おお》い。北米《ほくべい》から中央《ちゅうおう》アメリカにかけて棲《す》むキタオポッサムは、**乳首《ちくび》が13個《こ》**ある。13頭《とう》でも多産《たさん》だが、実際《じっさい》に56頭《とう》産んだ記録《きろく》がある。産《う》んだそばから、乳首《ちくび》を争《あらそ》う生存競争《せいぞんきょうそう》が起《お》こるのだ。

アメリカ大陸《たいりく》でも有袋類《ゆうたいるい》が繁栄《はんえい》しているのは、そもそも初期《しょき》の**有袋類《ゆうたいるい》の繁栄《はんえい》が北《きた》アメリカにある**ためだ。まず1億《おく》２５００万年前《まんねんまえ》の有袋類《ゆうたいるい》の化石《かせき》がアジアで確認《かくにん》されている。その後《ご》、北《きた》アメリカで繁栄《はんえい》。しかし、真獣類《しんじゅうるい》（袋《ふくろ》のない多《おお》くの哺乳類《ほにゅうるい》・

学名	*Dromiciops gliroides*
英名	Monito del monte
分類	有袋目《ゆうたいもく》（ミクロビオテリウム目《もく》） ミクロビオテリウム科《か》
大きさ	体長8～13cm、尾長9～13.5cm、 体重16～42g
分布	南《みなみ》アメリカとチロエ島《とう》・アンデスの 太平洋沿岸《たいへいようえんがん》

苔《こけ》や草《くさ》で組《く》んだ球形《きゅうけい》の巣《す》をつくる。冬《ふゆ》はペアや母子《ははこ》で冬眠《とうみん》する。

春《はる》に1回《かい》2～4頭《とう》の子《こ》を産《う》み、育児嚢《いくじのう》で育《そだ》てる。

珍メモ：チロエオポッサムは、現地《げんち》では不運《ふうん》の象徴《しょうちょう》と言《い》い伝《つた》えられている。もし家《いえ》の中《なか》に1頭《とう》のチロエオポッサムを見《み》つけたら、自分《じぶん》の家《いえ》を燃《も》やしてしまうという伝説《でんせつ》もあるとか。

チロエオポッサム

寄生性《きせいせい》のヤドリギといえば、一般的《いっぱんてき》に鳥《とり》が媒介《ばいかい》となり、ネバネバした実《み》を食《た》べ、別《べつ》の木《き》の幹《みき》に糞《ふん》を排泄《はいせつ》し、種子《しゅし》が散布《さんぷ》される。アルゼンチンにあるヤドリギでは、鳥《とり》の役割《やくわり》をチロエオポッサムが果《は》たす。

夜行性《やこうせい》。湿度《しつど》の高《たか》い森林《しんりん》の樹上《じゅじょう》で昆虫《こんちゅう》や木《き》の実《み》などを食《た》べて生活《せいかつ》する。

7000万年前《まんねんまえ》の古《ふる》い有袋類《ゆうたいるい》の時代《じだい》から種子散布《しゅしさんぷ》が行《おこな》われてきたとすれば、原始的《げんしてき》な共存関係《きょうぞんかんけい》だといえる。

P78下）に押《お》しやられ、南《みなみ》アメリカにいたもの、さらに南極《なんきょく》を経由《けいゆ》してオーストラリアに渡《わた》ったものが生《い》き残《のこ》った。キタオポッサムを含《ふく》む多《おお》くのオポッサムは、約《やく》8000万《まん》～6600万《まん》年前《ねんまえ》の白亜紀後期《はくあきこうき》に、祖先《そせん》の有袋類《ゆうたいるい》から分《わ》かれ、アメリカ有袋類《ゆうたいるい》というグループを築《きず》いた。もうひとつが、そこから分《わ》かれたオーストラリア有《ゆう》袋類《たいるい》のグループだ。

　じつはオポッサムとつく動物《どうぶつ》のなかで、**南《みなみ》アメリカにいながらオーストラリア有袋類《ゆうたいるい》のルーツ**と目《もく》される種《しゅ》がいる。チロエオポッサムである。

　チロエオポッサムが属《ぞく》するミクロビオテリウム目《もく》の化石《かせき》は、南米《なんべい》、南《なん》極《きょく》、オーストラリア北東部《ほくとうぶ》から出《で》ている。これは**オーストラリア有袋類《ゆうたいるい》が、南米《なんべい》から南極《なんきょく》を経由《けいゆ》して広《ひろ》がった証拠《しょうこ》**でもある。チロエオポッサムはミクロビオテリウム目《もく》のなかでたった1種《しゅ》の生《い》き残《のこ》り、**有袋類《ゆうたいるい》の進《しん》化《か》にかかわる生《い》き証人《しょうにん》**なのだ。

ワン・ツー
ふだん歩《ある》くときは交互《こうご》に前肢《ぜんし》をつけ、後肢《こうし》を2本同時《ほんどうじ》に踏《ふ》み出《だ》し、ワン・ツー・スリーで前進《ぜんしん》する。

異例《いれい》のへそ

オオミミナガバンディクート

有袋類《ゆうたいるい》の珍

GREATER BILBY

VU

大《おお》きな耳《みみ》をもち、ウサギのような、ネズミのような見《み》た目《め》をしている。愛称《あいしょう》は「ビルビー」。アボリジニの言葉《ことば》で大《おお》きな耳《みみ》のネズミのことをいう。開拓者《かいたくしゃ》たちにはこの愛《あい》称《しょう》で親《した》しまれた。オーストラリアのイースター（復活祭《ふっかつさい》）では、「イースターバニー（ウサギ）」のかわりに「イースタービルビー」がシンボルとして描《えが》かれる。

以前《いぜん》はフクロネズミなどと同《おな》じ有《ゆう》袋類《たいるい》だったが、最新《さいしん》の研究《けんきゅう》によって独立《どくりつ》したバンディクート目《もく》が誕生《たんじょう》した。バンディクートは、**有袋類《ゆうたいるい》と同《おな》じ育児嚢《いくじのう》**がある。袋《ふくろ》の中《なか》には8個《こ》の乳頭《にゅうとう》があり、ここで未熟《みじゅく》な子《こ》を育《そだ》てる。バンディクートはここから変《か》わっている。

真獣類《しんじゅうるい》のように、子宮内《しきゅうない》に胎盤《たいばん》が生《しょう》じていたのだ。卵《たまご》を産《う》む単孔類《たんこうるい》や、袋《ふくろ》をもつ有袋類《ゆうたいるい》のような特殊《とくしゅ》な哺《ほ》乳《にゅう》類《るい》には、ふつう胎盤《たいばん》がない。それ以《い》外《がい》のほとんどの哺乳類《ほにゅうるい》（真獣類《しんじゅうるい》）には胎盤《たいばん》がある。胎盤《たいばん》は、胎児《たいじ》と子《し》宮《きゅう》内壁《ないへき》の間《あいだ》にあり、子宮内《しきゅうない》に胎児《たいじ》をとどめることができる。そしてへその緒《お》を通《とお》して母体《ぼたい》が栄養補給《えいようほきゅう》、呼吸《こきゅう》、排泄《はいせつ》などを媒介《ばいかい》できるのだ。

珍メモ：バンディクートは絶滅《ぜつめつ》の危機《きき》にある。野生化《やせいか》したアナウサギ駆除《くじょ》の銃《じゅう》や罠《わな》、毒餌《どくえ》に巻《ま》き込《こ》まれているためだ。チビミミナガバンディクートはもう絶滅種《ぜつめつしゅ》になった。ウサギ似《に》のビルビーがウサギのために絶滅《ぜつめつ》するとは皮肉《ひにく》だ。

オオミミナガバンディクート

夜行性《やこうせい》で、長《なが》い鼻《はな》を地面《じめん》に突《つ》っ込《こ》んで獲物《えもの》を探《さが》す。昆《こん》虫《ちゅう》やカタツムリ、ミミズ、ネズミなどを食《た》べる。

穴掘《あなほ》りが得意《とくい》。らせん形《けい》の巣穴《すあな》を掘《ほ》り、昼間《ひるま》は暑《あつ》さを避《さ》け、深《ふか》さ 1.5m ほどの場所《ばしょ》で寝《ね》る。

オーストラリアではペットとしても人気《にんき》。飼育下《しいくか》ではパンやケーキ、生肉《なまにく》や料理《りょうり》した肉《にく》も食《た》べる。
また暑《あつ》さに弱《よわ》く、37℃の場所《ばしょ》に10 分《ぷん》いたら死《し》んでしまうとか。

口吻《こうふん》を前足《まえあし》の間《あいだ》に差《さ》し込《こ》み、尾《お》は腹《ふく》部《ぶ》を通《とお》すように折《お》り曲《ま》げたり、のばしたままでうずくまって眠《ねむ》る。
寝《ね》るとき長《なが》い耳《みみ》は後《うし》ろ向《む》きに倒《たお》す。

学名	*Macrotis lagotis*
英名	Greater bilby
分類	有袋目《ゆうたいもく》（バンディクート目《もく》） ミミナガバンディクート科《か》
大きさ	体長約55cm、尾長約29cm、 体重オス1～2.5kg、メス0.8～1.11kg
分布	オーストラリア

有袋類《ゆうたいるい》のように胎盤《たいばん》がないと、子《し》宮《きゅう》にとどまっていられず未熟《みじゅく》な状態《じょうたい》で生《う》まれてくる。母親《ははおや》の袋《ふくろ》の中《なか》で時《じ》間《かん》をかけて育《そだ》てなければならない。

真獣類《しんじゅうるい》の場合《ばあい》、胎盤《たいばん》ができたことで、子《こ》は子宮内《しきゅうない》でじゅうぶん発達《はったつ》してから生《う》まれる。発達《はったつ》して誕生《たんじょう》するぶん、生存《せいぞん》の可能性《かのうせい》は高《たか》くなる。胎《たい》盤《ばん》やへその緒《お》をもつというのは、大《おお》きな進化《しんか》なのだ。

バンディクートは、不完全《ふかんぜん》ではあるが**子宮《しきゅう》に胎盤《たいばん》が生《しょう》じ、有袋類《ゆうたいるい》では異例《いれい》のへそをもつ**。バンディクートを通《つう》じて、真獣類《しんじゅうるい》に胎盤《たいばん》が発生《はっせい》した過程《かてい》がわかるかもしれない。

地《ち》下《か》生活《せいかつ》のカンガルー

シロオビネズミカンガルー

LESUEUR'S RAT KANGAROO

カンガルーの珍

NT

アナウサギの巣穴《すあな》を利用《りよう》して生活《せいかつ》する。

ネズミカンガルーはネズミによく似《に》たカンガルーの仲間《なかま》で、独立《どくりつ》したグループを築《きず》く。

カンガルーと名《な》がつくものには45種《しゅ》あり、大《おお》きくカンガルー科《か》とネズミカンガルー科《か》に分《わ》けられる。カンガルー科《か》は、小形《こがた》をワラビー、中形《ちゅうがた》をワラルー、大形《おおがた》をカンガルーと呼《よ》び分《わ》ける。ネズミカンガルーは、**ワラビーよりずっと小《ちい》さく、カンガルーの原始形《げんしけい》**だと考《かんが》えられる。

ただしカンガルーとは体《からだ》のつくりが大《おお》きく異《こと》なる。カンガルーは、前《まえ》足《あし》はごく小《ちい》さく、後《うし》ろ足《あし》は巨大《きょだい》。オオカンガルーなどは、オーストラリアの草原《そうげん》を時速《じそく》70㎞以上《いじょう》のスピードで、ジャンプしながら走《はし》ることができる。

一方《いっぽう》ネズミカンガルーは前足《まえあし》も後《うし》ろ足《あし》もたいして大《おお》きくない。**ジャンプも苦手《にがて》で、走《はし》るのも遅《おそ》い**。彼《かれ》らは原始的《げんしてき》なまま現代《げんだい》に生《い》きているのだ。

カンガルー科《か》とネズミカンガルー科《か》のなかで、もっとも珍《ちん》なのはシロオビネズミカンガルーだろう。**唯一《ゆいいつ》の地下生活者《ちかせいかつしゃ》**だ。よほど逃《に》げ足《あし》に自信《じしん》がないのか、**天敵《てんてき》に出会《であ》うとすぐに穴《あな》に逃《に》げ込《こ》んでしまう**。

珍メモ：もともと有袋類《ゆうたいるい》の王国《おうこく》オーストラリアにアナウサギはいない。初期《しょき》の開拓者《かいたくしゃ》が故郷《こきょう》のイギリスでの生活《せいかつ》を懐《なつ》かしみ、ウサギ狩《が》りをすべくアナウサギを放《はな》した。また、キツネ狩《が》り用《よう》にアカギツネも放《はな》したのだ。

シロオビネズミカンガルー

オス同士《どうし》は縄張《なわば》りの中《なか》で相《あい》手《て》を追《お》いまわし、背中《せなか》を足《あし》で蹴《け》って闘《たたか》う。オスはかなり気《き》が荒《あら》い。飼育下《しいくか》では相手《あいて》が死《し》ぬまで闘《たたか》うことも。
けんかするときは「シュウシュウ」といううなり声《ごえ》を出《だ》す。

最近《さいきん》では、オーストラリアに移入《いにゅう》され、**野生化《やせいか》したアナウサギの巣穴《すあな》を拝借《はいしゃく》**したり、ときに仲良《なかよ》く巣穴《すあな》に入《はい》っていることまである。

アナウサギのつくってくれる巣穴《すあな》は、シロオビネズミカンガルーにとって大変便利《たいへんべんり》なものだったのだが、**アナウサギ自体《じたい》が彼《かれ》らの存在《そんざい》を脅《おびや》かす**ことになった。

食《た》べものにおいてアナウサギと競《きょう》合《ごう》したのだ。野菜《やさい》や豆類《まめるい》など、両者《りょうしゃ》の好物《こうぶつ》が同《おな》じだったためだ。

また、人間《にんげん》はキツネ狩《が》りを楽《たの》しもうとしてアカギツネを放《はな》した。アカギツネはアナウサギを狩《か》るが、アナウサギだけではすまない。シロオビネズミカンガルーもやられてしまった。

1950年代《ねんだい》にはオーストラリア大陸《たいりく》から姿《すがた》を消《け》し、島《しま》に棲息《せいそく》するのみになったのである。

天敵《てんてき》は、オオトカゲやタスマニアデビル（P110)、ディンゴ（P111)、そしてキツネ狩《が》り用《よう》に開拓者《かいたくしゃ》が持《も》ち込《こ》んだアカギツネなど。

学名	*Bettongia lesueur*
英名	Lesueur's rat kangaroo
分類	有袋目《ゆうたいもく》(カンガルー目《もく》) ネズミカンガルー科《か》
大きさ	体長36～46cm、尾長26～31cm、体重1.2～2.3kg
分布	かつてはオーストラリア大《たい》陸南部《りくなんぶ》に広《ひろ》く分布《ぶんぷ》。現《げん》在《ざい》はウェスタンオーストラリア州沖《しゅうおき》の4島《とう》に棲息《せいそく》するのみ

極《きわ》めて不安定《ふあんてい》な哺乳類《ほにゅうるい》

シマテンレック

超原始的《ちょうげんしてき》哺乳類《ほにゅうるい》の珍

LOWLAND STREAKED TENREC

LC

テンレックという**マダガスカルにしかいない珍獣《ちんじゅう》**がいる。仲《なか》間《ま》はこの地《ち》に32種《しゅ》も存在《そんざい》する。

ハリネズミ、トガリネズミ（P79）、樹上棲《じゅじょうせい》のネズミ、カワネズミに似《に》ているものも……。**同《おな》じグループ内《ない》でも姿《すがた》、棲息場所《せいそくばしょ》がさまざま**なのだ。

祖先《そせん》は、白亜紀末《はくあきすえ》マダガスカルがアフリカ大陸《たいりく》から切《き》り離《はな》されて間《ま》もなく、この地《ち》に渡《わた》ったものらしい。そして、競合《きょうごう》がいなかったこの島《しま》で適《てき》応放散《おうほうさん》（P93）に成功《せいこう》した。

もともとはトガリネズミやモグラと同《おな》じ食虫目《しょくちゅうもく》に分類《ぶんるい》されていた。多《おお》くの食虫類《しょくちゅうるい》と同様《どうよう》に、ミミズや昆虫《こんちゅう》などを主食《しゅしょく》とする。夜行性《やこうせい》で昼《ひる》は1～2mあるトンネルの奥《おく》で休《やす》む。

しかし最近《さいきん》の研究《けんきゅう》で、テンレックは新《あら》たにアフリカトガリネズミ目《もく》という独立《どくりつ》したグループに分《わ》けられた。

彼《かれ》らは哺乳類《ほにゅうるい》としては極《きわ》めて不安《ふあん》定《てい》なところが多《おお》い。

まず頬骨《ほおぼね》がなく、頭骨《とうこつ》が不完全《ふかんぜん》。そして体温《たいおん》が平均《へいきん》で28～29℃と低《ひく》い。ふつうの哺乳類《ほにゅうるい》の体温《たいおん》は約《やく》37℃あり、多《おお》くは体温《たいおん》を一定《いってい》に保《たも》てる。ところがテンレックの**体温《たいおん》は、気温《きおん》に左右《さゆう》される**。低《ひく》いときは24℃に、高《たか》いときは35℃にまで上《あ》がる。

また、子《こ》の数《かず》も安定《あんてい》しない。乳頭《にゅうとう》が12対《つい》（24個《こ》）あり、平均《へいきん》15頭《とう》を産《う》むが、ときに32頭《とう》生《う》まれることがある。**乳《ち》にありつけず餓死《がし》する子《こ》も出《で》る**。そうかと思《おも》えば1頭《とう》しか産《う》まないこともある。

これらはすべてテンレックが、**原《げん》**

学名	*Hemicentetes semispinosus*
英名	Lowland streaked tenrec
分類	食虫目《しょくちゅうもく》（アフリカトガリネズミ目《もく》）テンレック科《か》
大きさ	体長16～19㎝、尾は痕跡的《こんせきてき》、体重80～280g
分布	マダガスカル島《とう》の中部《ちゅうぶ》から東部《とうぶ》

珍メモ：繁殖能力《はんしょくのうりょく》が高《たか》く、かつては天敵《てんてき》がほとんどいなかったテンレックだが、ヨーロッパ人《じん》が連《つ》れてきたイヌによって数《かず》が減《へ》っている。イヌがテンレック狩《が》りの遊《あそ》びを覚《おぼ》えてしまったためだ。

冬寒《ふゆさむ》くなる南部《なんぶ》では冬眠《とうみん》、北部《ほくぶ》では乾期《かんき》になると夏眠《かみん》する。いずれも約《やく》6か月間《げつかん》。このときにトンネルの入《い》り口《ぐち》に、土《つち》で栓《せん》をする。

冬眠《とうみん》、夏眠《かみん》から覚《さ》めると繁殖活動《はんしょくかつどう》に入《はい》る。妊娠期間《にんしんきかん》は56～64日《にち》。

夜行性《やこうせい》で18～21時《じ》、1～5時《じ》が活動《かつどう》のピーク。それ以外《いがい》はトンネルの奥《おく》で休《やす》む。

15本《ほん》はほかの針《はり》より太《ふと》く短《みじか》い。成《せい》体《たい》で長《なが》さ8～9mm、直径《ちょっけい》0.8mm。針《はり》には細《こま》かい刻《きざ》みが入っている。

ジー
背中《せなか》の後《うし》ろにある、特殊《とくしゅ》な15本《ほん》の密集《みっしゅう》した針《はり》を、スズムシやコオロギの翅《はね》のようにこすり合《あ》わせて音《おと》を出《だ》す。哺乳類《ほにゅうるい》で同《おな》じことをするものはいない。

シマテンレックは長《なが》く細《ほそ》い黄色《きいろ》（白《しろ》）の針状毛《しんじょうもう》の間《あいだ》に、粗《あら》い黒《くろ》の毛《け》が生《は》え、縞模様《しまもよう》をつくる。針《はり》は抜《ぬ》けやすい。

始的《してき》な哺乳類《ほにゅうるい》であるということを物《もの》語《がた》っている。テンレックは、マダガスカル島《とう》が誕生《たんじょう》した８８００万年《まんねん》前《まえ》、恐竜時代《きょうりゅうじだい》に生《い》きた哺乳類《ほにゅうるい》と同《おな》じ体《からだ》や習性《しゅうせい》をもちながら、今《いま》もなお、生《い》き続《つづ》けているのである。

胴長短足原《どうながたんそくげん》始《し》イヌ

ヤブイヌ

南米《なんべい》珍イヌ科《か》の

NT

BUSH DOG

南《なん》米《べい》の森林《しんりん》を小形《こがた》のイヌが群《む》れで駆《か》けていく。これがイヌなのか、と思《おも》うほど胴長短足《どうながたんそく》。ブッシュに棲《す》むイヌでヤブイヌと名《な》づけられたが、本来《ほんらい》は湿《しめ》った森林《しんりん》を好《この》む。10頭前後《とうぜんご》の群《む》れで狩《か》りをし、アルマジロ（P44）などを狙《ねら》う。自分《じぶん》より大《おお》きなカピバラ（約45kg）やレア（アメリカダチョウ・約25kg）も狩《か》る。水《みず》に逃《に》げ込《こ》む**獲物《えもの》を、泳《およ》いだり潜《もぐ》ったりして追《お》いかける**こともある。

オオカミやキツネなどのイヌ科動《かどう》物《ぶつ》は、四肢《しし》が長《なが》くスマートだ。イヌ科動物《かどうぶつ》は、森林《しんりん》から平原《へいげん》に進出《しんしゅつ》することで生《い》き残《のこ》ってきた。平原《へいげん》で長距《ちょうきょ》離《り》をはやく走《はし》ったり、ジャンプできるように、スラッとした体形《たいけい》のものが多い。

ヤブイヌはその逆《ぎゃく》。体形《たいけい》だけ見《み》ても、原始的《げんしてき》なイヌだとわかる。

南《みなみ》アメリカのイヌ類《るい》の祖先《そせん》は約《やく》450万年《まんねん》ほど前《まえ》に、北《きた》アメリカから南下《なんか》した原始的《げんしてき》なイヌ。ヤブイヌは、**平原《へいげん》に適《てき》応《おう》せず、森林《しんりん》にとどまった**、当時《とうじ》の祖先《そせん》の面影《おもかげ》を残《のこ》している。

ただ、ヤブイヌはイヌ科全体《かぜんたい》から

後《うし》ろにも眼《め》があるのかと思《おも》うほどたくみに逃《に》げまわる。

巣穴《すあな》の入《い》り口《ぐち》から外敵《がいてき》が侵《しん》入《にゅう》してきたとき、牙《きば》で対抗《たいこう》しつつ逃《に》げ去《さ》るところから、巣《す》穴《あな》の外《そと》でもこの走法《そうほう》をとるのではないか。森林《しんりん》でジャガーなどに出会《であ》ったとき有効《ゆうこう》だ。

珍メモ：胴長短足《どうながたんそく》といえばダックスフンドなどを思《おも》い浮《う》かべるが、彼《かれ》らは野生《やせい》ではなく家畜類《かちくるい》なので原始的《げんしてき》とはいえない。世界《せかい》にいるイエイヌは、体形《たいけい》がディンゴ（P111）のようなものから、人為的《じんいてき》に品種改良《ひんしゅかいりょう》が行《おこな》われた結果《けっか》である。

見《み》ても大変《たいへん》変わった点《てん》がある。

まず、「バック走法《そうほう》」。正面《しょうめん》を睨《にら》んだまま、前進《ぜんしん》するのと同《おな》じくらいの速度《そくど》で、**バックで走《はし》る**ことができる。

珍 身近《みぢか》な里山《さとやま》の超珍獣《ちょうちんじゅう》 タヌキ

私《わたし》たちの身近《みぢか》にも超珍獣《ちょうちんじゅう》はいる。日本《にほん》の里山《さとやま》に棲《す》むタヌキだ。

ずんぐり丸《まる》い原始《げんし》イヌ体形《たいけい》の彼《かれ》らは、じつは祖《そ》先《せん》をヤブイヌと同《おな》じくする。

祖先《そせん》は約《やく》４５０万年前《まんねんまえ》に北《きた》アメリカで繁栄《はんえい》した。その後《ご》ベーリング陸橋《りくばし》（Ｐ98）からアジアに渡《わた》ったものがタヌキだ。

ヨーロッパや北《きた》アメリカにもいたが、70万年《まんねん》以上前《いじょうまえ》に絶滅《ぜつめつ》した。今《いま》では東《ひがし》アジアにしかいない、動物学《どうぶつがく》的《てき》に重要《じゅうよう》な珍獣《ちんじゅう》が身近《みぢか》にいるのだ。

もうひとつは「逆立《さかだ》ちマーキング」だ。ヤブイヌは優位《ゆうい》のオス1頭《とう》とメスたちで約《やく》10頭《とう》の群《む》れ（パック）で生活《せいかつ》している。縄張《なわば》りをパトロールしては、尿《にょう》によるマーキングをする。

このとき、オスは片足《かたあし》上《あ》げだが、**メスは逆立《さかだ》ちして尿《にょう》を飛《と》ばす**。

これらは特殊《とくしゅ》な行動《こうどう》なので、もしかすると彼《かれ》らは、**原始的《げんしてき》な体形《たいけい》のまま、行動《こうどう》は南米《なんべい》の森林生活《しんりんせいかつ》に適応《てきおう》**しているのかもしれない。「生《い》きた化《か》石《せき》」が進化《しんか》した、珍獣《ちんじゅう》なのである。

パトロールしながら、尿《にょう》をひっかける。ほんの1秒《びょう》あるかないかで、前《ぜん》肢《し》で逆立《さかだ》ちし、尿《にょう》をピュッと飛《と》ばす。脚《あし》を上《あ》げるのはより高《たか》い位置《いち》にマークし、自分《じぶん》をアピールするため。

学名	*Speothos venaticus*
英名	Bush dog
分類	食肉目《しょくにくもく》（ネコ目《もく》） イヌ科《か》
大きさ	体長57.5～75cm、尾長11～15cm、肩高約30cm、体重5～7kg
分布	中央《ちゅうおう》アメリカから南《みなみ》アメリカ（パナマからコロンビア、ペルー、アンデスの東側《ひがしがわ》のボリビア、ブラジルのアマゾン流域《りゅういき》、ベネズエラ、ガイアナまで）

西表島《いりおもてじま》のヤマピカリャー

イリオモテヤマネコ

イリオモテヤマネコが発見《はっけん》されたのは1967年《ねん》のこと。世界《せかい》の動物学者《どうぶつがくしゃ》の間《あいだ》に衝撃《しょうげき》が走《はし》った。それまで動物学者《どうぶつがくしゃ》は、調《しら》べつくされたネコ科《か》動物《どうぶつ》から新種《しんしゅ》が発見《はっけん》されるとは考《かんが》えていなかったためだ。

イリオモテヤマネコは、西表島《いりおもてじま》の人《ひと》にはおなじみの、〝ネコとは違《ちが》うネコ〟だった。山《やま》に棲《す》むネコ（マヤ）で「ヤママヤー」、山《やま》でピカッと眼《め》が光《ひか》る奴《やつ》で「ヤマピカリャー」「メーピスカリャー」と呼《よ》んでいた。

島《しま》の人《ひと》には知《し》られていたが、科学《かがく》的分類学的《てきぶんるいがくてき》には「未発見《みはっけん》」だ。島以《しまい》

カワウソのように上手《じょうず》に泳《およ》ぎ、潜水《せんすい》して獲物《えもの》をとらえることも。
1日《にち》におよそ400～500gの量《りょう》を食《た》べる。鳥類《ちょうるい》、両生類《りょうせいるい》、爬虫類《はちゅうるい》などさまざまなものを食《た》べる。とくに湿地《しっち》にいるオオクイナという鳥《とり》は、大《おお》きくてのんびりしているため格好《かっこう》の獲物《えもの》になる。

IRIOMOTE CAT

ヤマネコの珍

CR

珍メモ：1967年《ねん》に捕獲《ほかく》されたイリオモテヤマネコは雌雄《しゆう》2頭《とう》。国立科学博物館《こくりつかがくはくぶつかん》の動物研究部《どうぶつけんきゅうぶ》で飼育《しいく》された。オスは1973年《ねん》4月《がつ》25日《にち》、メスは1975年《ねん》12月《がつ》13日《にち》に死亡《しぼう》。メスは9歳《さい》7か月《げつ》だと推定《すいてい》。野生《やせい》ではもっと寿命《じゅみょう》は短《みじか》い。

外《がい》の人《ひと》がヤマネコの存在《そんざい》に気《き》づき、実際《じっさい》に調《しら》べ始《はじ》めたのが1964年《ねん》以《い》降《こう》のこと。元毎日新聞《もとまいにちしんぶん》の記者《きしゃ》だった作家《さっか》の戸川幸夫《とがわゆきお》氏《し》が、八重山《やえやま》地方《ちほう》取《しゅ》材《ざい》の途中《とちゅう》で琉球新報《りゅうきゅうしんぽう》の記者《きしゃ》からヤマネコの話《はなし》を聞《き》いた。

戸川氏《とがわし》は興味《きょうみ》を抱《いだ》き、島人《しまびと》の協力《きょうりょく》を得《え》て、標本《ひょうほん》となるものを探《さが》した。そして1965年《ねん》3月《がつ》、頭骨《とうこつ》と毛皮《けがわ》を持《も》ち帰《かえ》った。日本哺乳動物学会《にほんほにゅうどうぶつがっかい》の鑑定《かんてい》により新種《しんしゅ》の可能性《かのうせい》が確認《かくにん》され、完全《かんぜん》な標本《ひょうほん》を採集《さいしゅう》するために、本格的《ほんかくてき》なイリオモテヤマネコの捕獲《ほかく》が計画《けいかく》された。

1967年《ねん》、とうとう生《い》け捕《ど》りされたイリオモテヤマネコが日航機《にっこうき》に積《つ》まれ羽田空港《はねだくうこう》へやってきた。国《こく》立科学博物館《りっかがくはくぶつかん》の今泉吉典《いまいずみよしのり》博士《はかせ》によって、イリオモテヤマネコを新種《しんしゅ》とする論文《ろんぶん》が発表《はっぴょう》された。

学名《がくめい》のMayailurus iriomotensisは**島《しま》の方言《ほうげん》のネコ＝〝マヤ〟**が用《もち》いられた。**〝イルルス〟もギリシヤ語由来《ごゆらい》のヤマネコ**という意味《いみ》。棲息地《せいそくち》の西表《いりおもて》島《じま》を記念《きねん》してこの名《な》がついた。

イリオモテヤマネコは**原始的《げんしてき》で、現生《げんせい》ネコ類《るい》の祖先《そせん》**かもしれない特徴《とくちょう》にあふれている。西表島《いりおもてじま》にしかいない貴重《きちょう》な種《しゅ》だが、開発《かいはつ》による環境《かんきょう》破《は》壊《かい》、交通事故《こうつうじこ》、野《の》ネコからのネコエイズ感染《かんせん》などが原因《げんいん》で、絶滅《ぜつめつ》が危《あや》ぶまれているのである。

学名	*Mayailurus iriomotensis*
英名	Iriomote cat
分類	食肉目《しょくにくもく》（ネコ目《もく》） ネコ科《か》
大きさ	体長50～60cm、 尾長20～25cm、 体重3～4kg
分布	日本《にほん》（西表島《いりおもてじま》）

頭蓋骨《ずがいこつ》が厚《あつ》く、脳容量《のうようりょう》は、島《しま》に近《ちか》い台湾《たいわん》や東南《とうなん》アジアに広《ひろ》く分布《ぶんぷ》するベンガルヤマネコの脳《のう》より30%近《ちか》くも小《ちい》さい。この頭蓋《ずがい》骨《こつ》の厚《あつ》さと脳容量《のうようりょう》の差《さ》は、現代人《げんだいじん》と北京原人《ペキンげんじん》の差《さ》に匹敵《ひってき》するほど。

西表島《いりおもてじま》だけにイリオモテヤマネコがいるのは？

西表島《いりおもてじま》のある八重山諸島《やえやましょとう》を含《ふく》む琉球列島《りゅうきゅうれっとう》は、古《ふる》い時代《じだい》の動物《どうぶつ》が棲《す》む。哺乳類《ほにゅうるい》が栄《さか》えていた頃《ころ》、大陸《たいりく》から切《き》り離《はな》されて島《しま》ができ、古《ふる》い種《しゅ》が残《のこ》った（P152下《した》）。イリオモテヤマネコも200万《まん》～1000万年以上前《まんねんいじょうまえ》に栄《さか》えた古《ふる》いネコ類《るい》の生《い》き残《のこ》りかもしれない。形態的《けいたいてき》な特徴《とくちょう》が中国大陸《ちゅうごくたいりく》で栄《さか》えたネコ科《か》の祖先《そせん》、メタイルルスと似《に》ている。

ハワイ在住《ざいじゅう》、熱帯坊主《ねったいぼうず》
ハワイモンクアザラシ

アザラシの珍

HAWAIIAN MONK SEAL

EN

モンクアザラシ類《るい》は、20種《しゅ》ほどいるアザラシ類《るい》のなかで、熱帯《ねったい》、温帯海域《おんたいかいいき》に棲《す》む。ほとんどのアザラシ類《るい》は氷海《ひょうかい》で生《い》きている。チチュウカイモンクアザラシ、カリブモンクアザラシ（1996年《ねん》に絶滅《ぜつめつ》）、ハワイモンクアザラシ、この3種《しゅ》は、**あたたかい海《うみ》にいるというだけで、すでに珍獣《ちんじゅう》**だ。

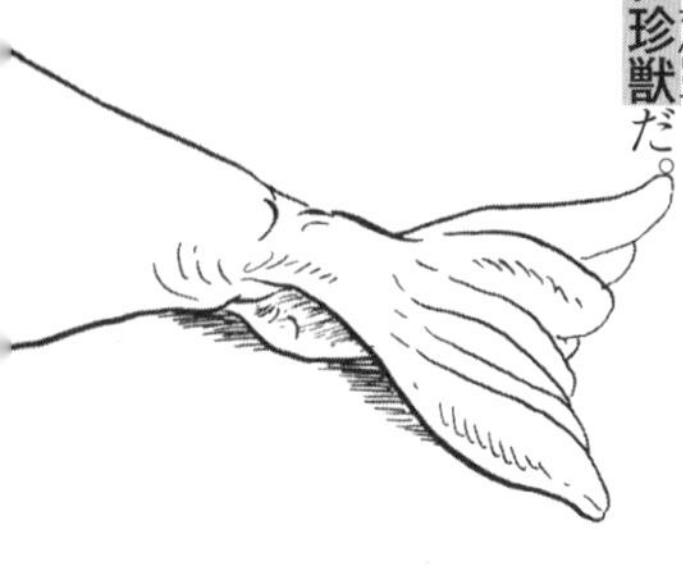

彼《かれ》らはふつうのアザラシ類《るい》とは異《こと》なり、オスよりメスのほうが、体《からだ》が大《おお》きい。ハーレムをつくらないためだろう。**一夫一妻制《いっぷいっさいせい》で、水中《すいちゅう》で交尾《こうび》**する。離乳《りにゅう》も遅《おそ》い。

他《た》のアザラシ類《るい》は生後《せいご》5〜6週《しゅう》で乳離《ちばな》れし、次《つぎ》の繁殖《はんしょく》に入《はい》る。はやく離乳《りにゅう》しないと、興奮《こうふん》したオスにわが子《こ》がやられてしまう。だが、モンクアザラシ類《るい》にはこんな心配《しんぱい》はなく、ほかより2週間《しゅうかん》離乳《りにゅう》が遅《おそ》い。

モンクアザラシ類《るい》のユニークな点《てん》は、アザラシの進化《しんか》を推測《すいそく》するうえでも興味深《きょうみぶか》い。古《ふる》いアザラシ類《るい》は、

◆中新世《ちゅうしんせい》にモンクアザラシは3エリアへ

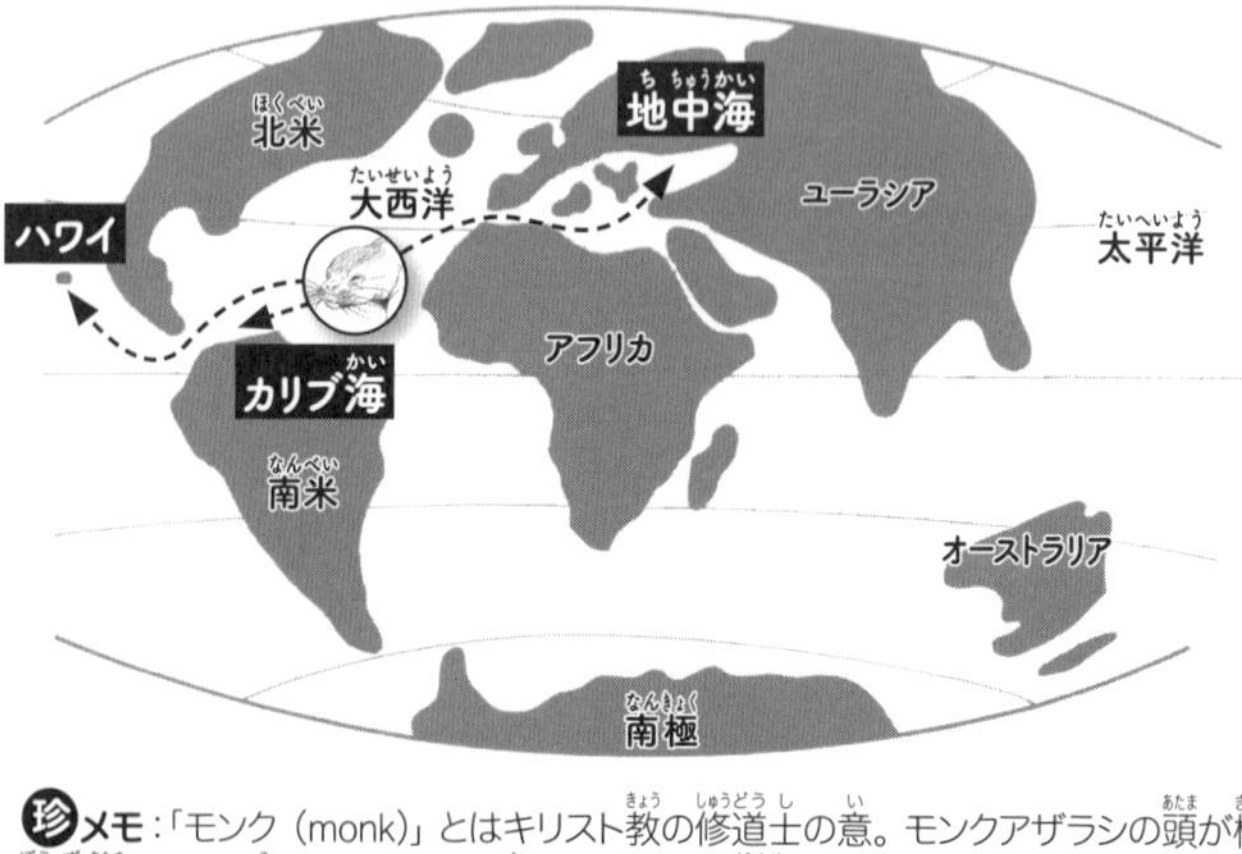
北米《ほくべい》
地中海《ちちゅうかい》
大西洋《たいせいよう》
ユーラシア
ハワイ
太平洋《たいへいよう》
アフリカ
カリブ海《かい》
南米《なんべい》
オーストラリア
南極《なんきょく》

珍メモ：「モンク（monk）」とはキリスト教《きょう》の修道士《しゅうどうし》の意《い》。モンクアザラシの頭《あたま》が極《きわ》めて丸《まる》く、毛《け》が細《ほそ》く密生《みっせい》し、坊主頭《ぼうずあたま》のように見《み》えるので、こう名《な》づけられた。学名《がくめい》もモナクス（Monachus）である。

ハワイモンクアザラシ

岩場《いわば》で日光浴《にっこうよく》をする。ただし晴天時《せいてんじ》には乾燥《かんそう》した浜《はま》を避《さ》ける。体《からだ》が熱《あつ》くなりすぎるのを防《ふせ》ぐためだ。

子《こ》は黒味《くろみ》が強《つよ》い。流氷《りゅうひょう》の上《うえ》などで生《う》まれる種《しゅ》類《るい》の子《こ》は真《ま》っ白《しろ》な毛《け》のものが多《おお》いが、ハワイの浜辺《はまべ》での子育《こそだ》てには黒《くろ》いほうがカムフラージュになる。

ハワイモンクアザラシが発見《はっけん》されたのは1905年《ねん》。それまでは地中海《ちちゅうかい》とカリブ海《かい》にいる2種《しゅ》が知《し》られており、モンクアザラシ類《るい》は大西洋《たいせいよう》特産《とくさん》と考《かんが》えられていた。

約《やく》２３００万年前《まんねんまえ》の中新世《ちゅうしんせい》の頃《ころ》、北大西洋《きたたいせいよう》に登場《とうじょう》した。そして北大西洋《きたたいせいよう》から熱帯海域《ねったいかいいき》、南極海域《なんきょくかいいき》にかけて繁栄《はんえい》した。

モンクアザラシ類《るい》はそのなかの１種《しゅ》で、**地中海地方《ちちゅうかいちほう》とカリブ海《かい》、南北《なんぼく》アメリカを隔《へだ》てる海峡《かいきょう》を通《とお》ってハワイ周辺《しゅうへん》へ**と分布《ぶんぷ》を広《ひろ》げていった。その後《ご》、大西洋《たいせいよう》と太平洋《たいへいよう》はパナマ地峡《ちきょう》で隔離《かくり》された。この時期《じき》、**イルカ類《るい》が進出《しんしゅつ》し、アザラシ類《るい》との競合《きょうごう》が激《はげ》しくなった**。７２０万年前頃《まんねんまえごろ》までにアザラシ類《るい》は棲息地《せいそくち》を追《お》われ、子育《こそだ》てしやすい熱帯《ねったい》・温帯《おんたい》エリアから姿《すがた》を消《け》す。３種《しゅ》のモンクアザラシを除《のぞ》き、多《おお》くのものが北氷洋《ほっぴょうよう》と南極《なんきょく》周辺《しゅうへん》の氷海《ひょうかい》に追《お》いやられ、寒冷海域《かんれいかいいき》に適応《てきおう》した種《しゅ》が生《い》き残《のこ》った。

なかでもハワイモンクアザラシは、**現生《げんせい》アザラシ類《るい》のどの種《しゅ》よりも原始《げんし》的《てき》**な特徴《とくちょう》を残《のこ》している。７２０万年《まんねん》前《まえ》の化石《かせき》アザラシより原始的《げんしてき》だと指《し》摘《てき》する学者《がくしゃ》もいるほどだ。彼《かれ》らは太《たい》平洋《へいよう》のハワイ諸島周辺《しょとうしゅうへん》という安定《あんてい》した環境《かんきょう》で、進化《しんか》する必要《ひつよう》もなくのんびり暮《く》らしてきたのだろう。

学名	*Neomonachus schauinslandi*
英名	Hawaiian monk seal
分類	食肉目《しょくにくもく》（ネコ目《もく》） アザラシ科《か》
大きさ	オス全長約210cm、 体重約170kg、 メス全長約230cm、 体重約250kg
分布	ハワイ諸島北西部《しょとうほくせいぶ》

ゾウの親戚《しんせき》イワダヌキ

ミナミキノボリハイラックス

SOUTHERN TREE HYRAX

蹄《ひづめ》をもつ動物《どうぶつ》の珍

LC

ウサギのようで、ネズミにも見《み》え、和名《わめい》ではイワダヌキと呼《よ》ばれるハイラックス。タヌキには似《に》ていないと思《おも》うが、動物学的《どうぶつがくてき》に見《み》て、**さまざまな動物《どうぶつ》の特徴《とくちょう》を持《も》ち合《あ》わせた、摩訶不思議《まかふしぎ》な珍獣《ちんじゅう》**だ。

発見《はっけん》され、学名《がくめい》がついたのは1766年《ねん》。当初《とうしょ》はテンジクネズミと同《おな》じ齧歯目《げっしもく》に分類《ぶんるい》された。彼《かれ》らの歯《は》が、齧歯類同様《げっしるいどうよう》に生涯《しょうがい》のび続《つづ》けるためだ。

ところがフランスの比較解剖学者《ひかくかいぼうがくしゃ》ジョルジュ・キュヴィエ（P46）があらためて調《しら》べたところ、蹄《ひづめ》をもつ有蹄類《ゆうているい》のグループに分類《ぶんるい》するのが適《てき》当《とう》ということになった。

上顎《うわあご》の歯《は》は齧歯類《げっしるい》に似《に》ているが、奥歯《おくば》はサイ（奇蹄類《きているい》）、下顎《したあご》の奥歯《おくば》はカバ（偶蹄類《ぐうているい》）に似《に》る。足《あし》のつくりはゾウ、背中《せなか》の毛《け》はカピバラ、とさまざまな動物《どうぶつ》に似《に》ている。現在《げんざい》は、彼《かれ》らは**ゾウやジュゴン（P86）など、原始的《げんしてき》な有蹄類《ゆうているい》と祖先《そせん》を同《おな》じくする**動物《どうぶつ》だということがわかっている。

ハイラックス類《るい》は大《おお》きく分《わ》けて、やや大形《おおがた》でアフリカからアラビアの乾燥地帯《かんそうちたい》に棲《す》むハイラックス、アフリカ東部《とうぶ》の岩場《いわば》に群《む》れで棲《す》むイワハイラックス、アフリカ東部《とうぶ》の樹林地《じゅりんち》帯《たい》に棲《す》み、単独《たんどく》で木登《きのぼ》りするキノボリハイラックスの3つがある。

それぞれ**岩登《いわのぼ》りや木登《きのぼ》りが得意《とくい》**だ。

以前《いぜん》、上野動物園《うえのどうぶつえん》で12頭《とう》のハイラックスを展示《てんじ》していたことがあった。ハイラックスたちは展示場《てんじじょう》に放《はな》された翌日《よくじつ》、全員姿《ぜんいんすがた》を消《け》してしまった。11頭《とう》は園内《えんない》で見《み》つかったが、1頭《とう》だけ見《み》つからない。

その晩《ばん》、近所《きんじょ》の方《かた》から「玄関《げんかん》に、ネコのようなウサギのような変《へん》な動物《どうぶつ》が座《すわ》っているんです」と見慣《みな》れない動物《どうぶつ》だから動物園《どうぶつえん》ではないかと

珍メモ：フェニキア人《じん》がイベリア半島《はんとう》に進出《しんしゅつ》したとき、たくさんのアナウサギを見《み》て、ハイラックスだと思《おも》い込《こ》み、半島《はんとう》を「Ishaphan（ハイラックスの島《しま》）」と名《な》づけた。後《のち》にローマ人《じん》に改名《かいめい》され「イスパニア（スペイン）」となった。

黒褐色《こっかっしょく》でやや長毛《ちょうもう》。背中《せなか》に、ペッカリー（P88）のような分泌腺《ぶんぴつせん》があり白《しろ》い毛《け》が生《は》えている。怒《おこ》るとカピバラが頭部《とうぶ》の毛《け》を逆立《さかだ》てるように、白《しろ》い毛《け》を立《た》てる。

骨格全体《こっかくぜんたい》はサイ似《に》。でも肋骨《ろっこつ》の数《かず》は違《ちが》う。

後足《あとあし》の３本指《ぼんゆび》はウマの祖先《そせん》に近《ちか》い。ちなみに胃《い》の構造《こうぞう》もウマ似《に》。

木《こ》の葉《は》を主食《しゅしょく》とし、木《き》の実《み》なども食《た》べる。

上《うえ》の門歯《もんし》（前歯《まえば》）は齧《げっ》歯類《しるい》のようにのび続《つづ》けるが、下《した》の門歯《もんし》はのびない。門歯《もんし》と臼歯《きゅうし》（奥歯《おくば》）にはウサギや齧歯類《げっしるい》のような隙間《すきま》ができる。上《うえ》の臼歯《きゅうし》はサイ似《に》、下《した》の臼歯《きゅうし》はカバ似《に》。

前足《まえあし》の手根骨《しゅこんこつ》の構造《こうぞう》はゾウ似《に》。足《あし》の裏《うら》は吸盤《きゅうばん》のようにくぼますことができ、壁面《へきめん》に吸《す》いつく。ちなみに脳《のう》もゾウに近《ちか》い。

学名	*Dendrohyrax arboreus*
英名	Southern tree hyrax
分類	岩狸目《いわだぬきもく》（ハイラックス目《もく》） ハイラックス科《か》
大きさ	体長約52cm、尾はない、あっても1～3cm、体重約2.27kg
分布	アフリカ中部《ちゅうぶ》から南部《なんぶ》の樹林地帯《じゅりんちたい》

いうことで、一報《いっぽう》が入《はい》った。ハイラックス独特《どくとく》の裏《うら》が吸盤状《きゅうばんじょう》の足《あし》を使《つか》い、園内《えんない》の壁《かべ》を垂《すい》直《ちょく》に登《のぼ》り、逃《に》げたのだ。

何《なに》かに似《に》ていて、何《なに》にも似《に》ていない、唯一《ゆいいつ》無《む》二《に》の珍獣《ちんじゅう》がハイラックスなのである。

聖書《せいしょ》にはウサギで登場《とうじょう》するハイラックス

ハイラックスは旧約聖書《きゅうやくせいしょ》に登場《とうじょう》する。「ウサギ　か弱《よわ》きもの　にもかかわらず彼《かれ》らは住処《すみか》を岩《いわ》の中《なか》につくる」

ここに出《で》てくるウサギ（コニー）こそがハイラックス。イスラエルではふつうに見《み》られる動物《どうぶつ》だが、旧約聖書《きゅうやくせいしょ》をヘブライ語《ご》からドイツ語《ご》に翻訳《ほんやく》したマルティン・ルターは、ドイツ人《じん》だったのでハイラックスを知《し》らなかったのだろう。

ときめきの原始《げんし》カバ

コビトカバ

カバの珍

PYGMY HIPPOPOTAMUS

EN

コビトカバの最初《さいしょ》の記録《きろく》は1800年半《ねんなか》ば、アメリカが西《にし》アフリカにリベリア国《こく》を建国《けんこく》していた時代《じだい》まで遡《さかのぼ》る。リベリアには小《ちい》さなカバがいるという報告《ほうこく》とともに、頭骨《とうこつ》が見《み》つかり、それをアメリカ人古生物《じんこせいぶつ》学者《がくしゃ》ジョセフ・リーディーが調査《ちょうさ》。彼《かれ》は「Choeropsis liberiensis《リベリアのイノシシに似た動物》」という学名《がくめい》をつけた。**カバの小形《こがた》の変種《へんしゅ》ではなく、絶滅《ぜつめつ》したカバの祖先形《そせんけい》**だと考《かんが》えたのだ。

この種《しゅ》が生《い》きているのか、変種《へんしゅ》の小形《こがた》カバなのかは、長年議論《ながねんぎろん》されてきた。が、保守的《ほしゅてき》な動物学界《どうぶつがっかい》はほぼ生《い》きている可能性《かのうせい》を無視《むし》してきた。

1910年《ねん》、ドイツの動物商《どうぶつしょう》カール・ハーゲンベックは、ある伝説《でんせつ》に注目《ちゅうもく》した。西《にし》アフリカの先住民《せんじゅうみん》の間《あいだ》で、密林《みつりん》にはセンゲとニベクヴェという2種《しゅ》の黒《くろ》い怪獣《かいじゅう》がいる。行《い》く手《て》を遮《さえぎ》るものをすべて殺《ころ》す凶暴《きょうぼう》な動物《どうぶつ》だ、と。伝説《でんせつ》を調《しら》べ、センゲはモリイノシシ（P90）、**ニベクヴェはコビトカバ**だと考《かんが》えた。著名《ちょめい》な動物《どうぶつ》コレクターであるハンス・ショーンブルクに推論《すいろん》を語《かた》り、ショーンブルクがコビトカバの調査《ちょうさ》に出《で》かけた。

1911年《ねん》、彼《かれ》の調査隊《ちょうさたい》は密林横《みつりんおう》

学名	*Choeropsis liberiensis*
英名	Pygmy hippopotamus
分類	偶蹄目《ぐうていもく》（鯨《くじら》・偶蹄目《ぐうていもく》） カバ科《か》
大きさ	体長170〜195cm、尾長15〜21cm、肩高70〜92cm、体重200〜275kg
分布	西《にし》アフリカのリベリア、コートジボアール、シエラレオネ、ギニアの森林《しんりん》

カバは大きいもので体長《たいちょう》420cm、肩高《けんこう》163cm、体重《たいじゅう》3200kgある。体重《たいじゅう》はコビトカバの10倍以上。

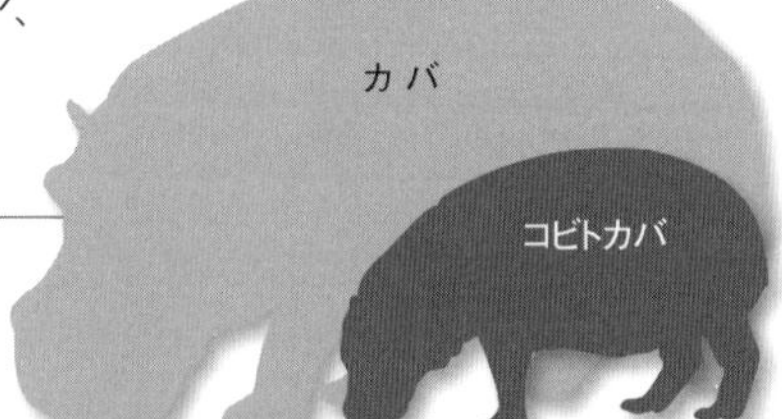

珍メモ：もともとカバ類《るい》はコビトカバのように森林《しんりん》、湿地《しっち》に棲《す》んでいたが、イネ科植物《かしょくぶつ》の草原《そうげん》エリアが拡大《かくだい》したことで草原《そうげん》に進出《しんしゅつ》し、大形化《おおがたか》した。しかし乾燥《かんそう》には適応《てきおう》しきれず、草原《そうげん》に出《で》たものも水辺《みずべ》でしか生活《せいかつ》できなかった。

断中《だんちゅう》、探《さが》し求《もと》めていた動物《どうぶつ》に出会《であ》う。50mと離《はな》れていない場所《ばしょ》で、その動物《どうぶつ》はじっと彼《かれ》を見《み》つめた。

彼《かれ》は撃《う》てなかった。「**私《わたし》はこの動物《どうぶつ》を傷《きず》つけたくなかった**」後《のち》に著《あらわ》した『森《もり》のときめき』で述《の》べている。街《まち》に戻《もど》ると、嘲笑《あざわら》われた。撃《う》ち取《と》るために出《で》かけたのに、発砲《はっぽう》しなかったという話《はなし》が虚言《きょげん》に聞《き》こえたのだ。

ハーゲンベックだけが彼《かれ》を信《しん》じ、彼《かれ》を翌年《よくとし》捕獲《ほかく》に送《おく》り出《だ》した。「怪獣《かいじゅう》ニベクヴェをとろうなんて！」と協力《きょうりょく》を拒《こば》む現地民《げんちみん》を説《と》き伏《ふ》せ、ションブルクの捕獲隊《ほかくたい》は密林《みつりん》に入《はい》った。

1913年《ねん》2月《がつ》、現地民《げんちみん》がニベクヴェの巣穴《すあな》だと呼《よ》ぶ川辺《かわべ》の崖《がけ》の穴《あな》を棒《ぼう》でつつくと、コビトカバが跳《と》び出《だ》してきた。この1頭《とう》は射殺《しゃさつ》してしまったが、計《けい》5頭《とう》の捕獲《ほかく》に成功《せいこう》。

その後《ご》、約《やく》550万年前《まんねんまえ》の鮮新世《せんしんせい》前期《ぜんき》の化石《かせき》から、カバの祖先《そせん》に近《ちか》い原始的《げんしてき》な種《しゅ》であり、リーディーの説《せつ》は正《ただ》しかった、と思《おも》われた。だが、カバとクジラは親戚同士《しんせきどうし》という説《せつ》が出《で》て、再《ふたた》び謎《なぞ》となった。コビトカバの古《ふる》い化石《かせき》が出《で》ない限《かぎ》り、解決《かいけつ》されないだろう。

コビトカバ5頭《とう》を生《い》け捕《ど》りにしたションブルクはハーゲンベックに「コビトカバヲトル、カワイラシイ　ドウブツ」と電報《でんぽう》をうち、船《ふね》に積《つ》んだ。航海中《こうかいちゅう》、皮膚《ひふ》が乾燥《かんそう》しないようワセリンを塗《ぬ》り続《つづ》け、ドイツに連《つ》れ帰《かえ》った。

コビトカバは西《にし》アフリカの森林《しんりん》、湿地帯《しっちたい》で、原始的《げんしてき》な容姿《ようし》、生態《せいたい》のままひっそり生《い》きてきた。

手《て》のひらサイズ、シカのそっくりさん
ジャワマメジカ

反芻動物《はんすうどうぶつ》の珍

JAVAN CHEVROTAIN

?? DD

マ

メジカは、最小《さいしょう》で体重《たいじゅう》2kg（ジャワマメジカ）という大人《おとな》の手《て》のひらに乗《の》りそうなシカだが、じつはシカの仲間《なかま》ではない。マメジカという独立《どくりつ》したグループを築《きず》く。

一見《いっけん》そっくりだが、動物学的《どうぶつがくてき》に見《み》ると、オスの角《つの》、眼《め》の下《した》の臭腺《しゅうせん》（眼下腺《がんかせん》）がないし、胃《い》の形状《けいじょう》が違《ちが》う。

偶蹄類《ぐうているい》のなかでもシカ類《るい》は、ウシやキリンと同《おな》じく、口《くち》をもぐもぐさせる反芻動物《はんすうどうぶつ》だ。反芻動物《はんすうどうぶつ》はいったん**胃《い》に飲《の》み込《こ》んだものを吐《は》き戻《もど》して、唾液《だえき》と混《ま》ぜ合《あ》わせ、噛《か》み直《なお》し、再《ふた》び胃《い》に送《おく》り込《こ》む**。微生物《びせいぶつ》の力《ちから》を借《か》りて、植物《しょくぶつ》に含《ふく》まれる繊維質《せんいしつ》（セルロース）を消化《しょうか》するためだ。

彼《かれ》らの胃《い》はふつう4室《しつ》に分《わ》かれている。吐《は》き戻《もど》しをくり返《かえ》し、2～4番目《ばんめ》の胃《い》を通過《つうか》することでセルロースは消化《しょうか》される。

マメジカはこの**3番目《ばんめ》の胃《い》が不完《ふかん》全《ぜん》で、反芻動物《はんすうどうぶつ》としては原始的《げんしてき》**なのだ。マメジカ類《るい》の最初《さいしょ》の化石《かせき》は、3800万年前《まんねんまえ》の始新世《ししんせい》の時代《じだい》から出《で》ている。

さらに約《やく》2300万年前《まんねんまえ》の中新世《ちゅうしんせい》の化石《かせき》を調《しら》べると、今《いま》のマメジカとほとんど変《か》わらない。この古《ふる》さから

危険《きけん》を察知《さっち》すると、後肢《こうし》をすばやく足踏《あしぶ》みして、ウサギが後《うし》ろ足《あし》を鳴《な》らすスタンピングのような行動《こうどう》で警戒信号《けいかいしんごう》を出《だ》す。

珍メモ：マメジカは草《くさ》や低木《ていぼく》の葉《は》、若木《わかぎ》、水草《みずくさ》、ユリの根《ね》、地上《ちじょう》に落《お》ちた果実《かじつ》などを食《た》べるが、動物園《どうぶつえん》では肉《にく》や魚《さかな》、小《こ》エビから昆虫《こんちゅう》を食《た》べる。野生下《やせいか》でも、死肉《しにく》や魚《さかな》、昆虫《こんちゅう》を食《た》べるらしく、胃《い》の中《なか》から肉片《にくへん》が発見《はっけん》された記録《きろく》がある。

ジャワマメジカ

シカやウシなどは肘《ひじ》をつき前肢《ぜんし》を折《お》り曲《ま》げてから腰《こし》を落《お》とすが、マメジカは腰《こし》を落《お》とした"お座《すわ》り"の姿勢《しせい》から前肢《ぜんし》をたたむ。
体《からだ》はやせた子《こ》イヌくらいで、脚《あし》はえんぴつのよう。
体《からだ》をかくときは、後肢《こうし》で頭《あたま》をかいたりする。シカには見《み》られない行動《こうどう》。
水《みず》を飲《の》むときはウシのように吸《す》い込《こ》むのではなくて、イヌのように舌《した》でペチャペチャとなめる。

学名	*Tragulus javanicus*
英名	Javan chevrotain
分類	偶蹄目《ぐうていもく》（鯨《くじら》・偶蹄目《ぐうていもく》）マメジカ科《か》
大きさ	体長30〜47cm、尾長5〜9cm、肩高20〜30cm、体重2〜2.5kg
分布	東南《とうなん》アジア

考《かんが》えると、マメジカは**反芻動物全体《はんすうどうぶつぜんたい》の祖先的存在《そせんてきそんざい》**だといえる。

マメジカは、スリランカやインドの熱帯雨林《ねったいうりん》で生《い》きている。しかし熱帯雨林《ねったいうりん》にはニシキヘビやオオトカゲ、ワニ、ワシ、ヤマネコなどの肉《にく》食動物《しょくどうぶつ》が棲息《せいそく》している。マメジカはこんなに多《おお》くの天敵《てんてき》からどうやって生《い》きのびてきたのか。

これはひとえにマメジカのもつ臆《おく》病《びょう》さのおかげなのである。彼《かれ》らは**驚《おどろ》いたときにはフリーズ**するし、傾《かたむ》いた木《き》があれば駆《か》け上《あ》がって逃《に》げる。木《き》の根元《ねもと》の洞《ほら》に逃《に》げ込《こ》み、洞《ほら》の内部《ないぶ》を駆《か》け登《のぼ》ることまでできる。昼間《ひるま》はしげみに隠《かく》れ、夕方《ゆうがた》や夜明《よあ》けの薄暗《うすくら》闇《やみ》のなか、単独《たんどく》で草《くさ》むらを誰《だれ》の目《め》にもつかないように動《うご》きまわる。

慎重《しんちょう》で神経質《しんけいしつ》で臆病《おくびょう》な習性《しゅうせい》は、数千万年前《すうせんまんねんまえ》と何《なん》ら変《か》わらない。**行動《こうどう》まで生《い》きた化石《かせき》として残《のこ》す重《じゅう》要《よう》な珍獣《ちんじゅう》**なのである。

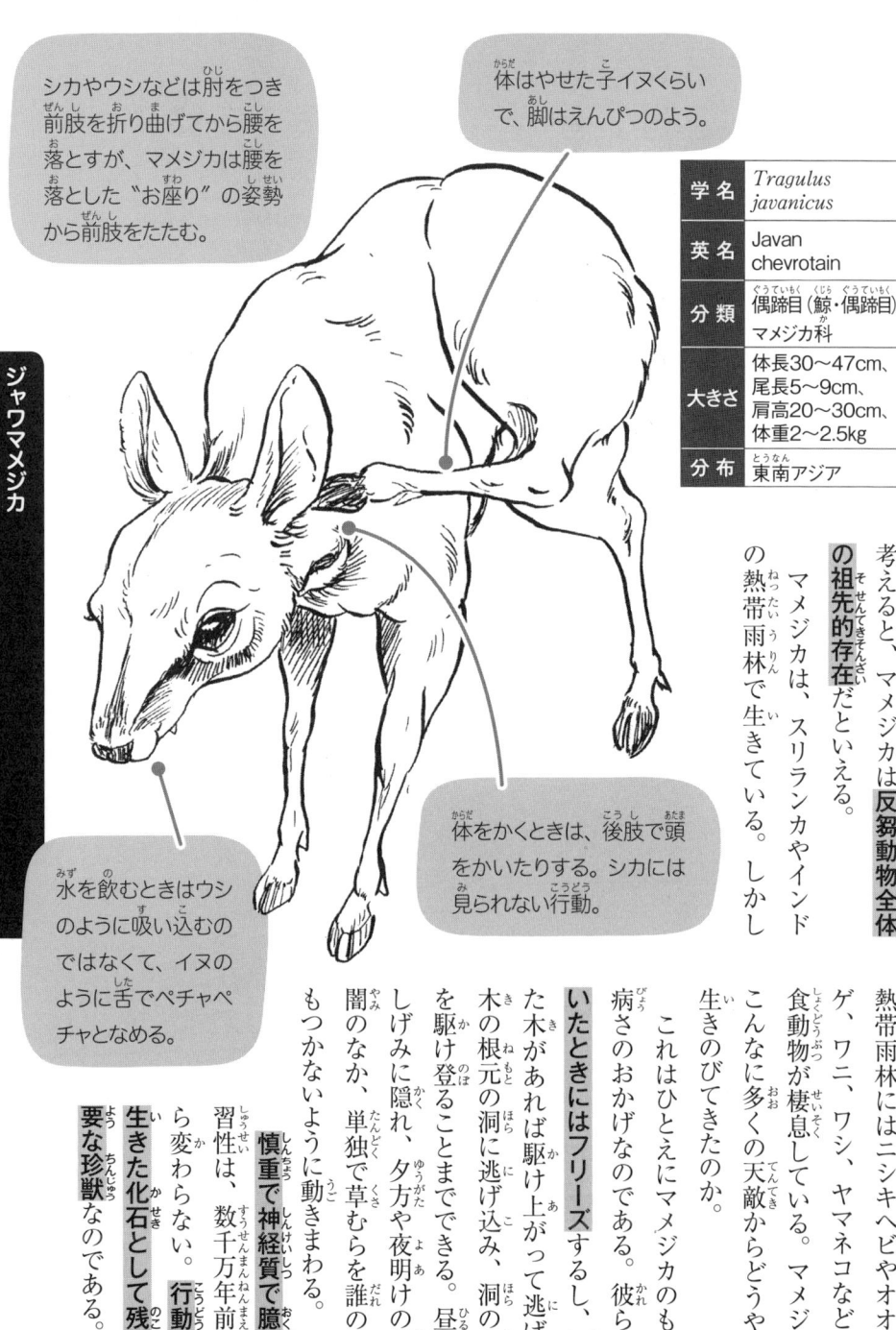

オレンジの森《もり》の貴《き》公子《こうし》

ボンゴ

ウシの珍

世《せ》界《かい》三《さん》大《だい》珍《ちん》獣《じゅう》はジャイアントパンダ、オカピ、コビトカバ。これが**四大珍獣《よんだいちんじゅう》になるとボンゴが加《くわ》わる**。なぜこれらがそう呼《よ》ばれるようになったかはご説明《せつめい》した通《とお》りだが（P2）、ボンゴはほかの動物《どうぶつ》に比《くら》べてとりわけ知名度《ちめいど》が低《ひく》い。

ボンゴが新種《しんしゅ》として認《みと》められたのは1837年《ねん》のこと。20世紀《せいき》に発見《はっけん》された3種《しゅ》よりもずっと古《ふる》い。それでも1960年代後半《ねんだいこうはん》までは、世界《せかい》の動物園《どうぶつえん》でなかなかお目《め》にかかれない珍獣《ちんじゅう》だった。

ボンゴはアフリカの熱帯雨林《ねったいうりん》に暮《く》らす大形《おおがた》のアンテロープだ。

アンテロープとはおもにアフリカに棲《す》むウシ科《か》の動《どう》物《ぶつ》で、インパラやガゼルなど、細身《ほそみ》で跳《と》びはねるのが得意《とくい》な草原棲《そうげんせい》のものをいう。

ボンゴはアンテロープでも**森林《しんりん》にとどまった種《しゅ》で、アンテロープの祖《そ》先形《せんけい》**だと考《かんが》えられる。また、家畜《かちく》のウシやバイソンにも近《ちか》く、**ウシ類《るい》の古《ふる》いタイプ**と見《み》ることもできる。

深《ふか》い森林《しんりん》、竹林《ちくりん》に棲《す》み、朝夕《あさゆう》に活動《かつどう》する。他《た》のアンテロープのようにジャンプせず、ジャングルの下生《したば》えをくぐり抜《ぬ》けていく。
立派《りっぱ》な角《つの》は先住民《せんじゅうみん》やハンターに珍重《ちんちょう》される。

BONGO

NT

珍メモ：ボンゴが棲《す》むのはアフリカ中央部《ちゅうおうぶ》から東西《とうざい》に広《ひろ》がる熱帯雨林《ねったいうりん》。20世紀《せいき》に見《み》つかったコビトカバやオカピも分布《ぶんぷ》する。珍獣《ちんじゅう》3種《しゅ》が重《かさ》なっているということは、このエリアは欧米人《おうべいじん》にはもっとも調査《ちょうさ》しづらい地域《ちいき》だったのだろう。

オレンジがかった**赤褐色《せきかっしょく》の体色《たいしょく》をもち「森《もり》の貴公子《きこうし》」と呼《よ》ばれる**ほど美《うつく》しい。派手《はで》で大《おお》きいがなかなか姿《すがた》を見《み》せない。**樹木《じゅもく》の密生《みっせい》した場所《ばしょ》を魔術師《まじゅつし》のごとく走《はし》り**抜《ぬ》け、ちょっとした物音《ものおと》ですぐ身《み》を隠《かく》す。日中《にっちゅう》はしげみに隠《かく》れて反芻《はんすう》しているため、腕《うで》利《き》きのハンターが数人《すうにん》がかりでも、3か月《げつ》かけて1頭仕留《とうしと》められるかどうか。**傷《きず》つくと巨大《きょだい》な角《つの》で猛反撃《もうはんげき》**するため、現地《げんち》の人《ひと》にも畏敬《いけい》の念《ねん》をもって扱《あつか》われている動物《どうぶつ》である。

そんなボンゴが、1972年《ねん》に東《とう》京《きょう》の上野《うえの》動物園《どうぶつえん》にやってきた。ところがこれほどの珍獣《ちんじゅう》なのに、ほとんど注目《ちゅうもく》されなかった。同《おな》じ年《とし》に、ジャイアントパンダのカンカンとランランがやってきてパンダブームが起《お》こったからだ。

ジャイアントパンダに熱狂《ねっきょう》する人々《ひとびと》の横《よこ》で、ボンゴは草《くさ》を食《た》べていた。そして、8年生《ねんい》きて、静《しず》かに死《し》んでいったのだった。

顎《あご》を上《あ》げて角《つの》を寝《ね》かせて走《はし》るため、背中《せなか》に角《つの》の先《さき》が当《あ》たり、皮膚《ひふ》が裸出《らしゅつ》することも。
体色《たいしょく》はオレンジだが毛《け》の色《いろ》ではなく色素《しきそ》を分泌《ぶんぴつ》している。ぬれた体《からだ》をさすると手《て》がオレンジに染《そ》まる。歳《とし》をとるとチョコレート色《いろ》から黒《くろ》へと変色《へんしょく》する。
12～14本《ほん》の縞《しま》があり、模様《もよう》は背骨《せぼね》にそって生《は》える長《なが》い毛《け》にもおよぶ。

学名	*Tragelaphus eurycerus*
英名	Bongo
分類	偶蹄目《ぐうていもく》（鯨《くじら》・偶蹄目《ぐうていもく》）ウシ科《か》
大きさ	体長220～235cm、 尾長24～26cm、 体重220～400kg
分布	アフリカ西部《せいぶ》から東部《とうぶ》の山地《さんち》

プロングホーン

鞘《さや》を取《と》ったら鬼《おに》

角《つの》が珍

LC

ウシ的《てき》
頭蓋骨《ずがいこつ》からのびる骨芯《こっしん》。とれることはない。皮膚《ひふ》でおおわれている。
シカ的《てき》
皮膚《ひふ》が角質化《かくしつか》した角《つの》は、毎年《まいとし》抜《ぬ》け落《お》ちる。鞘《さや》のようになっていて骨芯《こっしん》にかぶさっている。
オスもメスも角《つの》が生《は》える。ただしメスの角《つの》は小《ちい》さく枝分《えだわ》かれしない。

プロングホーンとは「枝角《えだつの》」という意味《いみ》だ。1年《ねん》に1度落脱《どらくだつ》し生《は》えかわる、枝分《えだわ》かれする角《つの》をもつが、シカではない。

枝角《えだつの》はじつは**皮膚《ひふ》が角質化《かくしつか》した鞘《さや》で、鬼《おに》のように生《は》えた短《みじか》い骨芯《こっしん》の上《うえ》にかぶさっている**のである。骨芯《こっしん》は、ウシのように一生《いっしょう》そのままだ。

プロングホーンは、**シカ類《るい》とウシ類《るい》の中間形《ちゅうかんけい》**で、北《きた》アメリカのみに1種《しゅ》だけ棲息《せいそく》するプロングホーン科《か》というグループの動物《どうぶつ》なのだ。

1600万年前《まんねんまえ》の中新世中期《ちゅうしんせいちゅうき》、北《きた》アメリカにプロングホーンの祖先《そせん》が登場《とうじょう》する。マメジカ（P144）のような反芻動物《はんすうどうぶつ》から進化《しんか》した種《しゅ》で、森林《しんりん》に棲《す》んでいた。時代《じだい》とともに棲息環《せいそくかん》境《きょう》が変《か》わり、北《きた》アメリカ一帯《いったい》にイネ科植物《かしょくぶつ》の大草原《だいそうげん》プレーリーが出現《しゅつげん》。**祖先《そせん》は森林《しんりん》から草原《そうげん》に進出《しんしゅつ》**し、約《やく》700万《まん》～260万年前《まんねんまえ》の中新世後《ちゅうしんせいこう》期《き》から鮮新世末期《せんしんせいまっき》に大繁栄《だいはんえい》した。

枝分《えだわ》かれした鞘《さや》の角《つの》をもつプロングホーンの仲間《なかま》が数十種《すうじゅうしゅ》いた。現在《げんざい》のアフリカのウシ科動物《かどうぶつ》、アンテロープ類《るい》のように多種多様《たしゅたよう》だった。

ところが、1万年前《まんねんまえ》の**更新世末《こうしんせいすえ》までに現生《げんせい》のプロングホーン以外《いがい》すべ**

珍メモ：プロングホーンは、自動車《じどうしゃ》が走《はし》っていると、並《なら》んで走《はし》ったり、追《お》い越《こ》したりして、船《ふね》と並《なら》んで泳《およ》ぎ遊《あそ》ぶイルカ類《るい》のような遊《あそ》びをすることがあるという。自動車《じどうしゃ》の時速《じそく》48kmで14分《ぷん》、時速《じそく》80kmで1分《ぷん》7秒並走《びょうへいそう》した記録《きろく》がある。

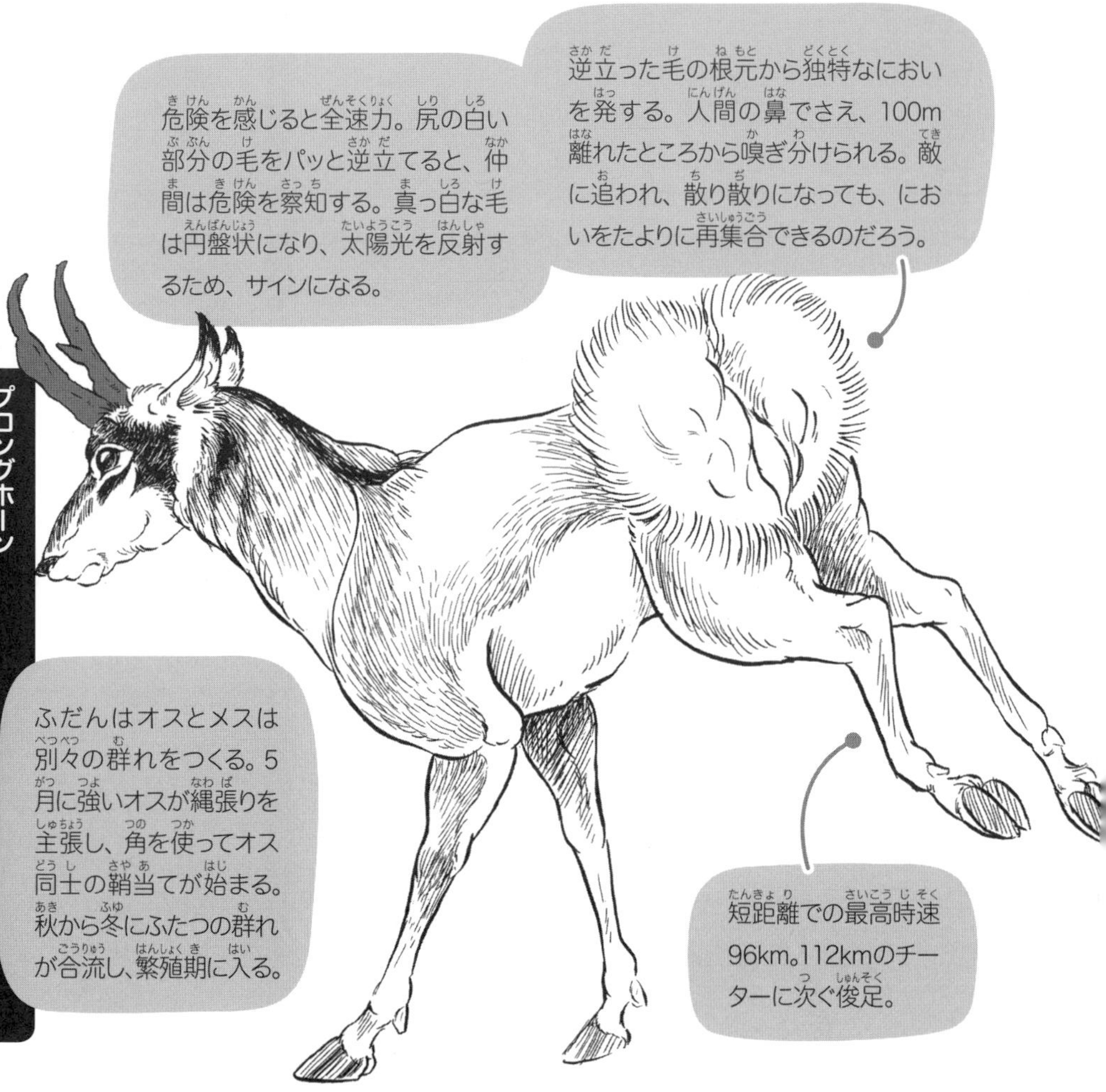
危険《きけん》を感《かん》じると全速力《ぜんそくりょく》。尻《しり》の白《しろ》い部分《ぶぶん》の毛《け》をパッと逆立《さかだ》てると、仲《なか》間《ま》は危険《きけん》を察知《さっち》する。真《ま》っ白《しろ》な毛《け》は円盤状《えんばんじょう》になり、太陽光《たいようこう》を反射《はんしゃ》するため、サインになる。
逆立《さかだ》った毛《け》の根元《ねもと》から独特《どくとく》なにおいを発《はっ》する。人間《にんげん》の鼻《はな》でさえ、100m離《はな》れたところから嗅《か》ぎ分《わ》けられる。敵《てき》に追《お》われ、散《ち》り散《ぢ》りになっても、においをたよりに再集合《さいしゅうごう》できるのだろう。
ふだんはオスとメスは別々《べつべつ》の群《む》れをつくる。5月《がつ》に強《つよ》いオスが縄張《なわば》りを主張《しゅちょう》し、角《つの》を使《つか》ってオス同士《どうし》の鞘当《さやあ》てが始《はじ》まる。秋《あき》から冬《ふゆ》にふたつの群《む》れが合流《ごうりゅう》し、繁殖期《はんしょくき》に入《はい》る。
短距離《たんきょり》での最高時速《さいこうじそく》96km。112kmのチーターに次《つ》ぐ俊足《しゅんそく》。

て絶滅《ぜつめつ》してしまった。

ライオンやハイエナがいるアフリカのサバンナの場合《ばあい》、大形草食獣《おおがたそうしょくじゅう》は、生後《せいご》すぐに立《た》ち上《あ》がり走《はし》れる種《しゅ》だけが繁栄《はんえい》している。プロングホーン類《るい》は、シカのように生後《せいご》1~2か月《げつ》まで足元《あしもと》がおぼつかず、しげみでじっと過《す》ごす。更新世《こうしんせい》にコヨーテやオオカミ、アカギツネなどの**イヌ科《か》動物《どうぶつ》が繁栄《はんえい》したことで、子《こ》が狙《ねら》われ、食《く》いつくされた可能性《かのうせい》**は高《たか》い。

プロングホーンだけが、なぜかそれを免《まぬが》れ、今《いま》もなお北《きた》アメリカに生《い》き続《つづ》けているのである。

学名	*Antilocapra americana*
英名	Pronghorn
分類	偶蹄目《ぐうていもく》(鯨《くじら》・偶蹄目《ぐうていもく》)プロングホーン科《か》
大きさ	体長100~150cm、尾長7.5~18cm、肩高81~104cm、体重36~70kg
分布	北《きた》アメリカ中部《ちゅうぶ》

ビーバーじゃない！ 原始《げんし》齧歯類《げっしるい》

ヤマビーバー

齧歯類《げっしるい》の珍

ヤマビーバーというと、川辺《かわべ》で木《き》を切《き》り出《だ》してログハウス建《けん》築《ちく》とダム工事《こうじ》を行《おこな》う、あのビーバーの仲間《なかま》だと思《おも》うだろうが、無関係《むかんけい》だ。山《やま》ではなく多《おお》くは低地《ていち》に棲《す》む。顔《かお》も似《に》ていない。なぜ初期《しょき》の開拓者《かいたくしゃ》がこの名《な》をつけたか不思議《ふしぎ》である。

むしろ彼《かれ》らは**齧歯類全体《げっしるいぜんたい》の祖先《そせん》である パラミス類《るい》と近縁《きんえん》**で、とても原《げん》始的《してき》な容姿《ようし》、習性《しゅうせい》を残《のこ》した種《しゅ》だ。

低地《ていち》や湿地《しっち》の地表《ちひょう》に近《ちか》いところに、大《おお》きいもので**直径《ちょっけい》10～25㎝、長《なが》さ300m近《ちか》いトンネル**をつくって暮《く》らしている。とても用心深《ようじんぶか》く、つ

天敵《てんてき》はフィッシャーというイタチの仲間《なかま》。ただ農《のう》園荒《えんあ》らしをすることがあり、水中《すいちゅう》にしかけられたワナでとらえられることも。
四肢《しし》は短《みじか》いが、その割《わり》には足《あし》が大《おお》きい。
活動《かつどう》するのはおもに夜《よる》。好《こう》物《ぶつ》はシダの葉《は》だが、ほかの葉《は》や実《み》でも食《た》べる。雪《ゆき》におおわれたときは、低《ひく》い木《き》に登《のぼ》って、緑色《みどりいろ》の植物《しょくぶつ》を探《さが》す。

MOUNTAIN BEAVER

LC

珍メモ：中新世《ちゅうしんせい》に絶滅《ぜつめつ》したディアトミスの近縁《きんえん》ラオスイワネズミ（P17）も古《ふる》い齧歯類《げっしるい》だ。体長約《たいちょうやく》26cm、尾長約《びちょうやく》14cm、体重約《たいじゅうやく》400g でドブネズミ似《に》。ラオスではカニョウと呼《よ》ばれ、市場《いちば》で野菜《やさい》の横《よこ》に置《お》かれていたのを発見《はっけん》された。

ねにトンネルのそばにいる。

トンネル内《ない》には食物貯蔵庫《しょくもつちょぞうこ》があり、**草《くさ》を噛《か》み切《き》って乾《かわ》かし、干《ほ》し草《くさ》をつくり、貯蔵《ちょぞう》**する。冬場《ふゆば》は冬眠《とうみん》しないので、貯蔵《ちょぞう》した草《くさ》も食《た》べる。

湿地《しっち》にトンネルをつくるため、よく水浸《みずびた》しになる。そんなときは**トンネル内《ない》を泳《およ》いで移動《いどう》**する。

単独性《たんどくせい》で、自分《じぶん》のトンネルのあちこちに尿《にょう》で印《しるし》をつける。でも、それほど強《つよ》い縄張《なわば》りを示《しめ》すものではないようで、ジリス、アカリス、ワタオウサギなど他《た》の小動物《しょうどうぶつ》が隠《かく》れ場所《ばしょ》として利用《りよう》することもある。

ヤマビーバーは現生《げんせい》の齧歯類《げっしるい》のなかでもっとも古《ふる》い原始的《げんしてき》なグループだ。アメリカだけでなく東《ひがし》アジアからも、ヤマビーバーにそっくりな化《か》石《せき》が発見《はっけん》されている。

北《きた》アメリカとユーラシア大陸《たいりく》の境《きょう》界線《かいせん》、ベーリング海峡《かいきょう》(P98)が地《じ》続《つづ》きで、まだ陸橋《りくばし》だった時代《じだい》、多《おお》くの動物《どうぶつ》が自由《じゆう》に行《い》き来《き》していた。化《か》石《せき》は**アメリカとアジアの動物《どうぶつ》が、いかに近縁《きんえん》か**という証拠《しょうこ》でもある。

ヤマビーバー類《るい》は、アジアから北《きた》アメリカまで繁栄《はんえい》していたのだろう。新《あたら》しい齧歯類《げっしるい》が次々《つぎつぎ》と登場《とうじょう》し、競合《きょうごう》に負《ま》け、今《いま》はたった1種《しゅ》が、北《きた》アメリカに生《い》き残《のこ》っているのである。

学名	*Aplodontia rufa*
英名	Mountain beaver
分類	齧歯目《げっしもく》(ネズミ目《もく》) ヤマビーバー科《か》
大きさ	体長30〜46cm、尾長1〜4cm、体重800〜1800g
分布	北《きた》アメリカの太平洋岸《たいへいようがん》

単独生活《たんどくせいかつ》。ただ食物《しょくもつ》が豊《ほう》富《ふ》でトンネルをつくりやすいエリアだと、複数《ふくすう》のヤマビーバーのトンネルがそのエリアに集中《しゅうちゅう》することがある。
2.5cmあるかないかの切《き》り株状《かぶじょう》の尾《お》。
口先《くちさき》は丸《まる》く、鼻《はな》と耳《みみ》は小《ちい》さい。幅広《はばひろ》い頭骨《とうこつ》は極《きわ》めて平《ひら》たい。下顎《したあご》が大《おお》きく強力《きょうりょく》で、臼歯《きゅうし》が一生《いっしょう》のび続《つづ》ける。

200万年《まんねん》生《い》きのびたムカシウサギか

アマミノクロウサギ

ウサギの珍

RYUKYU RABBIT

EN

ウサギというと、白《しろ》くてふわふわで耳《みみ》が長《なが》い、カイウサギをイメージしてしまうが、アマミノクロウサギは、正反対《せいはんたい》の容姿《ようし》だ。耳《みみ》は短《みじか》いし、黒褐色《こっかっしょく》で毛《け》も粗《あら》い。かわいいというよりむさ苦《くる》しい。

ピュッピューッと鳴《な》いて仲間《なかま》とコミュニケーションをとる。

それでも学術的価値《がくじゅつてきかち》はカイウサギの比《ひ》ではない。ウサギ界《かい》のみならず哺乳類界《ほにゅうるいかい》でもっとも貴重《きちょう》な動物《どうぶつ》のひとつ。約《やく》533万《まん》~258万年前《まんねんまえ》の鮮新世《せんしんせい》からの生《い》き残《のこ》りだからだ。

アマミノクロウサギの習性《しゅうせい》はとても変《か》わっているのだが、原始的《げんしてき》である証拠《しょうこ》は、歯《は》にある。下顎《したあご》の奥歯《おくば》(第《だい》3前臼歯《ぜんきゅうし》)のエナメル質《しつ》のパターンがノウサギなどとはまるで違《ちが》う。鮮新世後期《せんしんせいこうき》に存在《そんざい》したプリオペンタラグスというムカシウサギの仲間《なかま》のものによく似《に》ている。鮮新世《せんしんせい》にプリオペンタラグスから分《わ》かれた種《しゅ》だと考《かんが》えられる。

現在世界中《げんざいせかいじゅう》に見《み》られるノウサギやアナウサギたちは、ムカシウサギとはまったく違《ちが》う。鮮新世《せんしんせい》の終《お》わりに登場《とうじょう》し、次《つぎ》の更新世《こうしんせい》(約《やく》258万《まん》~1万《まん》2000年前《ねんまえ》)に繁栄《はんえい》したグループだ。

ムカシウサギに近《ちか》い仲間《なかま》は、今《いま》ではアマミノクロウサギとメキシコウサギ、ティの山《やま》だけにいるメキシコウサギ、南《みなみ》アフリカのアカウサギだけ。

ムカシウサギは鮮新世《せんしんせい》に世界的《せかいてき》に繁栄《はんえい》したのだろう。更新世《こうしんせい》に入《はい》り、逃《に》げ足《あし》がはやく、視覚《しかく》、聴覚《ちょうかく》に優《すぐ》れ、繁殖力《はんしょくりょく》の高《たか》い、新《しん》ウサギたちとの競《きょう》

珍メモ:アマミノクロウサギやイリオモテヤマネコは、大陸《たいりく》と地続《じつづ》きだった150万年以上前《まんねんいじょうまえ》にインドネシア方面《ほうめん》から台湾《たいわん》を経《へ》て南西諸島《なんせいしょとう》へ来《き》た。トカラ構造海峡《こうぞうかいきょう》ができていたため、ルートは本土《ほんど》につながることなく、島《しま》だけに残《のこ》った。

昼《ひる》は巣穴《すあな》にとどまり、夜《よる》になると行動圏《こうどうけん》を歩《ある》きまわる。若《わか》い樹木《じゅもく》の芽《め》や葉《は》、皮《かわ》などを食《た》べる。好物《こうぶつ》はホソバワダンというキク科《か》の植物《しょくぶつ》。

出産用《しゅっさんよう》の巣穴《すあな》は行動圏《こうどうけん》のはずれにつくる。産《さん》後《ご》は、穴《あな》に子《こ》どもを残《のこ》し、夜《よる》だけ乳《ちち》を飲《の》ませに来《く》る。立《た》ち去《さ》るとき、敵《てき》に狙《ねら》われないよう入《い》り口《ぐち》を土《つち》でふさぎ、前足《まえあし》でパンパンとたたく。

巣穴《すあな》は、谷川《たにがわ》を挟《はさ》んだ山《やま》の斜面《しゃめん》につくる。ふだん暮《く》らす場所《ばしょ》は体《からだ》が通《とお》る程度《ていど》の狭《せま》い入《い》り口《ぐち》があり、3m奥《おく》に直径《ちょっけい》1.5mもの大部屋《おおべや》がある。

子育《こそだ》て用《よう》の穴《あな》をふさいだ土《つち》の中央《ちゅうおう》に、直径《ちょっけい》2cmほどの空気抜《くうきぬ》きの孔《あな》を開《あ》けておくらしい。

学名	*Pentalagus furnessi*
英名	Ryukyu rabbit
分類	兎目《うさぎもく》(ウサギ目《もく》) ウサギ科《か》
大きさ	体長42〜51cm、尾長1.5〜3.5cm、体重1.3〜2.7kg
分布	日本《にほん》(鹿児島県《かごしまけん》奄《あま》美大島《みおおしま》と徳之島《とくのしま》)

合《ごう》に惨敗《ざんぱい》、絶滅《ぜつめつ》した。飛《と》び地的《ちてき》に、3か所《しょ》の僻地《へきち》に3つのムカシウサギの名残《なごり》が生《い》き残《のこ》った。

東《ひがし》アジアに分布《ぶんぷ》していたアマミノクロウサギは、幸運《こううん》にも**地形《ちけい》の変化《へんか》によって、天然《てんねん》の檻《おり》に隔離《かくり》**された。東《ひがし》アジアの一部《いちぶ》が、大陸《たいりく》から分《わ》かれて海《うみ》で隔《へだ》てられ南西諸島《なんせいしょとう》になったためだ。

200万年《まんねん》以上《いじょう》、彼《かれ》らは敵《てき》のいない島《しま》で平和《へいわ》に暮《く》らすことができた。

ところが、1979年《ねん》に奄美大島《あまみおおしま》に何者《なにもの》かによって**放《はな》たれたマングースが、簡単《かんたん》に狩《か》ることができるアマミノクロウサギや、島固有《しまこゆう》の生物《せいぶつ》を、脅《おびや》かしている**。一度《いちど》放《はな》たれた肉食獣《にくしょくじゅう》の威力《いりょく》は計《はか》り知《し》れない。200万年《まんねん》生《い》きのびたアマミノクロウサギが、あっという間《ま》に絶滅危惧種《ぜつめつきぐしゅ》になってしまったのである。

「生《い》きた化石《かせき》」を「化石《かせき》」にしないために

多《おお》くの珍獣《ちんじゅう》を紹介《しょうかい》したが、大半《たいはん》に絶滅《ぜつめつ》のおそれがある。いずれ博物館《はくぶつかん》の標本《ひょうほん》でしか見《み》られなくなるかもしれない。

２００１年《ねん》、ＩＵＣＮ（国際自然保護連合《こくさいしぜんほごれんごう》）は「近《ちか》い将来《しょうらい》に哺乳類《ほにゅうるい》の４分《ぶん》の１、１０００種《しゅ》が絶滅《ぜつめつ》する」と警告《けいこく》した。この絶滅《ぜつめつ》は１００％人間《にんげん》の行《おこな》いに起因《きいん》する。20世紀後半《せいきこうはん》、アメリカの動物学者《どうぶつがくしゃ》Ｊ・フィッシャーは「17世紀以降《せいきいこう》に絶滅《ぜつめつ》した哺《ほ》乳類《にゅうるい》は少《すく》なくとも１１８種《しゅ》、そのうち25％は自然《しぜん》に死《し》に絶《た》えたものらしい。だが、残《のこ》りの75％は、人間《にんげん》が直接《ちょくせつ》・間接《かんせつ》に死《し》に追《お》いやったもの。そのうち、環境破壊《かんきょうはかい》によるものが19％、人間《にんげん》が持《も》ち込《こ》んだ生物《せいぶつ》によるものが23％、狩猟《しゅりょう》によるものが33％である」と報告《ほうこく》している。

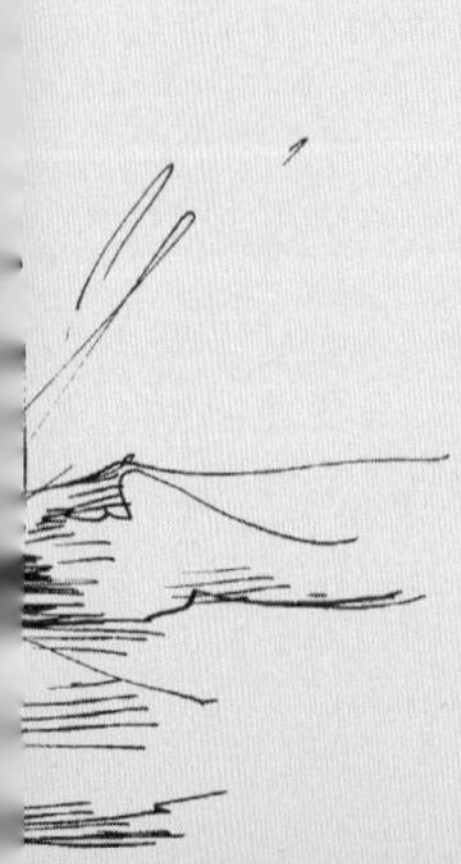

コククジラ LC

冬《ふゆ》に亜熱帯《あねったい》の海《うみ》で出産《しゅっさん》、春《はる》に北上回遊《ほくじょうかいゆう》を開始《かいし》し、6000kmを時速《じそく》7～9kmで泳《およ》ぐ。5～10月《がつ》、アラスカ湾《わん》などでたっぷり食《た》べ、11月《がつ》に南下《なんか》。北大西洋《きたたいせいよう》にも分布《ぶんぷ》していたが、1700年代《ねんだい》はじめ、捕鯨《ほげい》により絶滅《ぜつめつ》。北太《きたたい》平洋《へいよう》のものは1913年《ねん》に捕獲《ほかく》が制限《せいげん》され、生《い》きのびた。

コククジラには、カリフォルニア沿岸《えんがん》のアメリカ系《けい》と、海南島《かいなんとう》から日本《にほん》、シベリア沿岸《えんがん》、カムチャツカ半島《はんとう》までを回遊《かいゆう》するアジア系《けい》がいる。アメリカ系《けい》は約《やく》2万《まん》3000頭《とう》いるが、アジア系《けい》は100頭前後《とうぜんご》と数《かず》を減《へ》らしている。

学名	*Eschrichtius robustus*
英名	Gray whale
分類	鯨目《くじらもく》（鯨《くじら》・偶蹄目《ぐうていもく》） コククジラ科《か》
大きさ	全長約13.5m、体重35トンほど
分布	北太平洋《きたたいへいよう》の東部《とうぶ》と西部《せいぶ》の沿岸海域《えんがんかいいき》

私《わたし》たちのすべきことは決《き》まっている。環境《かんきょう》破《は》壊《かい》を止《と》め、外来種問題《がいらいしゅもんだい》を片《かた》づけ、狩猟《しゅりょう》をやめることだ。

哺乳類《ほにゅうるい》は生態系《せいたいけい》の上位《じょうい》を占《し》めるものが多《おお》い。これだけの種《しゅ》が絶滅《ぜつめつ》すれば、生態系《せいたいけい》のバランスは崩《くず》れる。

日本列島《にほんれっとう》でも日々《ひび》異変《いへん》は報道《ほうどう》される。が、超楽観主義者《ちょうらっかんしゅぎしゃ》が多《おお》い。動物《どうぶつ》が目《め》の前《まえ》から消《き》えると「よそへ行《い》った」「山奥《やまおく》に行《い》けばいるはず」と考《かんが》える。本当《ほんとう》にそうであればよいのだが……。

今泉忠明《いまいずみただあき》

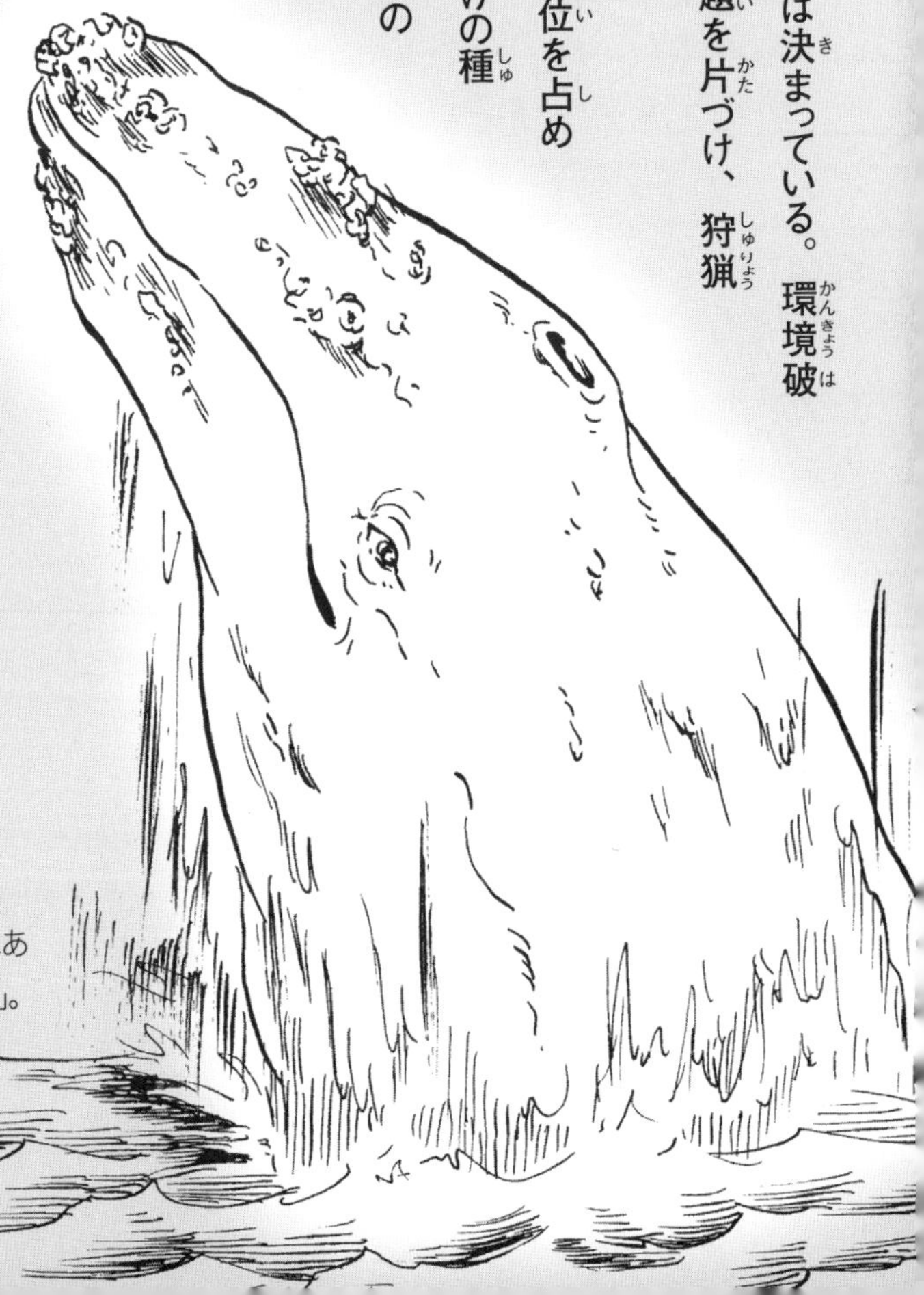

水面《すいめん》から頭《あたま》を眼《め》まで垂直《すいちょく》にあらわす「スパイ・ホッピング」。

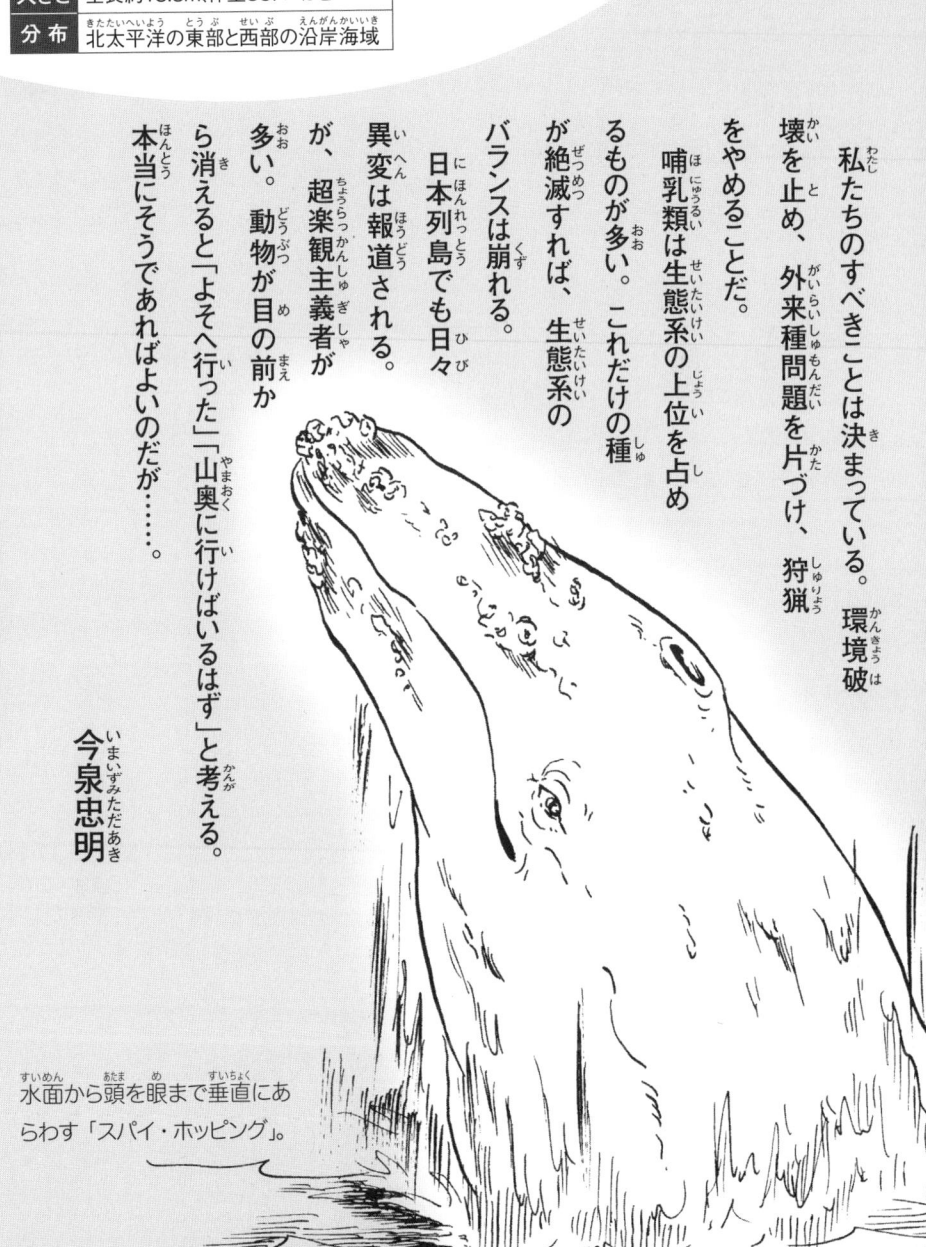

動物名《どうぶつめい》さくいん

タ

サ

ヤ

ラ

ワ

マ

【参考文献】『哺乳類の時代』B・クルテン著　小原秀雄・浦本昌紀訳　平凡社　1971、『生態』タイムライフインターナショナル　1969、『動物の行動』タイムライフインターナショナル　1969、『日本哺乳動物図説』今泉吉典著　新思潮社　1970、『世界動物大百科』平凡社　1986、『動物たちの地球』朝日新聞社　1993、『進化を忘れた動物たち』今泉忠明著　講談社　1989、『世界珍獣図鑑』今泉忠明著　桜桃書房　2000

今泉忠明（いまいずみ　ただあき）

1944年東京都生まれ。哺乳動物学者。日本動物科学研究所所長。東京水産大学（現・東京海洋大学）卒業。国立科学博物館で哺乳類の分類学・生態学を学ぶ。文部省（現・文部科学省）の国際生物計画（IBP）調査、環境庁（現・環境省）のイリオモテヤマネコの生態調査などに参加。ニホンカワウソ、富士山の動物相、トウキョウトガリネズミ、東京奥多摩の動物相の調査などを行う。上野動物園動物解説員を務め、現在は「ねこの博物館」館長、富士山自然史研究会会員。主な著書に『アニマルトラック』（自由国民社）、『進化を忘れた動物たち』（講談社）、『世界珍獣図鑑』（人類文化社）、『最新ネコの心理』（ナツメ社）、『猫はふしぎ』（イースト・プレス）。図鑑などの監修書多数。

佐藤晴美（さとう　はるみ）

兵庫県生まれ。漫画家。大手前大学メディア・芸術学部准教授。嵯峨美術短大にて陶芸を専攻。陶芸講師を経て漫画家に。著書に『リョク』『神化　リョク』（ともに大都社）、『翼の記憶』（朝日ソノラマ）、『飛べ跳べマニア！！』『マンガ　絶滅する日本の動物』（ともに講談社）など多数。

装幀　石川直美（カメガイ デザイン オフィス）
装画・本文画　佐藤晴美
本文デザイン　酒井一恵
校正　滄流社
編集協力　オフィス201（小川ましろ）
編集　鈴木恵美（幻冬舎）

知識ゼロからの珍獣学

2015年10月10日　第1刷発行

著　者　今泉忠明
発行人　見城徹
編集人　福島広司

発行所　株式会社 幻冬舎
〒151-0051　東京都渋谷区千駄ヶ谷4-9-7
電話　03（5411）6211（編集）　03（5411）6222（営業）
振替00120-8-767643
印刷・製本所　近代美術株式会社

検印廃止

ISBN978-4-344-90303-6 C2095
Printed in Japan
幻冬舎ホームページアドレス　http://www.gentosha.co.jp/
この本に関するご意見・ご感想をメールでお寄せいただく場合は、comment@gentosha.jpまで。